現代数学の
基本概念 下

J. ヨスト 著

清水勇二 訳

丸善出版

MATHEMATICAL CONCEPTS

by

Jürgen Jost

First published in English under the title Mathematical Concepts by Jürgen Jost,
by Springer International Publishing Switzerland
Copyright © Springer International Publishing Switzerland 2015
This edition has been translated and published under licence from Springer International Publishing Switzerland.
Springer International Publishing Switzerland takes no responsibility and shall not
be made liable for the accuracy of the translation.

Japanese translation rights arranged with Springer International Publishing AG
through Japan UNI Agency, Inc., Tokyo

目　次

第 5 章　空間とはなにか？ 　　　　　　　　　　　　　　　　　　1

5.1　概念的脱構築と歴史的視点 1

5.2　空間の公理 6

5.3　多様体 13

　　5.3.1　微分幾何学 22

　　5.3.2　リーマン幾何学 26

　　5.3.3　曲率：非線形性の尺度 41

5.4　スキーム 56

　　5.4.1　環 58

　　5.4.2　環のスペクトル 65

　　5.4.3　構造層 68

　　5.4.4　スキーム 71

第 6 章　関係のなす空間 　　　　　　　　　　　　　　　　　　　**75**

6.1　関係と単体複体 75

6.2　単体複体のホモロジー 77

6.3　組み合わせ的交換パターン 101

6.4　位相空間のホモロジー 111

6.5　位相空間のホモトピー 117

6.6　コホモロジー 125

6.7　ポアンカレ双対性と交点数 129

ii 目　次

第 7 章　構　造　　135

7.1　構造の生成 135

7.2　複雑性 139

7.3　独立性 141

第 8 章　圏　　147

8.1　定義 148

8.2　普遍的な構成 150

8.3　図式の圏 169

8.4　前層 177

8.5　随伴とペアリング 179

第 9 章　トポス　　185

9.1　部分対象分類子 186

9.2　トポス 197

9.3　トポスと論理 205

9.4　トポス位相と様相論理 214

9.5　位相と層 218

9.6　トポス意味論 223

第 10 章　諸例の復習　　227

10.1　$\emptyset$（無） 227

10.2　$\{1\}$（有） 228

10.3　$\{0,1\}$（選択） 229

参考文献　　233

訳者あとがき　　241

例に関する索引　　243

事項索引　　245

第5章　空間とはなにか？

5.1　概念的脱構築と歴史的視点

この質問にアプローチするためには，最初に「われわれが住んでいる空間とはなにか」を問うてもよい．そして最初に考えられる解答は，「3次元ユークリッド空間」である．しかし，3次元ユークリッド空間とは何で，どのように記述されるか．おそらくわれわれは答えを知っていると思う．3次元ユークリッド空間の各点 x は，実数の三つ組であるデカルト座標 x^1, x^2, x^3 で一意的に記述される．すなわち，三つの互いに直交している座標軸で，共通の原点 0 から出ているものがあり，点 x はその三つの軸へ射影した長さ x^1, x^2, x^3 で特徴づけられる．さらに点 x と y の間のユークリッド内積があり，座標表示から計算できる．

$$\langle x, y \rangle := x^1 y^1 + x^2 y^2 + x^3 y^3. \tag{5.1.1}$$

このユークリッド内積から x のノルム

$$\|x\| := \sqrt{\langle x, x \rangle} \tag{5.1.2}$$

と x と y の間の角度 α

$$\langle x, y \rangle =: \cos \alpha \, \|x\| \, \|y\| \tag{5.1.3}$$

を得る．とくに，$\langle x, y \rangle = 0$ のとき，x と y は互いに直交しているという．

さらに，ベクトル空間の構造がある．つまり，2点を加えたり，

2   第5章　空間とはなにか？

$$x + y := (x^1 + y^1, x^2 + y^2, x^3 + y^3) \tag{5.1.4}$$

点に実数 α を掛けたりすることができる.

$$\alpha x := (\alpha x^1, \alpha x^2, \alpha x^3). \tag{5.1.5}$$

言い換えると，座標の代数的操作がユークリッド空間の点への対応する操作を誘導する.

　ユークリッド空間はベクトル解析，すなわち，微分と積分を支えている. とくに，滑らかな曲線の微分（接ベクトル）を計算し，曲線の長さ，曲面の面積，立体の体積を測ることができる.

　したがって，たくさんの構造がある. 初めにしてはおそらく多すぎる. とくに，構造のある部分は単に規約にすぎない. たとえば，物理的空間のデカルト構造の原点0の位置を何が決めるか. 明らかに，これは任意の規約である. ユークリッド構造はまた，座標軸が互いに直交するという仮定あるいは規約に依存し，ベクトルの長さは座標軸上の単位の選び方に依存する. それらの規約はどこからくるだろうか.

　ユークリッド空間のデカルト座標表示は幾何的性質をいくらか不明瞭にしているかもしれない. ユークリッド空間が持つと考えられる性質だが，まず均質的であること，つまり，幾何的性質は各点で同じとなっている. また，等方的であること，つまり，幾何的性質は各方向で同じとなっている. しかしながら，一つの点，原点0，および座標軸の3方向を，デカルト構造は特別に扱う.

　したがって，空間についてのわれわれの素朴な捉え方には2通りの構造があることを確認した. デカルト構造つまり座標表示つきのベクトル空間か，ユークリッド的計量構造である. そのどちらが物理的空間に関係あるのかは不明瞭なままである.

　そこで少し違った形でスタートし，「何が空間の本質的あるいは特徴的な性質であるか」を問うべきであろう. 歴史上，哲学，数学と物理学において，この問いへの多くの解答が提案されてきて，そのいくつかを吟味するのは洞察に富むことになろう.

　その目的のため，歴史的正確性にはあまり気を遣わずに，むしろ概念の重

5.1 概念的脱構築と歴史的視点 *3*

要な側面をはっきりさせるよう，空間の概念を歴史戯画風に扱おう．

ユークリッド (Euclid, B.C. 325–265) よりも前に生きたアリストテレス (Aristotle, B.C. 384–322) は，ユークリッドとはかなり異なった空間の概念を持っていた．たとえば彼は，石は地面に落ちるがゆえに空中の石の場所は地面の上の石の場所と異なると論じた．言い換えると，「上」と「下」には違いがあり，空間は等質的でも等方的でもない．アリストテレスにとって，空間とは物理的対象の「自然な」場所の集まりであった．アリストテレスは物質と運動の間に，したがって静止と運動の間にカテゴリーの違いを考えた．物質の自然状態は静止であり，静止の自然な位置を達成するためにのみ動く．これが，長い間にわたり物理学者が乗り越えるべき概念上の障害となった．

これとは対照的に，フィリッポ・ブルネレスキ (Filippo Brunelleschi, 1377–1446) を始めとするルネサンスの画家たちは，ユークリッド幾何の法則に従い光が光線に沿って伝播するところの媒体として空間を見て，2 次元的表現のために幾何学的遠近法を初めて発展させた．主観的な錯覚，つまり平面的な絵画で空間的奥行きが知覚できるように，客観的な空間的現実味を彼らが追求すべきこととしたのは，おそらく皮肉な面もあるが，少し注目に値することであった．

ガリレオ・ガリレイ (Galileo Galilei, 1564–1642) は，物体の動きと変動のための理想的な媒体として空間を想定し，（ユークリッド）空間の均質性と等方性に依存する物理法則の不変性を強調した．運動と静止のアリストテレス的な区別をやがて克服する上で，これが鍵となるステップとなった．アイザック・ニュートン (Isaac Newton, 1643–1717) にとって，空間とは不変な容れ物であって，その中で物体が互いに力を及ぼし得るもので，それが物体の力学へとつながった．その目的のために，ニュートンは空間を絶対的なものと思い，そのように参照するための絶対的枠組に対する運動の証拠として遠心力を考えた．彼の力概念が，物体とその広がりを同一視したデカルト的誤りを克服し，物理学のその後の発展の基礎となったにもかかわらず，彼の絶対空間の考えはガリレイの洞察からは一歩の後退であった．対照的に，ゴットフリート・ヴィルヘルム・ライプニッツ (Gottfried Wilhelm Leibniz, 1646–1716) にとっては，空間はそこに含まれる対象とは独立に存

4 第5章 空間とはなにか？

在するものではなく，単に対象間の関係をコード化するものであった．この考え方には，相対論的物理学の側面の萌芽が見られ，また現代数学の抽象的空間概念にも寄与した．そこでは，必ずしも物理的本質とは限らない対象間の定性的ないし定量的関係を表現したいときに空間という言葉を使っている．たとえば，グラフは離散的対象間の2項関係を記述する．しかし実際，物理系の記述であっても，より抽象的な空間の概念を使うのはしばしば有益である．たとえば，3次元ユークリッド空間内の N 個の粒子の集まりの状態空間は，$3N$ 個の座標でこれらの粒子の位置を表示し，位置と運動量（または速度）を表す相空間は $6N$ 個の座標を使う．より一般に，力学的系の状態空間ないし相空間はその可能な自由度を記述する．実はニュートンとライプニッツ以前に，デカルト (Descartes, 1596–1650)——彼は自分の名前をラテン語ではカルテシウス (Cartesius) と訳した——は，$z = w^2$ や $z^2 = w^3$ のような代数的関係の幾何学的記述および解析的扱いのために座標を導入していた．それが2次元デカルト空間へとつながり，N 次元デカルト空間の構成に自然に拡張される．これを実数 $\mathbb{R}$ の概念（これはデカルトよりずっと後に，19世紀になってリヒャルト・デデキント (Richard Dedekind, 1831–1916) らにより明確化された）に基づいて考えるならば，N 次元デカルト空間は $\mathbb{R}^N$ である．さらに，この構成を下支えするベクトル空間の概念は後にヘルマン・グラスマン (Hermann Grassmann, 1809–1877) により導入された．ベクトル空間 $\mathbb{R}^N$ は，ユークリッドの距離構造をまだ備えてはいない．

　まったく新しいアプローチがベルンハルト・リーマン (Bernhard Riemann, 1826–1866) により導入された [96]．現代の用語でいうと，彼は長さと角度が（無限小で）測ることのできる微分可能多様体，すなわち彼を讃えて今日リーマン多様体とよぶものとして空間を考えた．数学的言語での空間の考え方の概念的な分析と明確化において，リーマンは鍵となる人物である．とくに，空間の位相的構造と距離的構造とを明確に区別したのはリーマンが最初である．

　一部ではリーマンに準拠し，また一部では批判して，物理学者のヘルマン・フォン・ヘルムホルツ (Hermann von Helmholtz, 1821–1894) は物理的空間を特徴づける経験的な性質として次を挙げた．つまり，空間内で物

体は変形せずに自由に動くことができる．現代の用語では，物理的空間は定曲率の 3 次元リーマン多様体，つまりユークリッド的か，球面的か，または双曲的な空間（形）である，という結論に彼は導かれた．しかしながら，ソースス・リー (Sophus Lie, 1842–1899) はヘルムホルツの数学的理由づけの欠落を指摘し，幾何学的不変変換の抽象的概念を展開した．リー群は量子物理学のその後の展開にとって根本的な概念となり，リー群とリーマン幾何学は現代の量子場の理論の基本的な言葉となっている．

ヘルムホルツとは対照的に，アルベルト・アインシュタイン (Albert Einstein, 1879–1955) にとっては，物体は不変な空間の中を変化せずに動いているのではなく，むしろ空間の性質と物体の運動が絡み合っている．再び，リーマン多様体の概念が一般相対性の物理に適切な考え方であることが明らかになった．

リーマンの仕事は幾何学への公理的アプローチ，すなわち，抽象的性質で空間もしくは可能な空間のクラスを特徴づけるプログラムを示唆した．重要な寄与が，ゲオルグ・カントル (Georg Cantor, 1845–1918) とダーフィト・ヒルベルト (David Hilbert, 1862–1943) からあった．カントルの集合論に基づいて位相空間の考え方の展開が可能となり，ヒルベルトは幾何学（と数学の他の分野）のための体系的な公理的プログラムを始めた．幾何学の概念面での歴史のより詳しい扱いについては，[96] における私の解説を参照されたい．

代数幾何学では，代数方程式または関係式の解集合に関心がある．ここでもリーマンは，そのような解の多価性を表現する幾何的対象としてリーマン面の考えを得て大きなインパクトを与え，やがて代数多様体の概念が現れた．同じ局所的構造が至るところ現れる多様体とは対照的に，代数多様体には特異点，つまり他より複雑な局所的近傍を持つ点または部分集合があってもよい．ここでは座標による記述はそれほど便利ではなく，代わりに局所的関数の適当な集まりの零点集合として点を特徴づける方法が現代の代数幾何学の発展を形づくった．アレクサンダー・グロタンディーク (Alexander Grothendieck, 1928–2014) の手で，そこから代数幾何と数論を統合するスキームの一般的概念へと導かれた．

幾何学の歴史のかなり大急ぎの物語に基づき，空間の概念と記述への何通

6　第 5 章　空間とはなにか？

りかの可能なアプローチを示すことができる.

1. **多様体** (manifold)：座標系，つまり局所的にモデルの空間と関連づけることにより記述する.

2. **スキーム** (scheme)：局所的関数を通じて記述する．点は関数の空間での極大イデアルに対応する.

3. 与えられた空間を他の空間からの射，すなわち構造を保つ写像（の全体）Hom$(-, S)$ を通じて記述する.

4. コホモロジー論におけるように不変量を通じて特徴づける.

5. 局所的断片（単体，胞体）から空間を再構築して，空間の性質がその構築のパターンの組合せ論に帰着されるようにする.

6. 構造を保つ変換のなす群の言葉で空間を特徴づける．基本的な状況では構造を保つ変換（同相写像，微分同相，等距離写像，などなど）は空間に推移的に作用する．より複雑な空間は，そのような等質的な断片または層から構築され，あるいはそれらに分解される．おそらく最も単純な場合は境界つき多様体である.

7. **距離空間** (metric space)：その元の間の距離の関係を通じて空間を定義する.

　これらの概念化は一般化と抽象化に向けた駆動力を含んでいる．たとえば，空間をその連続関数の代数で記述するとき，単純に話を逆転してすべての代数が何らかの空間を定義すると考えることができる．たとえば，連続関数の代数は可換である，つまり，$f, g: M \to \mathbb{R}$ を空間 M 上の関数とするとき，$f(x)g(x) = g(x)f(x)$ $(\forall x \in M)$ であるが，非可換代数（におそらく適当な性質を加えたもの）を考え，それが非可換空間を定めると宣言することもできる．[24] 参照．このようなアプローチの威力を，可換な設定の中ではあるが，5.4 節で見ることになろう.

5.2　空間の公理

　第 4 章，とくに 4.1 節で展開された数学的構造に基づいて，空間の抽象的かつ公理的な理論を展開しよう.

5.2 空間の公理　**7**

　基本 (basic) 空間を一連の公理を通じて定義し，追加の構造を導入できるように公理を追加しよう．一言でいうと，空間では点を同定することができるが，それらを区別することはできない．

　次の性質からスタートしよう．

公理 1　空間は点から成り立っている．

　公理 1 は集合論により動機づけされている．しかしながら，それが操作的な側面ではなく，存在論的側面に関連するという意味で問題がある．そこでこの公理を次の構成で置き換えることを試みる．

　考察中の空間を X と記そう．X が点から成り立っていると思うとき，X は集合であり，X の部分集合を考察することができる．X の部分集合全体 $\mathcal{P}(X)$ は，4.1 節で記述されたとおり，補集合，合併，共通部分と含意（包含関係）の操作でブール代数をなす．そこで指摘したとおり，点のないトポロジーを展開することもできる．つまり，点を用いることなく $\mathcal{P}(X)$ を抽象的に形式的な圏と考えることができる．この観点を次のように展開しよう．すなわち，圏 $\mathcal{P}(X)$ から出発し，$\mathcal{P}(X)$ のメンバーの適当な系から点を構成する．つまり，X の点は基本的でもないし，X の構成に必要でもなく，導出された対象となる．

　圏論の枠組みの中では，この問題への自然なアプローチが存在する．すなわち，2.1.5 節で定理 2.1.2 の証明において導入された（超）フィルターを使うアプローチである．(2.1.98)–(2.1.101) 参照．その定義を簡単に振り返ろう．X を集合とする．$\mathcal{P}(X)$ 上のフィルターとは $\mathcal{P}(X)$ の部分集合で次の条件を満たすものをいう．

$$\emptyset \notin \mathcal{F}, \quad X \in \mathcal{F} \tag{5.2.1}$$

$$U \in \mathcal{F}, U \subset U' \text{ ならば } U' \in \mathcal{F} \tag{5.2.2}$$

$$U_1, \dots, U_n \in \mathcal{F} \text{ ならば } U_1 \cap \dots \cap U_n \in \mathcal{F} \tag{5.2.3}$$

噛み砕くと，フィルターはある性質を共有する部分集合のクラスを特定するということができよう．たとえば，$A \subset X$ に対して A を含む X の部分集合の全体 $\mathcal{F}(A) := \{V \subset X : A \subset V\}$ を考えると，これはフィルターである．したがって，$x \in X$ を点とするとき，それはフィルター $\mathcal{F}(\{x\})$ で捕

8 第5章 空間とはなにか？

まえられるであろう．このフィルターはさらに満たしている性質がある．それは超フィルターまたは極大フィルターとよぶべきものである．すなわち，フィルター $\mathcal{G}$ について

$$\mathcal{F} \subset \mathcal{G} \text{ ならば } \mathcal{F} = \mathcal{G} \tag{5.2.4}$$

が満たされる．同値なことだが，$\mathcal{F}$ が超フィルターであるのは，ちょうど

$$\forall\, U \in \mathcal{P}(X) \text{ について } U \in \mathcal{F} \text{ または } X \setminus U \in \mathcal{F} \text{ である} \tag{5.2.5}$$

が満たされるときである．とくに，超フィルター $\mathcal{F}(\{x\})$ について $S \in \mathcal{F}(\{x\})$ iff $x \in S$ である．逆に，超フィルターを使って X の点 x を定義ないし同定することができるだろう．ここで，二つの異なる状況が起こり得る．

$$\bigcap_{U \in \mathcal{F}} U \neq \emptyset \tag{5.2.6}$$

——この共通部分を X の点と考えてもよい——であるか，

$$\bigcap_{U \in \mathcal{F}} U = \emptyset \tag{5.2.7}$$

——この場合 $\mathcal{F}$ に対応する X の点はない——であるかのどちらかである．後者の場合，X に「理想の」点を追加したいと望むことができよう．たとえば，X が開区間 $(0,1) = \{t \in \mathbb{R} : 0 < t < 1\}$ のとき，開区間 $(0,\epsilon)$ を含むような $\epsilon > 0$ をとれる $(0,1)$ の部分集合すべてからなるフィルターは，共通部分が空であるが，しかしそれが自然に定義する点は，区間の左端を閉じるために $(0,1)$ に付け加える 0 に相当する．同様に点 1 を定義するフィルターを書き下すこともできる．ここではしかし，空間を完備化するという重要な課題は探究しない．

　いままでは，フィルターの概念を**集合**に対して，その冪集合を利用することで展開してきた．**位相空間** (topological space) X に対しては，冪集合 $\mathcal{P}(X)$ を開部分集合の集まり $\mathcal{O}(X)$ で取り替え，類似の構成を行いたいと思う．実際，直前に議論した開区間 $(0,1)$ の例は，位相空間の文脈で自然な場所に収まる．そこで簡単に触れた完備化の課題は，位相空間に対してのみ意味があり，一般の集合に対してはその限りでない．

さらに，フィルターないし超フィルターは写像に関してよい振る舞いをしない．というのも，写像が単射でなく，複数の点を同一の点に写したり，あるいは全射でなく，標的のいくつかの点が取り残される事実を反映しているからである．後の 5.4 節でいくぶん異なる観点からこの問題を述べよう．

さて，圏論から少し離れて，点を定義する，あるいは同定するための抽象的な観点から真に必要なものを調べよう．その目的のために，$\mathcal{Q}(X) \subset \mathcal{P}(X)$ が与えられて次の条件を満たすと仮定しよう．

(i)
$$\emptyset, X \in \mathcal{Q} \tag{5.2.8}$$

(ii) 添え字集合 I について $(Q_i)_{i \in I} \subset \mathcal{Q}$ が与えられたとき，次が成り立つ．
$$\bigcup_{i \in I} Q_i \in \mathcal{Q} \tag{5.2.9}$$

したがって，$\mathcal{Q}$ に対する要請は 4.1 節の開集合族に課した条件よりいくぶん弱い．しかし，多くの例では $\mathcal{Q}$ として $\mathcal{O}$ をとることができる．

そこで，$\mathcal{Q}(X)$ の部分集合 $\mathcal{U}$ が次の性質を満たすときフォーカス (focus) とよぶ．つまり，任意の $U, V \in \mathcal{U}$ について，$W \in \mathcal{U}$ が存在して
$$W \subset U \cap V \tag{5.2.10}$$

であり，かつ
$$\bigcap_{U \in \mathcal{U}} U \neq \emptyset \tag{5.2.11}$$

となることを要請する．(5.2.10) では，フォーカスの二つのメンバーの共通部分がそのフォーカスに属するとは要請していないことに注意する．しかし，二つの共通部分に含まれる $\mathcal{Q}$ のメンバーすべての合併をとるとしよう．その合併はやはり $\mathcal{Q}$ に属し，そのような性質を持つ最大のメンバーである．しかしながら，それがフォーカス $\mathcal{U}$ のメンバーであるとは要請しない．

フォーカス $\mathcal{V}$ が $\mathcal{U}$ の細分であるとは，すべての $V \in \mathcal{V}$ について $U \in \mathcal{U}$ が存在して
$$V \subset U \tag{5.2.12}$$

10 第5章 空間とはなにか？

となることをいう．フォーカス $\mathcal{U}$ が**点状** (pointlike) であるとは，すべての細分 $\mathcal{V}$ について

$$\bigcap_{U \in \mathcal{U}} U \subset \bigcap_{V \in \mathcal{V}} V \tag{5.2.13}$$

が成り立つことをいう．すなわち，フォーカスのメンバー U をより小さくしても漸近的共通部分をより小さくすることはできない，という条件である．すると，「点状のフォーカス $\mathcal{U}$ は点 $\bigcap_{U \in \mathcal{U}} U$ を定める」といってもよい．言い換えると，点の代わりに点状のフォーカスを考えることができる．点の概念はもはや第一義的なものではなく，導出されるものとなり，実際フォーカスのより小さいメンバーをとる漸近的操作から導出される．

$\mathcal{Q}(X)$ が 4.1 節の位相空間の定義における開集合合族 $\mathcal{O}(X)$ であるとき，フォーカスはトポロジーの用語でいうネット (net) である．このような例で考えてもよいが，忘れてはならないのは，いままでは $\mathcal{Q}$ は有限の共通部分をとる操作で閉じていると要請していないことである．フォーカスの二つのメンバーの共通部分はそのフォーカスの他のメンバーを含む，ということだけ要請している．

簡単な例は標準位相を持った $\mathbb{R}$ である．すると，$x \in \mathbb{R}$ はネット $(x - \frac{1}{n}, x + \frac{1}{n})$ $(n \in \mathbb{N})$ から得られる．別の例として，4.1 節で導入された $\mathbb{R}$ の余有限位相を考えよう．すなわち，開集合が有限個の点の補集合であるような位相である．$x \in \mathbb{R}$ について，$\mathbb{R} \setminus \{x_1, \dots, x_n\}$ $(x \neq x_1, \dots, x_n)$ という形の開集合すべてからなるフォーカスを考える．これらの開集合はフォーカスをなし，その共通部分は点 x である．

公理 1 は次で置き換えられる．

公理 2 点はフォーカスにより特定できる．特定の仕方はハウスドルフ性を満たさねばならない．

ハウスドルフ性で意味するのは，異なる点を同定するどのような二つのフォーカス $\mathcal{U}_1$, $\mathcal{U}_2$ に対しても，メンバー $U_i \in \mathcal{U}_i$ で互いに交わらない，すなわち

$$U_1 \cap U_2 = \emptyset \tag{5.2.14}$$

5.2 空間の公理 **11**

となるものが存在することである.

公理 3 Q が $Q(X)$ の元で, $\emptyset$, X と異なるとき, 補集合 $X \setminus Q$ は $Q(X)$ に含まれない, という意味で空間は連接的である.

とくに, あるフォーカスが点を同定するとき, そのフォーカスのメンバーの補集合で別の点を同定することはできない. 以上を**排他原理** (exclusion principle) と解釈することもできる. すなわち, $Q \in Q$ が点 $x \in Q$ を含む (include) とき, それは補集合 $X \setminus Q$ の点 y を**除外する** (exclude). 公理3 は, 点 x の包含 (inclusion) Q, つまり $Q \in Q$ で $x \in Q$ であるものが, Q に除外された別の点 y の包含を同時には定め得ないことを意味する. 点集合トポロジーの文脈と用語では, 単に集合 $X \setminus U$ が U と同時には空集合を除いた開集合ではあり得ないことを意味する. 言い換えると, 空間 X が位相空間として連結であることが仮定されている.

　公理 2, 3 は位相空間の多くの型を除外している. たとえば, 密着位相 $\mathcal{O} = \{X, \emptyset\}$ はハウスドルフ性を満たさないし, また離散位相 $\mathcal{O} = \mathcal{P}$ は公理 3 を破っている. その意味で, 公理 2 は Q が十分豊富であることを規定するが, 反対に公理 3 はそれが豊富すぎないことを要請する.

　いままで点の同定について議論してきた. いまからはある意味で反対の側面である, 点の区別に移ろう. 付加的構造のない集合では, 集合での置換, つまり集合という構造の自己同型により, 各点は互いに変換されるという意味ですべての点は対等である. 表現の仕方を変えると, その変換群はその集合に推移的に作用する. ここで, 圏論の一般的概念を用いている. A が圏のメンバーであるとき, A の可逆な射, つまり両方向に構造を保つ A からそれ自身への写像は A の変換とよばれる. 変換は射として合成可能で, 定義により可逆であるから, それらは A の変換群とよばれる群をなす.

　もちろん, 位相構造もその他の構造もない集合上では, 点を同定することはできないが, 前述の公理で要請されるように点が同定できる場合であっても, 構造を保つ仕方で点を互いに変換することはそれでも可能かもしれない. 実は, それが**基本空間** (basic space) に対して要請することである.

公理 4 点は互いに他の点から区別することができない. 空間の変換の下,

12 第5章 空間とはなにか?

点は対等である.

インフォーマルには,基本空間はどの点においても同じに見え,制約なしに点を他の点に変換できる.したがって,基本空間 X は**推移的変換群**を持つ.この要請が満たされないときは,**合成空間** (composite space) という.(内部と境界からなる)境界つき多様体,(いくつもの基本的層からなる)層化空間 (stratified space),や特異点のある代数多様体(その最大の層は非特異点からなっている)がその例である.

空間の代わりに変換群 T を第一義的な対象とすることもできる.その視点からは,公理4は,空間 X は T に関する等質空間である.とくに,それは T の表現を与える.この側面は素粒子物理学では基本的である.そこでは,粒子の対称性,つまりリー群 T が粒子を特徴づけし,T の表現が実験データに反映する.

公理4は**等価原理** (equivalence principle) を演算で表現することにほかならない.前述のような構造 $\mathcal{Q} \subset \mathcal{P}$ があるとき,変換を $\mathcal{Q}$ の可逆な射として考えることができる.つまり,変換は合併と共通部分および含意の操作を保たねばならない.したがって,フォーカスはフォーカスに変換され,ハウスドルフ性は点が点に移ることを保証する.位相空間 $(X, \mathcal{O})$ については4.1節でこれを記述した.復習すると,簡単のため点の用語において,$(X, \mathcal{O})$ の**同相写像** (homeomorphism) とは全単射 $h\colon X \to X$ であって開集合の像も逆像も開集合である性質を持つものである.つまり,同相写像は位相構造を保存する.同相写像は逆をとったり,合成したりできる.すなわち,h, g が同相写像のとき,h^{-1} も $h \circ g$ も同相写像である.同相写像の全体は位相空間 X の変換群をなす.すると公理4は,どの2点 $x, y \in X$ についてもある同相写像 h で

$$h(x) = y \tag{5.2.15}$$

となるものが存在することを意味する.これはすべての位相空間について成り立つわけではない.しかし,後の5.3節で紹介される,おそらく最も重要なクラスである多様体について成り立つ.

公理5 空間上の構造は,変換についての制約から成り立っている.

さて，より高度な概念に関連したこの公理の例をいくつか記そう．それら
の概念は後の 5.3 節，5.3.1 節や 5.3.2 節において定義されるか，あるいは
本書ではまったく扱わないものである．たとえば，微分可能多様体は変換
を微分同相写像に制限することにより特徴づけられる．その微分同相のな
す群は，微分可能多様体にやはり推移的に作用する．しかしそれは，変換に
さらに強い制限をもたらすより豊かな構造については成り立たない．たと
えば，変換を双正則写像，すなわち，可逆な正則写像とする複素多様体の構
造である．このような場合，むしろ局所的変換を考えるべきである．複素多
様体の場合であれば，各点の小さな近傍のような，開集合の間の双正則写
像である．すると，複素多様体は局所的に等質である．その意味は，どの 2
点 z, w についても，z の近傍 U と w の近傍 V および双正則写像 $h: U \to V$
であって $h(z) = w$ となるものが存在する．われわれはこの性質を**局所空間**
(local space) という概念として定式化するべきである．

　非コンパクト型の半単純リー群 G については，等質空間は G の極大コン
パクト部分群 K による商 G/K として与えられる．G/K は（G が等長写
像として作用する）リーマン多様体の特別な場合でもあるが，一般のリー
マン多様体は等質とは限らないし，いま議論したばかりの意味での局所的
ですらない．しかしながら，以下で見るように，それは無限小等長変換の言
葉で特徴づけることができる．われわれはこの性質を**無限小空間** (infinites-
imal space) という概念として定式化するべきである．より一般に，距離空
間の等長写像は距離構造に関する変換群をなす．だがまた一般には，距離空
間は大域的にも局所的にも等長変換を持つとは限らない．

5.3　多様体

　前述の部分では，まだ定義していなかった多様体の概念，微分可能多様
体，そしてリーマン多様体の概念を用いた．そこでこれらの定義へと進まね
ばならない．技術的側面については，[58] を参照されたい．技術的な定義に
進む前に，先に原理を記しておこう．

公理 6　多様体とは，点を同定することが異なる記述にまたがって追跡でき

14 第 5 章 空間とはなにか？

るような仕方で局所的に記述された，基本空間をモデルの空間である（位相空間と見た）$\mathbb{R}^d$ と関連づける原理である．その記述は，局所的には常に有限個のモデルで十分であるといった仕方に整理できる．

さて，この公理で用いられた用語をより正式な形で説明しよう．そのためにはパラコンパクト性といった技術的な用語を導入する必要がある．それらは，後ほどそれ以上は探究されないし，また議論されない．そこで読者はここを飛ばして定義 5.3.1 に直接進んでもよい．

被覆 (covering) $(U_\alpha)_{\alpha \in A}$（$A$ は勝手な添え字集合）とは，われわれの空間 M の部分集合の集まりであってその合併が M に等しくなるものである．M が位相空間のとき，**開被覆** (open covering) について話すことができる．それは U_α がすべて開集合であるような被覆である．各点 $p \in M$ について，その近傍で有限個のみの U_α としか交わらないものが存在するとき，被覆は**局所有限** (locally finite) とよばれる．位相空間 M は，どの開被覆も局所有限な細分を持つとき**パラコンパクト** (paracompact) とよばれる．これは，どのような開被覆 $(U_\alpha)_{\alpha \in A}$ に対しても，次の性質を満たす局所有限な開被覆 $(V_\beta)_{\beta \in B}$ が存在することを意味する．

$$\forall \beta \in B \; \exists \alpha \in A : V_\beta \subset U_\alpha \tag{5.3.1}$$

パラコンパクト性は 1 の分割の存在を保証する技術的な条件である．それは有用な解析的道具であって，本書で使うことはないのだが，ここに対応する結果を簡単に述べる．

補題 5.3.1 X をパラコンパクトなハウスドルフ空間，$(U_\alpha)_{\alpha \in A}$ をその開被覆とする．すると $(U_\alpha)_{\alpha \in A}$ の局所有限な細分 $(V_\beta)_{\beta \in B}$ と連続関数 $\varphi_\beta \colon X \to \mathbb{R}$ で次の条件を満たすものが存在する．

 (i) $\{x \in X : \varphi_\beta(x) \neq 0\} \subset V_\beta \; (\forall \beta \in B)$

(ii) $0 \leq \varphi_\beta(x) \leq 1 \; (\forall x \in X, \forall \beta \in B)$

(iii) $\displaystyle\sum_{\beta \in B} \varphi_\beta(x) = 1 \; (\forall x \in X)$

(iii) においては各点で零でない項は高々有限個である．なぜなら，$(V_\beta)_{\beta \in B}$ が局所有限なのでどの点でも φ_β は有限個のみが 0 でないからである．

この補題のような関数 $\varphi_\beta\colon X \to \mathbb{R}$ の集まりは $(U_\alpha)_{\alpha\in A}$ に従属する (subordinate to) 1 の分割（partition of unity）とよばれる．たとえば，証明が [95] に見つかる．

4.1 節からの復習で，位相空間の間の写像は，開集合の原像が常に開集合であるとき連続 (continuous) とよばれる．双方向に連続な全単射は同相写像 (homeomorphism) とよばれる．

定義 5.3.1 d 次元の多様体 M とは，連結でパラコンパクトなハウスドルフ空間と，開集合 $U \subset M$ から開集合 $\Omega \subset \mathbb{R}^d$ への同相写像の集まりが同時に与えられ，どの点 $x \in M$ も開集合 $\Omega \subset \mathbb{R}^d$ と同相なある開集合 U に含まれるという条件を満たすものである．

そのような同相写像

$$x\colon U \to \Omega$$

はチャート (chart) とか座標チャート (coordinate chart) とよばれる．

開集合 $\Omega \subset \mathbb{R}^d$ について，$\mathbb{R}^d$ のユークリッド座標を

$$x = (x^1, \ldots, x^d) \tag{5.3.2}$$

と書くのが習慣であり，$x\colon U \to \Omega$ がチャートであるとき，これは多様体 M 上の局所座標だと考えられる．

定義 5.3.1 の多様体が，公理 4 を満たすことを確かめるために次を述べておく．

定理 5.3.1 M を多様体，$p, q \in M$ とする．このとき，同相写像

$$h\colon M \to M \ \text{で，} \ h(p) = q \tag{5.3.3}$$

であるものが存在する．

証明の概略を述べよう．

16 第5章 空間とはなにか？

証明

1. どの2点 $p \neq q$ に対しても，連続な単射 $c:[0,1] \to M$ で $c(0) = p$，$c(1) = q$ なるものが存在するという意味で，多様体 M は弧状連結である．（これは直観的にもっともらしいが，証明は自明ではない．）

2. $c([0,1])$ の近傍 U とチャート

$$x:U \to \Omega = \{x \in \mathbb{R}^d : |x - p| < 1$$
$$\text{適当な } p = (\lambda, 0, \ldots, 0),\ 0 \leq \lambda \leq 1 \text{ について} \} \qquad (5.3.4)$$

であって，$c([0,1])$ を $\{(\lambda, 0, \ldots, 0),\ 0 \leq \lambda \leq 1\}$ に写し，$p = c(0)$ が $(0, \ldots, 0)$ に対応するものが存在する．

3. 同相写像 $\eta: \Omega \to \Omega$ であって，Ω の $\mathbb{R}^d$ における境界のある近傍で恒等写像であり，$(0, 0, \ldots, 0)$ を $(1, 0, \ldots, 0)$ に写す，すなわち $c(0) = p$ に対応する点を $c(1) = q$ に対応する点に写すものが存在する．

4. U の外では恒等写像であるとして $x^{-1} \circ \eta$ を M 全体に拡張することにより，M の同相写像で $h(p) = q$ なるものを得る． $\qquad\square$

点 $p \in U_\alpha$ は $x_\alpha(p)$ で決定される．したがって，それはしばしば $x_\alpha(p)$ と同一視される．またしばしば添え字 α は省略され，$x(p) \in \mathbb{R}^d$ の成分は p の**局所座標** (local coordinates) とよばれる．

したがって前述のことをより抽象的にいうと，多様体とは，公理6で要請されているように，異なる局所表示（座標チャート）にまたがる各点を同一視する原理といえる．すなわち，

$$x_i: U_i \to \Omega_i \subset \mathbb{R}^d \quad (i = 1, 2) \qquad (5.3.5)$$

が $p \in U_1 \cap U_2$ である二つのチャートとするとき，チャート x_1 による表示 $x_1(p)$ がチャート x_2 による表示 $x_2(p)$ と同一視される．

さて，多様体の概念によると，二つの同相な多様体を区別することはできない．つまり，$h: M_1 \to M_2$ が同相写像のとき，点 $p \in M_1$ は点 $h(p) \in M_2$ と同一視される．座標チャートの言葉では，M_1 のチャート $x: U \to \Omega$ が M_2 のチャート $x \circ h^{-1}: h(U) \to \Omega$ に対応する．ここで，$h: M \to M$ が多様体 M からそれ自身への同相写像であるとき，異なる二つの同値な M の表

示を得る．その意味するところは，第一の表示での M の点 p が第二の表示での M の点 $h(p)$ に対応するが，その表示での点 p にはもはや対応しない．

　第二の重要な側面は，チャートの変換に両立条件を課すことにより，$\mathbb{R}^d$ の構造を多様体に移すことをチャートが可能にすることである．より公式な具体的定義の前に，再び公理を述べよう．

公理 7 多様体上の構造とは，局所的な記述の間の両立条件のことである．

定義 5.3.2 アトラス (atlas) とは，チャートの族 $\{U_\alpha, x_\alpha\}$ であって，$\{U_\alpha\}_\alpha$ が M の開被覆となっているもののことである．$\mathbf{C}$ を圏として，多様体上のアトラス $\{U_\alpha, x_\alpha\}$ が $\mathbf{C}$ 構造型であるとは，$U_\alpha \cap U_\beta \neq \emptyset$ である場合，チャートの変換

$$x_\beta \circ x_\alpha^{-1} : x_\alpha(U_\alpha \cap U_\beta) \to x_\beta(U_\alpha \cap U_\beta)$$

が圏 $\mathbf{C}$ の同型射であるときにいう．

　この意味で両立するチャートからなるアトラスは，極大なもの，すなわちもともとのチャートと両立するものすべてからなるアトラスに含まれる．この意味で両立するチャートからなる極大アトラスは $\mathbf{C}$ 構造とよばれ，$\mathbf{C}$ 型の d 次元多様体とは，このようなアトラスを備えた d 次元多様体のことである．

　次はこのような構造の最も基本的な例である．

定義 5.3.3 多様体上のアトラス $\{U_\alpha, x_\alpha\}$ は，すべてのチャートの変換

$$x_\beta \circ x_\alpha^{-1} : x_\alpha(U_\alpha \cap U_\beta) \to x_\beta(U_\alpha \cap U_\beta)$$

が（$U_\alpha \cap U_\beta \neq \emptyset$ である場合），C^∞ 級の微分可能な写像であるとき，**微分可能** (differentiable) であるという．極大な微分可能アトラスは微分構造とよばれ，d 次元**微分可能多様体** (differentiable manifold) とは，微分構造を持った d 次元多様体のことである．

注意

1. これ以降，C^∞ 級（「滑らかさ」）という微分可能性を要請する．すなわ

18 第 5 章 空間とはなにか？

ち，関数は無限回微分可能と要請する．しかし，もちろん他の微分可能性で考えていくことも可能である．C^∞ 級を考えるのが一番不精な選択であり，なぜなら与えられた状況で必要なぎりぎりの微分可能性を常に特定する必要を取り除いてしまうからである．

2. $x_\beta \circ x_\alpha^{-1}$ の逆が $x_\alpha \circ x_\beta^{-1}$ であるから，チャートの変換は双方向に微分可能である，つまり**微分同相写像** (diffeomorphism) である．したがって，それらは対応する圏での要求されたとおりの同型射である．

3. 微分可能多様体の次元が一意的に決まることを示すのは簡単である．微分可能とは限らない一般の多様体については，そのことはもっと難しい．

4. どのような微分可能なアトラスも極大な微分可能なアトラスに含まれるので，微分可能多様体を構成したいときには微分可能なアトラスを一つ挙げれば十分である．

定義 5.3.4 $\{U_\alpha, x_\alpha\}$ と $\{U'_\beta, x'_\beta\}$ をそれぞれチャートに持つ微分可能多様体 M と M' の間の写像 $h\colon M \to M'$ が**微分可能** (differentiable) であるとは，すべての写像 $x'_\beta \circ h \circ x_\alpha^{-1}$ が定義されるところでは微分可能（いつものとおり C^∞ 級）であるときにいう．このような写像は，全単射であり双方向に微分可能であるとき，**微分同相写像** (diffeomorphism) とよばれる．

　以前と同様に，二つの微分同相である微分可能多様体を区別することはできない．

　微分するためには，微分可能多様体はベクトル空間 $\mathbb{R}^d$ の構造を局所的に持つ．すなわち，$\mathbb{R}^d$ の位相構造に加えて，ベクトル空間の構造も使う．以下で明らかになるように，ベクトル空間 $\mathbb{R}^d$ は微分可能多様体の局所的モデルというよりは無限小的なものである．

　微分可能多様体の概念によると，写像の微分可能性は局所座標でテストできる．チャート変換に関する微分同相写像の要件は，上記のやり方で定義された微分可能性が整合的な概念であること，つまりチャートの選び方によらないことを保証する．しかしながら，微分の値は使用する局所的チャートに依存するのを理解することは重要である．したがって微分の値は内在的には

定義されていない．この問題は 5.3.1 節で取り上げられる．しかし，写像の
ヤコビアンがゼロかそうでないかは局所座標によらず，ゆえにこれは内在的
な性質である．このことは定理 5.3.2 の証明で使われるだろう．

いずれにせよ，これまでのことを次の公理として定式化できる．

公理 8　微分可能多様体とは，異なる局所表示にまたがって点やベクトルを
同一視するための原理である．

この観点は 5.3.1 節の中身を形づくる．

微分可能多様体は，定理 5.3.1 の類似を満たしている．

定理 5.3.2　M を微分可能多様体，$p, q \in M$ とする．すると微分同相写像

$$h: M \to M \text{ で，} h(p) = q \tag{5.3.6}$$

となっているものが存在する．

証明の概略を述べよう．

証明　定理 5.3.1 の証明の構成法は微分可能多様体でも実行し得ることを観
察する．とくに，微分可能多様体上に**微分可能な**曲線 $c: [0, 1] \to M$ であっ
てその微分が至るところ消えず，$c(0) = p$, $c(1) = q$ であるものを見つけら
れる．すると，そこの証明の同相写像 $\eta: \Omega \to \Omega$ は微分同相写像として構成
できる．　　　　　　　　　　　　　　　　　　　　　　　　　　　　　　$\square$

例

1. d 次元多様体の最も簡単な例は $\mathbb{R}^d$ 自体である．
2. 球面 (sphere)

$$S^n = \{(u^1, \ldots, u^{n+1}) \in \mathbb{R}^{n+1}: \sum_{i=1}^{n+1} (u^i)^2 = 1\} \tag{5.3.7}$$

は n 次元の微分可能多様体である．この多様体は以下の二つのチャー
トに覆われている．$U_1 := S^n \setminus \{(0, \ldots, 0, 1)\}$（北極を除いた球面）上
で，

20 第5章 空間とはなにか？

$$x_1(u^1, \ldots, u^{n+1}) := (x_1^1(u^1, \ldots, u^{n+1}), \ldots, x_1^n(u^1, \ldots, u^{n+1}))$$
$$:= \left(\frac{u^1}{1 - u^{n+1}}, \cdots, \frac{u^n}{1 - u^{n+1}} \right)$$

とおき，$U_2 := S^n \setminus \{(0, \ldots, 0, -1)\}$（南極を除いた球面）上で

$$x_2(u^1, \ldots, u^{n+1}) := (x_2^1(u^1, \ldots, u^{n+1}), \ldots, x_2^n(u^1, \ldots, u^{n+1}))$$
$$:= \left(\frac{u^1}{1 + u^{n+1}}, \cdots, \frac{u^n}{1 + u^{n+1}} \right)$$

とおく．

3. 同様に，回転双曲体

$$H^n = \{u \in \mathbb{R}^{n+1} : (u^1)^2 + \cdots (u^n)^2 - (u^{n+1})^2 = -1, \ u^{n+1} > 0\} \quad (5.3.8)$$

として表示される n 次元双曲空間は多様体である．

4. $w_1, w_2, \ldots, w_n \in \mathbb{R}^n$ は一次独立であるとして，次を満たす m_1, $m_2, \ldots, m_n \in \mathbb{Z}$ が存在するとき $u_1, u_2 \in \mathbb{R}^n$ は同値であると定義しよう．

$$u_1 - u_2 = \sum_{i=1}^n m_i w_i$$

$u \in \mathbb{R}^n$ にその同値類を対応させる射影を π とする．トーラス (torus) $T^n := \pi(\mathbb{R}^n)$ は次のように（n 次元）微分可能多様体にできる．Δ_α が開集合で同値な点の対を含まないと仮定する．そして次のようにおく．

$$U_\alpha := \pi(\Delta_\alpha),$$
$$x_\alpha := (\pi_{|\Delta_\alpha})^{-1}$$

5. 一般に，（微分可能）多様体の開部分集合は再び（微分可能）多様体である．

6. 二つの微分可能多様体 M, N のデカルト積 $M \times N$ は，自然に微分可能多様体の構造を持つ．実際，$\{U_\alpha, x_\alpha\}_{\alpha \in A}$ と $\{V_\beta, y_\beta\}_{\beta \in B}$ をそれぞれ M と N のアトラスとするとき，$\{U_\alpha \times V_\beta, (x_\alpha, y_\beta)\}_{(\alpha, \beta) \in A \times B}$ はチャー

5.3 多様体 **21**

ト変換が微分可能な $M \times N$ のアトラスである.

定義 5.3.2 によると,チャート変換にどのような型の制限でも課すことができる.たとえば,チャート変換にアフィン的,代数的,実解析的,共形的,ユークリッド体積保存,などなどの制限を課し,そうしてその特別な構造を持つ多様体のクラスを定義できる.おそらく最も重要な例は複素多様体の概念である.

定義 5.3.5 複素次元 d ($\dim_{\mathbb{C}} M = d$) の**複素多様体** (complex manifold) とは,$2d$(実)次元 ($\dim_{\mathbb{R}} M = 2d$) の微分可能多様体であって,そのチャートが $\mathbb{C}^d$ の開集合に値をとり,**正則** (holomorphic)[1]なチャート変換であるもののことである.

微分可能多様体の場合と同様に,チャート変換は双方向に働くので,それは実際のところ双正則写像,すなわち全単射であり正則な逆写像を持つものである.

複素多様体に関しては,定理 5.3.1,定理 5.3.2 の類似は一般に成立しない.次が成り立つのみである.

定理 5.3.3 M を複素多様体,$p, q \in M$ とする.このとき,p と q のそれぞれの開近傍 U, V および双正則写像 $h\colon U \to V$ であって $h(p) = q$ となるものが存在する.

証明 二つの局所的チャート x, y であって,それぞれの定義域が p と q を含み,$x(p) = 0 = y(q)$ であるものを選ぶ.必要なら適当なスケール因子を掛けて,x と y の像が両方とも単位球 $U(0,1) := \{z \in \mathbb{C}^d : |z| < 1\}$ を含むと仮定してよい.すると,$U = x^{-1}(U(0,1))$, $V = y^{-1}(U(0,1))$ とおき,双正則写像 $h := y^{-1} \circ x\colon U \to V$ をとればよい.この双正則写像は,ここの局

---

[1] 正則写像の定義を復習しよう.$\mathbb{C}^d$ 上で複素座標 $z^1 = x^1 + iy^1, \ldots, z^d = x^d + iy^d$ を使う.U を $\mathbb{C}^d$ の開集合として,複素関数 $h\colon U \to \mathbb{C}$ は $k = 1, \ldots, d$ について $\frac{\partial h}{\partial \bar{z}^k} := \frac{1}{2}\left(\frac{\partial h}{\partial x^k} + i\frac{\partial h}{\partial y^k}\right) = 0$ であるとき正則といわれ,写像 $H\colon U \to \mathbb{C}^m$ はそのすべての成分が正則であるとき正則といわれる.ここで複素解析の詳細には立ち入るつもりはなく,複素多様体に関する詳細については [58] を参照.

所的チャートでは恒等写像で表現されている. □

5.3.1 微分幾何学

次の三つの原理に従い,微分可能多様体の概念をより詳しく探ろう.

1. 局所座標表示とそのような局所的表示の間の整合性を通して,微分可能多様体上での微分計算が可能となる.しかしながら,接ベクトルといったその計算の対象は局所的記述ごとに異なって記述され,変換により関係づけられねばならない.その結果生じる変換則は,**テンソル解析** (tensor calculus) の主題をなしている.

2. 多様体の概念によると,幾何学的な内容は局所的記述に依存してはならない.これが**不変量** (invariant) というリーマンのアイデアへと導く.

3. 微分可能多様体上の計量関係を導入するために,微分計算とともに $\mathbb{R}^d$ 上のユークリッド空間の構造も利用できる.これが**リーマン多様体** (Riemannian manifold) という深遠な概念へと導く.リーマン多様体の基本的不変量は,リーマンの**曲率テンソル** (curvature tensor) に含まれる.重要なことは,リーマン計量は無限小的にユークリッド空間的なだけで,一般には局所的にも大域的にもユークリッド空間的ではない.曲率はユークリッド空間からのずれを定量化するものである.

より詳しい議論やさまざまな結果の証明については,[58, 62] を参照されたい.

ここに示したとおり,テンソル解析は幾何学的対象の座標表示,および座標変換の下でのそのような表示の変換に関するものである.したがって,テンソル解析は幾何学的対象の不変な性質を,不変でない局所表示と融和させるべきものである.

d 次元の微分可能多様体を考察する.座標変換の下での無限小的な幾何学的量の変換の振る舞いを効率よく表現し,見通しよくするために,複雑ではあるがよく考えられた記法の枠組みに,テンソル解析はかかわる.便利な規約にアインシュタインの和の規約

$$a^i b_i := \sum_{i=1}^d a^i b_i \tag{5.3.9}$$

がある．すなわち，同じ添え字が積の中に合わせて2回，1回は上付きでもう1回は下付きで現れるとき，和の記号は省略される．この規則は他の添え字があっても影響されない．たとえば，

$$A_j^i b^j := \sum_{j=1}^d A_j^i b^j \tag{5.3.10}$$

となる．いつ添え字を上か下に置くのかについての規約は後に与えられるだろう．クロネッカーの記号も思い出しておこう．

$$\delta_k^i := \begin{cases} 1 & (i = k) \\ 0 & (i \neq k) \end{cases} \tag{5.3.11}$$

多様体 M は局所的に $\mathbb{R}^d$ をモデルとしているので，局所的には $\mathbb{R}^d$ の開集合の座標 $x = (x^1, \ldots, x^d)$ で表される．この座標は，しかしながら標準的なものではなく，適当な同相写像 f により $x = f(y)$ であるような別の座標 $y = (y^1, \ldots, y^d)$ を選んでもよい．多様体 M は微分可能としているから，座標変換がすべて微分可能であるような局所座標で覆うことができる．微分幾何学は，接ベクトルのような M 上の対象のさまざまな表示が座標変換の下でどのように変換するかを調べるものである．これ以降，微分可能多様体上のすべての対象は微分可能であると仮定する．これは局所座標で表してチェックできるが，座標変換は微分可能だから，微分可能性は座標の選び方によらない．

現在の枠組みでの最も簡単な対象は（微分可能な）関数 $\phi \colon M \to \mathbb{R}$ である．もちろん，ϕ の点 $p \in M$ での値は局所座標の選び方にはよらない．したがって，$x = f(y)$ により座標を変えると，$\phi(x) = \phi(f(y))$ となる．つまり x 座標で関数 ϕ を適用する代わりに，y 座標では関数 $\phi \circ f$ を使う必要がある．より抽象的な言葉遣いでは，座標を x から y に変えると，x 座標で定義された関数 ϕ を $f^*\phi(y) = \phi(f(y))$ でもって y 座標で定義された関数 $f^*\phi$ に引き戻す．さて，このような座標変換の下，ϕ の微分に何が起きるか

24 第 5 章 空間とはなにか？

を議論しよう.

ここで，関数を与えられた方向に微分する作用素は接ベクトル (tangent vector) といわれる. $\psi: M \to \mathbb{R}$ が関数であるとき，y による座標において，座標が y_0 である点 p での接ベクトルは

$$W = w^i \frac{\partial}{\partial y^i} \qquad (5.3.12)$$

という形であり，次のように ψ に働く.

$$W(\psi)(y_0) = w^i \frac{\partial \psi}{\partial y^i} \bigg|_{y=y_0} \qquad (5.3.13)$$

$\frac{\partial}{\partial y^i}$ における添え字 i は下付きの添え字と考えられ，和の規約 (5.3.9) が適用された.

さて $\psi = f^* \phi$ のとき，ベクトル W を x 座標に変換したい，つまり微分の値が x 座標でも y 座標でも同一になるように

$$(f_* W)(\phi) = W(f^* \phi) \qquad (5.3.14)$$

で押し出しをする. チェインルール（合成関数の微分公式）により

$$W(f^* \phi) = w^k \frac{\partial}{\partial y^k} \phi(f(y)) = w^k \frac{\partial x^i}{\partial y^k} \frac{\partial \phi}{\partial x^i} \qquad (5.3.15)$$

となり，これがすべての関数 ϕ について成り立つので

$$f_* W = w^k \frac{\partial x^i}{\partial y^k} \frac{\partial}{\partial x^i} \qquad (5.3.16)$$

を得る. こうして座標変換の下での接ベクトルの変換則が導けた.

ここでの大事な原理は次のように述べられる. ある量（上記の場合では関数の微分）が（(5.3.14) のような）座標変換の下で不変であるためには，対応する作用素が適切に変換されなければならないということである.

$p \in M$ での接ベクトルの全体は，M の p における接空間 (tangent space) $T_p M$ とよばれるベクトル空間をなす. $T_p M$ の基底は，局所座標で y_0 と表される点 p における (5.3.13) のような微分作用素と考えられる $\frac{\partial}{\partial y^i}$ によって与えられる.

そして，ベクトル場 (vector field) は $W(y) = w^i(y) \frac{\partial}{\partial y^i}$ と定義される. すなわち M の各点ごとに接ベクトルが与えられ，もちろん係数 $w^i(y)$ は微分

可能とする. M 上のベクトル場のなすベクトル空間は $\Gamma(TM)$ と書かれる.（実は, $\Gamma(TM)$ は環 $C^\infty(M)$ 上の加群である.）

二つのベクトル場 $V(y) = v^i(y)\frac{\partial}{\partial y^i}$, $W(y) = w^j(y)\frac{\partial}{\partial y^j}$ のリー括弧積 (Lie bracket) $[V, W] := VW - WV$ が後に必要となる. $[V, W]$ は関数 ψ に次のように作用する.

$$[V, W]\psi(y) = v^i(y)\frac{\partial}{\partial y^i}(w^j(y)\frac{\partial}{\partial y^j}\psi(y)) - w^j(y)\frac{\partial}{\partial y^j}(v^i(y)\frac{\partial}{\partial y^i}\psi(y))$$

$$= (v^i(y)\frac{\partial w^j(y)}{\partial y^i} - w^i(y)\frac{\partial v^j(y)}{\partial y^i})\frac{\partial \psi(y)}{\partial y^j}. \tag{5.3.17}$$

とくに, 座標ベクトル場については

$$\left[\frac{\partial}{\partial y^i}, \frac{\partial}{\partial y^j}\right] = 0 \tag{5.3.18}$$

が成り立つ. x 座標に戻って, 点 x_0 での一つの接ベクトル $V = v^i\frac{\partial}{\partial x^i}$ に対して, 以下の規則で V に双対な対象として, この点での余ベクトルまたは余接ベクトル $\omega = \omega_i dx^i$ を定義する.

$$dx^i\left(\frac{\partial}{\partial x^j}\right) = \delta_j^i \tag{5.3.19}$$

と定めて

$$\omega_i dx^i\left(v^j\frac{\partial}{\partial x^j}\right) = \omega_i v^j \delta_j^i = \omega_i v^i \tag{5.3.20}$$

となる. この表示は点 p における係数 v^i と ω_i にのみ依存する. これを, ベクトル V に余ベクトル ω を働かせた $\omega(V)$ と書くか, ω に V を働かせた $V(\omega)$ と書く.

接ベクトルと同様に, p での余接ベクトルの全体はベクトル空間をなし, それは余接空間 (cotangent space) $T_p^* M$ とよばれる.

微分可能な関数 ϕ に対して, 次は ϕ の微分 (differential) とよばれる.

$$d\phi = \frac{\partial \phi}{\partial x^i}dx^i \tag{5.3.21}$$

V が接ベクトルであるとき,

$$V(\phi) = d\phi(V) \tag{5.3.22}$$

26 第5章 空間とはなにか？

が成り立つ．ここでは，記号を簡単にするため，この操作をする点 p を外した．すべての対象を同じ点で考える限り，その点は問題とならない．このことはこれから，ベクトル場と1形式の概念へと導く．最初に，$\omega(V)$ の不変性に必要な変換則

$$dx^i = \frac{\partial x^i}{\partial y^j} dy^j \tag{5.3.23}$$

を見る必要がある．したがって，ω の y 座標での係数は次の等式で与えられる．

$$\omega_i dx^i = \omega_i \frac{\partial x^i}{\partial y^j} dy^j \tag{5.3.24}$$

そして余ベクトル $\omega_i dx^i$ の f による引き戻しは

$$f^*(\omega_i dx^i) = \omega_i \frac{\partial x^i}{\partial y^j} dy^j \tag{5.3.25}$$

となる．1形式は M の各点に余ベクトルを対応させるもので，したがって局所的には $\omega_i(x) dx^i$ で与えられる．

接ベクトルの (5.3.16) での変換則は反変的 (contravariant) といわれ，余ベクトルの (5.3.24) での逆の変換則は共変的 (covariant) といわれる．高次のテンソルも考察できる．たとえば，$a^i_j \frac{\partial}{\partial x^i} \otimes dx^j$ は $a^i_j \frac{\partial y^k}{\partial x^i} \frac{\partial x^j}{\partial y^\ell} \frac{\partial}{\partial y^k} \otimes dy^\ell$ と変換する一方，$a_{ij} dx^i \otimes dx^j$ は $a_{ij} \frac{\partial x^i}{\partial y^k} \frac{\partial x^j}{\partial y^\ell} dy^k \otimes dy^\ell$ となる．実は，テンソル積の記号 $\otimes$ はしばしばテンソル解析の記号では取り除かれる．たとえば，単に $a_{ij} dx^i dx^j$ と書く．一般に，係数に r 個の上付き添え字と s 個の下付き添え字を持つ対象で対応する変換則を満たす対象は，r 階反変 s 階共変（または (r,s) 型）テンソルとよばれる．たとえば，$a_{ij} dx^i dx^j$ は $(0,2)$ 型である．

微分可能多様体は，多様体の概念で与えられる局所構造から無限小構造に移行する仕方を特定する．今度は逆に無限小構造を使って局所的構成や，さらには大域的構成がいかに到達できるかを見ていこう．

5.3.2 リーマン幾何学

いままでは同一の点での無限小の対象の座標変換の下での変換則を考察

してきた．言い換えると，微分可能多様体の構造を線形代数と結びつけてきた．

しかしながら幾何学は，定量的計量を行うことができるので，より多くのものを求める．ちょうどいま展開した無限小の側面を持った微分可能多様体の枠組みの中で，この要件は二つの側面に分割できる．一つは無限小の計量に関するもので，接ベクトルに長さを指定したり，接ベクトル間の角を測ることである．もう一つは異なる点での計量を比較することに関するものである．実際のところ，これは異なる点での無限小の幾何をどのように関連づけるかという，もっと一般の問題の特別な場合であることが明らかになる．最初の問題ももっと一般の状況で考察できる．微分可能多様体の接空間に，ベクトル空間 $\mathbb{R}^d$ からわかるような幾何的構造をどのように一貫性を持ちつつ課すかである．

最初の要請を述べる直接的な方法は，単純に各接空間 T_pM にユークリッド空間の構造を付与することである．$(g_{ij})_{i,j=1,\ldots,d}$ を対称で正定値としてテンソル $g_{ij}dx^i \otimes dx^j$ によりこれは達成される．すると，$V = v^i\frac{\partial}{\partial x^i}$, $W = w^i\frac{\partial}{\partial x^i}$ に対して，接ベクトルのユークリッド内積

$$\langle V, W \rangle := g_{ij}v^i w^j \tag{5.3.26}$$

が得られる．v^i と w^j は反変的に変換するので，内積がスカラー量として座標変換の下で不変であるためには，（下付き添え字が示唆するように）g_{ij} は二重に共変的に変換しなければならない．

また計量テンソル $G = (g_{ij})_{i,j}$ に関するテンソル解析の規約がある．計量テンソルの逆は $G^{-1} = (g^{ij})_{i,j}$ と書かれる，つまり添え字を上げる．とくに，

$$g^{ij}g_{jk} = \delta_k^i := \begin{cases} 1 & (i = k) \\ 0 & (i \neq k) \end{cases} \tag{5.3.27}$$

となる．そして添え字の上げ下げに関する一般的規約をする．

$$v^i = g^{ij}v_j \ \text{と} \ v_i = g_{ij}v^j. \tag{5.3.28}$$

d が偶数の場合のシンプレクティック構造または複素構造のように，類似の

28 第 5 章 空間とはなにか？

やり方で接空間に他の構造を付与することもできる．するとこれらの構造は，座標変換の下で適当な変換則を満たさねばならない．

計量が与えられると，長さと角の概念が得られる．接ベクトル V に対して，その長さは (5.1.2) のように次で与えられる．

$$\|V\| := \sqrt{\langle V, V \rangle} \qquad (5.3.29)$$

同様に (5.1.3) のように，二つの接ベクトル V, W の間の角 α は

$$\cos \alpha \, \|V\| \, \|W\| := \langle V, W \rangle \qquad (5.3.30)$$

と定義される．とくに，直交性の概念が得られる．点 p での接ベクトル V, W は

$$\langle V, W \rangle = 0 \qquad (5.3.31)$$

のとき互いに直交する．微分可能多様体 M において，接空間 $T_p M$ の線形部分空間 L があるとき，L に含まれていない接ベクトルを考えることができるが，リーマン計量もあるときは L に直交するベクトルを区別することができる．これにより，微分可能な関数 ϕ の勾配 (gradient) を最も険しい登りの方向として定義することができる．これは以下のように実行できる．ϕ の微分 (5.3.21) である 1 形式 $d\phi = \frac{\partial \phi}{\partial x^i} dx^i$ を思い出そう．(5.3.22) によると，各接ベクトル V に対して $V(\phi) = d\phi(V)$ である．すると ϕ の勾配は，各接ベクトル V に対して次を満たすベクトル $\nabla \phi$ のことである．

$$\langle \nabla \phi, V \rangle = d\phi(V) \qquad (5.3.32)$$

(5.3.32) を局所座標でひも解くと，

$$\nabla \phi = g^{ij} \frac{\partial \phi}{\partial x^i} \frac{\partial}{\partial x^j} \qquad (5.3.33)$$

を得る．これは (5.3.32) の左辺に (5.3.33) を挿入して (5.3.32) が実際に成り立つことを確かめることにより，とても容易にチェックされる．とくに，勾配 $\nabla \phi$ は以下の意味で ϕ のレベル集合に直交する．ある $\kappa \in \mathbb{R}$ について $\{\phi \equiv \kappa\}$ をレベル集合とする．p をこのレベル集合の点とする，すなわち $\phi(p) = \kappa$ とする．すると接ベクトル $V \in T_p M$ は $V(\phi) = 0$ のときこのレベ

ル集合に接する．つまり，ϕ の値は V の方向に 1 次のオーダーで変化しない．するとしかし，(5.3.21), (5.3.32) により

$$\langle \nabla \phi, V \rangle = 0 \qquad (5.3.34)$$

を得る．リーマン計量なしでは，微分 $d\phi$ を定義することはできるものの，微分可能多様体上の微分可能な関数 ϕ の勾配の定義まではできないことを指摘するのは重要である．

計量が与えられると，微分可能な曲線 $c: [0,1] \to M$ の長さを次のように定義し，計算することができる．

$$L(c) := \int_0^1 \langle \dot{c}(t), \dot{c}(t) \rangle^{1/2} \, dt \qquad (5.3.35)$$

つまり，接ベクトルの長さを曲線に沿って積分したものである．

これを使って $p, q \in M$ の間の距離を次のように定義することができる．

$$d(p,q) := \inf\{L(c): c: [0,1] \to M, \ c(0) = p, \ c(1) = q\} \qquad (5.3.36)$$

技術的な細部をチェックした後に，この距離関数 $d(.,.)$ を備えた M は距離空間になることがわかる．つまり，d は正値で，対称で，三角不等式を満たしている．また，よい演習問題であるが，距離 $d(.,.)$ により誘導される位相が多様体としての M のもともとの位相と一致することが確かめられる．

するともちろん，どの 2 点 $p, q \in M$ も最短曲線で結べるか，すなわち，曲線 c_0 で $c_0(0) = p$, $c_0(1) = q$ となり

$$L(c_0) = d(p,q) \qquad (5.3.37)$$

であるものが存在するかを問うことができる．M が完備ならそのような曲線は確かに存在することを，ホップ–リノウ (Hopf–Rinow) の定理は保証する．そのような曲線は**測地線** (geodesic curve) とよばれ，次の方程式を満たす．

$$\ddot{c}_0^k(t) + \Gamma_{ij}^k(c_0(t))\dot{c}_0^i(t)\dot{c}_0^j(t) = 0 \quad (k = 1, \ldots, d) \qquad (5.3.38)$$

ここで

30 第 5 章 空間とはなにか？

$$\Gamma_{ij}^k = \frac{1}{2} g^{kl} (g_{il,j} + g_{jl,i} - g_{ij,l}) \tag{5.3.39}$$

であり，

$$g_{ij,k} := \frac{\partial}{\partial x^k} g_{ij} \tag{5.3.40}$$

とおいた．とくに，ホップ–リノウの定理は (5.3.36) の下限が実は最小値であること，つまり

$$d(p,q) := \min\{L(c)\colon c\colon [0,1] \to M, \ c(0) = p, \ c(1) = q\} \tag{5.3.41}$$

であることを教える．ここに一つ小さな技術的注意がある．(5.3.38) の解は，必ずしも端点を最短で結ぶとは限らない．それは極小なだけである，つまりどのような十分小さな $\epsilon > 0$（これは c に依存してよいが）と $t_1, t_2 \in [0,1]$ で $|t_1 - t_2| < \epsilon$ を満たすものに対しても，制限した曲線 $c|_{[t_1, t_2]}$ は $c(t_1)$ と $c(t_2)$ とを結ぶ（ただ一つの）最短線である．しかしながら一般には，多様体の 2 点間の測地線はただ一つではない．実際，コンパクトリーマン多様体上には，どの 2 点 p と q の間にも無限に多くの測地線が常に存在する．これらの測地線の多くは，しかしながら p と q の最短線ではない．実のところ最短線は通常は有限個である．もちろん，これらの主張すべてに証明が必要であるが，参考文献，たとえば [58] やそこの参考文献を参照されたい．

前述のところでは，**変分法** (calculus of variation) の基本的パラダイムも見た．([64] 参照.）大域的な量である積分 (5.3.35) を最小化する問題は，無限小の原理である微分方程式 (5.3.38) に変換される．その基にある根拠は以下のことである．すなわち，曲線 c が大域的な量 (5.3.35) に最小値を与えるならば，それは極小でなければならない．つまり，曲線の $0 \le t_1 < t_2 \le 1$ について各部分 $c|_{[t_1, t_2]}$ は，端点 $c(t_1)$ と $c(t_2)$ の間の最短線でなければならない．そしてもし c が常に極小であるならば，無限小的にも最小でなければならず，そのことは微分方程式 (5.3.38) を導く．

以上のことはわれわれの思考を別の方向にも導き得る．リーマン計量とそれから誘導された長さ汎関数 (5.3.35) を，(5.3.36) の距離 $d(.,.)$ を得るために使った．完備リーマン計量では，2 点間の距離 $d(p,q)$ は最短（測地）線 c の長さに等しい．しかしながら，これを逆転させて，集合 X 上の距離

$d(.,.)$ から出発することもできる．すると，距離は 4.1 節の例 3 における
ように，開球 $U(x,r)$ $(x \in X, r \geq 0)$ の全体を開基とする位相を X 上に誘
導する．そして連続曲線 $c\colon [0,1] \to X$ の長さを

$$L(c) := \sup\left\{\sum_{i=0}^{n} d(c(t_{i-1}), c(t_i))\colon 0 = t_0 < t_1 < \cdots < t_n = 1,\ n \in \mathbb{N}\right\}$$
$$(5.3.42)$$

と定義することができる．曲線 c は，適当な $\epsilon > 0$ について

$$|t_1 - t_2| \leq \epsilon \text{ であるとき } L(c|_{[t_1, t_2]}) = d(c(t_1), c(t_2)) \tag{5.3.43}$$

を満たすとき**測地線** (geodesic) とよばれる．したがって測地線は十分に近
い点の間の距離を実現する．

距離空間 (X, d) は，どの 2 点 $p, q \in X$ に対してもそれらを結ぶ最短測地
線が存在するとき，すなわち，連続曲線[2]$c\colon [0,1] \to X$ であって $c(0) = p$,
$c(1) = q$ であり

$$L(c) = d(p, q) \tag{5.3.44}$$

を満たすものが存在するとき，**測地空間** (geodesic space) とよばれる．と
くに，測地空間であるような距離空間は弧状連結である，すなわち，どの 2
点も適当な曲線で結べる．

いまのところ，曲線について長さ 1 の区間 $[0,1]$ 上の任意のパラメータ表
示を使ってきた．しかしながら，多くの目的のためには，特別なパラメータ
表示を用いる方がより便利である．曲線を弧の長さによりパラメータ表示す
ることができる．つまり，同相写像 $\sigma\colon [0,1] \to [0,1]$ であって曲線 $\gamma := c \circ \sigma$
が

$$L(\gamma|_{[0,t]}) = tL(\gamma)\ (= tL(c)) \quad (t \in [0,1]) \tag{5.3.45}$$

を満たすものを考える．測地空間上では，定義 2.1.9（(2.1.56) 参照）で定
義された p と q の中点 $m(p,q)$ は，p と q を結び弧長の比率でパラメータづ

---

[2] 「連続」という形容辞は強調するためのみでここでは使われた．なぜなら，すべての曲線は暗に
連続と仮定されている．

32 第 5 章　空間とはなにか？

けされた最短測地線 $\gamma\colon [0,1] \to [0,1]$ に対して

$$m(p,q) = \gamma(\tfrac{1}{2}) \tag{5.3.46}$$

を満たさねばならない．p と q を結ぶ最短測地線は一意的とは限らないので，このような中点は複数あるかもしれない．

　これらの概念は以下の 5.3.3 節で取り上げられる．

　ちょうどいま数学の一般的な戦略の一端を覗いたのだということは，指摘しておくに値する．ここではリーマン計量だが，いくぶん特殊なある構造が何か決定的な基本性質，ここではどのような 2 点も最短線で結べるという事実を導く．そしてその性質それ自身を今度は出発点にとり，その公理へと導いたもともとの構造は無視して，その公理の基礎の上に理論を展開することができる．それは多くの場合，ある重要な性質にとって必要な条件と構造を著しく明瞭にし，正しい抽象化の度合いを同定することにつながる．

　さてリーマン幾何学へと戻ろう．二つのリーマン多様体 M, g と N, γ の間の等長写像 i は，任意の点 $p \in M$ での接ベクトル V, W に対して

$$\langle V, W \rangle_g = \langle i_* V, i_* W \rangle_\gamma \tag{5.3.47}$$

を満たすという意味で無限小に定義されるし，また同値なことであるが，M 内の任意の曲線に対して

$$L_g(c) = L_\gamma(i \circ c) \tag{5.3.48}$$

が成り立つことを要請して定義される．もちろん，ここで g や γ の添え字はその計量に関して計算することを意味する．

　いままで，関数の微分を計算した．ベクトル場 $V(x) = v^i(x)\frac{\partial}{\partial x^i}$ についても変数 x に微分可能な具合に依存する対象として考えた．ここから自然にその微分をどのように計算するのかという問いが提起される．しかしながら，関数とは対照的にこのような対象の表示は局所座標の選び方に依存するという問題に遭遇し，その問題と座標変換の下での変換の様子をやや詳しく記述した．

　微分可能多様体上では，一般にはベクトル場や他のテンソルの微分を不変な仕方でとる標準的なただ一つの方法というものはない．実際は，多くの

5.3 多様体　**33**

そのような可能性があり，それは接続あるいは共変微分とよばれる．リーマ
ン計量のような付加的構造があるときのみ，それの距離との両立性を基に，
特別な共変微分を一つ選び出せる．しかしながら，われわれの目的のために
は，他の共変微分を必要とするので，ここでこの概念を展開しよう．

　いつもどおりに次の公理から始める．

　公理 9　微分可能多様体上の接続とは，異なる点での無限小の幾何学を比
較するための体系である．この体系自体が無限小の原理に基づいている．

　この場合もまた，公理の形式的詳細を精巧なものにする必要がある．M
を微分可能多様体とする．$\Gamma(TM)$ は M 上のベクトル場全体の空間を表す
ことを思い起こそう．M 上の（**アフィン）接続** ((affine) connection) また
は**共変微分** (covariant derivative) とは，線形写像

$$\nabla \colon \Gamma(TM) \otimes_{\mathbb{R}} \Gamma(TM) \to \Gamma(TM)$$
$$(V, W) \mapsto \nabla_V W$$

であって，次の条件を満たすものをいう．

(i) ∇ は第一変数についてテンソル的である．

$$\nabla_{V_1 + V_2} W = \nabla_{V_1} W + \nabla_{V_2} W \quad (V_1, V_2, W \in \Gamma(TM))$$
$$\nabla_{fV} W = f \nabla_V W \quad (f \in C^\infty(M),\ V, W \in \Gamma(TM))$$

(ii) ∇ は第二変数について $\mathbb{R}$ 上線形であり，

$$\nabla_V (W_1 + W_2) = \nabla_V W_1 + \nabla_V W_2 \quad (V, W_1, W_2 \in \Gamma(TM))$$

　次の積の法則を満たす．

$$\nabla_V (fW) = V(f)W + f\nabla_V W \quad (f \in C^\infty(M), V, W \in \Gamma(TM)) \quad (5.3.49)$$

$\nabla_V W$ は V 方向の W の共変微分とよばれる．(i) により，どのような $x_0 \in$
M についても $(\nabla_V W)(x_0)$ は x_0 での V の値のみによる．対照的に，W の
微分の概念として当然のことながら，それは x_0 の近傍での W の値にも依
存する．これのモデルとなった例は標準的な微分で与えられるユークリッド

34 第 5 章 空間とはなにか？

接続である，すなわち，$V = V^i \frac{\partial}{\partial x^i}$, $W = W^j \frac{\partial}{\partial x^j}$ について

$$\nabla_V^{eucl} W = V^i \frac{\partial W^j}{\partial x^i} \frac{\partial}{\partial x^j}.$$

しかしながら，これは非線形な座標変換で不変ではなく，多様体は一般には線形な座標変換のみの座標（系）では被覆されないので，より一般的で抽象的な上記の共変微分の概念が必要となる．

U を M の座標系で，局所座標 x と座標ベクトル場 $\frac{\partial}{\partial x^1}, \ldots, \frac{\partial}{\partial x^d}$ ($d = \dim M$) を伴うものとする．このとき接続 ∇ の**クリストッフェル記号** (Christoffel symbol) を

$$\nabla_{\frac{\partial}{\partial x^i}} \frac{\partial}{\partial x^j} =: \Gamma^k_{ij} \frac{\partial}{\partial x^k} \tag{5.3.50}$$

と定義する．((5.3.38), (5.3.39) におけるものと同じ記号をここで使用する理由は以下で明らかになるであろう．)

したがって，次を得る．

$$\nabla_V W = V^i \frac{\partial W^j}{\partial x^i} \frac{\partial}{\partial x^j} + V^i W^j \Gamma^k_{ij} \frac{\partial}{\partial x^k}. \tag{5.3.51}$$

関連している対象の性質を理解するために，ベクトル場 V を取り除くこともできて，共変微分 ∇W を 1 形式と考えよう．局所座標では

$$\nabla W = W^j_{;i} \frac{\partial}{\partial x^j} dx^i \tag{5.3.52}$$

であり，ここで

$$W^j_{;i} = \frac{\partial W^j}{\partial x^i} + W^k \Gamma^j_{ik} \tag{5.3.53}$$

である．座標 x から座標 y へ取り替えると，新しいクリストッフェル記号

$$\nabla_{\frac{\partial}{\partial y^l}} \frac{\partial}{\partial y^m} =: \tilde{\Gamma}^n_{lm} \frac{\partial}{\partial y^n} \tag{5.3.54}$$

は古い記号と次の関係を持つ．

$$\tilde{\Gamma}^n_{lm}(y(x)) = \left\{ \Gamma^k_{ij}(x) \frac{\partial x^i}{\partial y^l} \frac{\partial x^j}{\partial y^m} + \frac{\partial^2 x^k}{\partial y^l \partial y^m} \right\} \frac{\partial y^n}{\partial x^k} \tag{5.3.55}$$

とくに，$\frac{\partial^2 x^k}{\partial y^l \partial y^m}$ という項により，クリストッフェル記号はテンソルとしては変換しない．しかしながら，二つの接続 $^1\nabla$, $^2\nabla$ があり，対応するクリス

トッフェル記号を $^1\Gamma_{ij}^k$, $^2\Gamma_{ij}^k$ とすると，差 $^1\Gamma_{ij}^k - {}^2\Gamma_{ij}^k$ はテンソルとして振る舞う．より抽象的に表現すると，M 上の接続の空間はアフィン空間であることを意味する．

接続 ∇ に対して，**ねじれテンソル** (torsion tensor) を次で定義する．

$$T(V, W) := \nabla_V W - \nabla_W V - [V, W] \quad (V, W \in \Gamma(TM)) \qquad (5.3.56)$$

前と同じ座標ベクトル場 $\frac{\partial}{\partial x^i}$ を代入すると次のとおりになる．

$$T_{ij} := T\left(\frac{\partial}{\partial x^i}, \frac{\partial}{\partial x^j}\right) = \nabla_{\frac{\partial}{\partial x^i}} \frac{\partial}{\partial x^j} - \nabla_{\frac{\partial}{\partial x^j}} \frac{\partial}{\partial x^i}$$

なぜなら座標ベクトル場同士は交換する，すなわち $\left[\frac{\partial}{\partial x^i}, \frac{\partial}{\partial x^j}\right] = 0$ だからであり，

$$= \left(\Gamma_{ij}^k - \Gamma_{ji}^k\right) \frac{\partial}{\partial x^k}. \qquad (5.3.57)$$

$T \equiv 0$ のとき，接続 ∇ はねじれがない (torsion-free)，あるいは対称という．上記の計算により，それは対称性

$$\Gamma_{ij}^k = \Gamma_{ji}^k \quad (\forall i, j, k) \qquad (5.3.58)$$

と同値である．$c(t)$ を M 内の滑らかな曲線とし，$V(t) := \dot{c}(t)$（局所座標では $= \dot{c}^i(t)\frac{\partial}{\partial x^i}(c(t))$）を c の接ベクトル場とする．本当は $V(t)$ の代わりに $V(c(t))$ と書くべきであるが，t を曲線 $c(t)$ に沿っての座標と考える．したがってその座標では $\frac{\partial}{\partial t} = \frac{\partial c^i}{\partial t}\frac{\partial}{\partial x^i}$ となり，以下ではたびたび暗にこの同一視をする．すなわち，曲線上の点 $c(t)$ と，対応するパラメータの値 t とを取り替える．$W(t)$ を c に沿っての別の接ベクトル場とする，つまり，あらゆる t について $W(t) \in T_{c(t)}M$ とする．このとき，$W(t) = w^i(t)\frac{\partial}{\partial x^i}(c(t))$ と書き表し

$$\nabla_{\dot{c}(t)} W(t) = \dot{w}^i(t)\frac{\partial}{\partial x^i} + \dot{c}^i(t)w^j(t)\nabla_{\frac{\partial}{\partial x^i}}\frac{\partial}{\partial x^j}$$
$$= \dot{w}^i(t)\frac{\partial}{\partial x^i} + \dot{c}^i(t)w^j(t)\Gamma_{ij}^k(c(t))\frac{\partial}{\partial x^k} \qquad (5.3.59)$$

を作る．（上記の計算には意味がある．というのも，それは曲線 $c(t)$ に沿っての W の値にのみ依存して，曲線上の点の近傍の他の値にはよらないこと

36 第5章 空間とはなにか？

がわかるからである.）

これは $W(t)$ の d 個の係数 $w^j(t)$ に対する1階微分作用素の d 個の（非退化な）連立方程式を表す. したがって初期値 $W(0)$ に対して,

$$\nabla_{\dot{c}(t)} W(t) = 0 \tag{5.3.60}$$

のただ一つの解が存在する. 次の事実を観察しよう.

1. 方程式 (5.3.60) は W について線形だから, 解は初期値に線形に依存する. すなわち, $W_1(t)$ と $W_2(t)$ が初期値 $W_1(0)$ と $W_2(0)$ を持つ解であるとき, 初期値 $\alpha_1 W_1(0) + \alpha_2 W_2(0)$ を持つ解は $\alpha_1 W_1(t) + \alpha_2 W_2(t)$ で得られる. とくに,

$$W(0) \mapsto W(1) \tag{5.3.61}$$

は $T_{c(0)}M$ から $T_{c(1)}M$ への線形写像である.

2. 方程式 (5.3.60) は自励系 (autonomous) である. したがって曲線 c のパラメータを取り替える, つまり微分同相写像 $\gamma \colon [0,1] \to [0,1]$ に対して $\tilde{c}(t) := c(\gamma(t))$ を考えると, $\nabla_{\dot{\tilde{c}}(t)} W(t) = 0$ の解は $W(\gamma(t))$ で与えられる.

3. 方程式 (5.3.60) は曲線 c に**非線形**に依存する. なぜなら (5.3.59) でクリストッフェル記号は一般には定数でない c の関数である. したがって一般には $W(t)$ は初期値 $W(0)$ のみならず, 曲線 c にも依存する. さらに, 非線形な構造により, この依存性は容易には計算できず, 一般には明示的に計算することがまったくできない.

(5.3.60) の解 $W(t)$ は曲線 $c(t)$ に沿っての $W(0)$ の**平行移動** (parallel transport) とよばれる. また, $W(t)$ は曲線 $c(t)$ に沿って共変的に定数であるという. これは異なる点 $p, q \in M$ での無限小の幾何を比較する枠組みを与える. 滑らかな曲線 $c \colon [0,1] \to M$ で $c(0) = p$, $c(1) = q$ なるものを選ぶ. すると接ベクトル $W = W(0) \in T_pM$ を $W(1) \in T_qM$ と同一視できる. ここで $W(t)$ は曲線 c に沿っての平行移動を表すとする. したがって無限小原理, つまり微分方程式系 (5.3.60) の積分により, 異なる点での接空間の間の大域的比較が得られる.

この比較の結果，つまり与えられた $W(0) \in T_pM$ に対する $W(1) \in T_qM$ は 3. で注意したとおり一般には曲線 c に依存する.

　とくに，$q = p$ として $c(0) = c(1) = p$ である非自明な曲線，すなわち p を基点とする非自明なループに沿って $W(0)$ を平行移動するとき何が起きるかを問うことができる．このようにして異なる点の代わりに同一の点をとると，その間では非自明なループに沿うことになるが，そうすると点の同一性は比較の原理に何の違いも生じさせない．そして一般には $W(0)$ とは異なるベクトル $W(1) \in T_pM$ を得る．もちろん，これを各 $W \in T_pM$ に対して行うことができて，1. によれば線形写像

$$L_c : T_pM \to T_pM$$
$$W(0) \mapsto W(1) \tag{5.3.62}$$

を得る．さらに，ベクトル $V(0) := W(1)$ を $c'(0) = c'(1) = p$ である別の曲線 c' に沿って平行移動したものを $V(t)$ とするとき，ベクトル $V(1) = L_{c'}(V(0))$ を得て，群の法則

$$(L_{c'} \circ L_c)(W) = L_{c'}(L_c(W)) = L_{c' \circ c}(W) \ \text{かつ} \ L_{c^{-1}} = (L_c)^{-1} \tag{5.3.63}$$

が成り立つ．ここで $c' \circ c(t) := c(2t) \ (0 \le t \le 1/2)$ かつ $= c'(2t - 1)$ $(1/2 \le t \le 1)$ とおく．すなわち，$c' \circ c$ は曲線 c と c' の合成である．また，$c^{-1}(t) := c(1-t)$ つまり c^{-1} は曲線 c を反対向きにたどった曲線である．ここで，上記の 2. を適用している．したがって，合成を備えた p を基点とするループのなす群からベクトル空間 T_pM の線形自己同型群への準同型写像を得る．この準同型写像の像は接続 ∇ の点 p での**ホロノミー群** (holonomy group) H_p とよばれる．異なる点でのホロノミー群は互いに共役である．実際，$p, q \in M$，点 q での閉じたループ γ，曲線 c で $c(0) = p$, $c(1) = q$ なるものに対して，

$$L_\gamma = L_c \circ L_{c^{-1} \cdot \gamma \cdot c} \circ L_{c^{-1}} \tag{5.3.64}$$

を得る．ここでただちに，(5.3.62) と同様に線形写像 $L_c : T_pM \to T_qM$ が得られることに気がつく.

　しかしながら一般に，ホロノミー群は一般線形群 $GL(d, \mathbb{R})$ に単に同型な

38 第 5 章 空間とはなにか？

だけである．したがって平行移動の道への依存を定量化するのに有効ではない．ゆえに異なる考察を試みよう．**曲率テンソル** (curvature tensor) R を

$$R(V,W)Z := \nabla_V \nabla_W Z - \nabla_W \nabla_V Z - \nabla_{[V,W]} Z \tag{5.3.65}$$

で定め，また局所座標で

$$R_{lij}^k \frac{\partial}{\partial x^k} := R\left(\frac{\partial}{\partial x^i}, \frac{\partial}{\partial x^j}\right)\frac{\partial}{\partial x^l} \quad (i,j,l = 1,\ldots,d) \tag{5.3.66}$$

とおく．曲率テンソルはクリストッフェル記号とその微分を使って表せる．

$$R_{lij}^k = \frac{\partial}{\partial x^i}\Gamma_{jl}^k - \frac{\partial}{\partial x^j}\Gamma_{il}^k + \Gamma_{im}^k \Gamma_{jl}^m - \Gamma_{jm}^k \Gamma_{il}^m \tag{5.3.67}$$

曲率テンソル R は，クリストッフェル記号で表せる接続 ∇ とは対照的に，ねじれテンソル T と同様，名前が示すようにテンソルであることに注意しよう．それは，変数の一つに滑らかな関数を掛けるとき，微分をしないで単にその関数をくくり出してよいことを意味する．同値なことだが，それは，座標変換の下でテンソルとして変換する．ここで，上付き添え字 k はベクトルとして反変的に変換する変数を表す一方，下付き添え字 l, i, j は共変的な変換での振る舞いを表す．

　曲率テンソルは，共変微分が交換しない程度を定量化する．直観的には，ベクトル Z を最初は V の方向に，次に W の方向に無限小に動かすことと，最初は W の方向に，次に V の方向に動かすこととの間の差を定量化する．または同じことだが，Z とそれを最初に V の方向に，次に W の方向に，次に $-V$ の方向に，最後に $-W$ の方向に動かした結果，つまり，無限小の長方形の周りを動かした結果とを比較する．最後の結果が再び Z になるときは，曲率 $R(V,W)Z$ は 0 である．結果が Z と異なるときは，対応する曲率は $\neq 0$ である．その意味で，曲率は無限小の道への平行移動の依存性を定量化する．

　観察したとおり，曲率 R はテンソルをなす．とくに，それが消えるか否かは座標の選び方に依存しない．したがって曲率テンソルは幾何学的不変量，つまり座標の選び方に依存せず，下部の幾何（ここでは接続 ∇ の幾何）にのみ依存する量を与える．

　さて M にリーマン計量 $g = \langle .,. \rangle$ を備えよう．すると，平行移動が接べ

クトルの長さと，それらの間の角度を保つという意味で，接続がリーマン構造と両立するかを問うことができる．そこで，接続 ∇ は，それが計量積則

$$Z\langle V, W\rangle = \langle \nabla_Z V, W\rangle + \langle V, \nabla_Z W\rangle \tag{5.3.68}$$

を満たすとき，**リーマン接続** (Riemannian connection) であるという．任意のリーマン計量 g に対しても，ねじれのないリーマン接続，いわゆる**レヴィ=チヴィタ接続** (Levi-Civita connection) ∇^g，がただ一つ存在する．それは次式で与えられる．

$$\langle \nabla_V^g W, Z\rangle = \frac{1}{2}\{V\langle W, Z\rangle - Z\langle V, W\rangle + W\langle Z, V\rangle$$
$$- \langle V, [W, Z]\rangle + \langle Z, [V, W]\rangle + \langle W, [Z, V]\rangle\} \tag{5.3.69}$$

レヴィ=チヴィタ接続 ∇^g は上で要請されたとおり計量を保つ．すなわち，$V(t), W(t)$ が曲線 $c(t)$ に沿って平行なベクトル場のとき，次が成り立つ．

$$\langle V(t), W(t)\rangle \equiv 定数 \tag{5.3.70}$$

したがって接ベクトル間の積は平行移動で不変である．

　リーマン多様体のレヴィ=チヴィタ接続の曲率テンソルはリーマン計量の不変量を与える．これがベルンハルト・リーマンの根本的な洞察であった．

　∇^g のクリストッフェル記号は計量を通じて表すことができる．局所座標で，$g_{ij} = \langle \frac{\partial}{\partial x^i}, \frac{\partial}{\partial x^j}\rangle$ として，

$$g_{ij,k} := \frac{\partial}{\partial x^k} g_{ij} \tag{5.3.71}$$

と略記すると，次を得る．

$$\Gamma_{ij}^k = \frac{1}{2} g^{kl}(g_{il,j} + g_{jl,i} - g_{ij,l}) \tag{5.3.72}$$

あるいは同値なことだが

$$g_{ij,k} = g_{jl}\Gamma_{ik}^l + g_{il}\Gamma_{jk}^l = \Gamma_{ikj} + \Gamma_{jki} \tag{5.3.73}$$

といった略記を使う．(5.3.72) は (5.3.39) と同じであることに注意する．(5.3.72) は (5.3.50) に由来し，したがって接続を通じて定義される一方，(5.3.39) は計量に直接由来するので，この事実は接続 ∇^g と計量 g の間の両

40 第 5 章 空間とはなにか?

立性を確かめる別の方法である.

(5.3.67) と (5.3.72) から, リーマン計量のレヴィ=チヴィタ接続の曲率テンソルはリーマン計量 g_{ij} の (1 階と) 2 階微分の言葉で表せることがわかる. 実は, 計量の 1 階微分だけで与えられる不変量は存在しないことがわかる. 実際, リーマンがすでに観察したとおり, リーマン多様体上の任意の点 p に対して, 次を満たすような局所座標を導入することができる.

$$g_{ij}(p) = \delta_{ij} \text{ かつ } g_{ij,k}(p) = 0 \quad (\forall i, j, k) \tag{5.3.74}$$

したがってとくに, 計量のすべての 1 階微分は任意の点 p で消えるようにできる. しかしながら一般には, その 1 階微分はある一点のみ消えるようにできても, その点の適当な近傍では消えない. それでも (5.3.74) は, しばしば計算を著しく簡単にしてくれる重要な帰結を持つ. すなわち, 計量の 1 階微分に関わるテンソル計算をするとき, 計算を遂行する点 p で (5.3.74) が満たされていると仮定できる. すると共変ないし反変テンソルの変換則により, 計算結果は任意の座標にただちに移し替えられる. つまり, (5.3.74) の単純化された座標で計算を行い, 問題のテンソルの変換による振る舞いから他の座標での結果を得ることができる.

計量の 1 階微分は適当な座標変換で消せるので, このような 1 階微分から不変量を計算することはできない. 対照的に, 2 階微分は全部は消えない. というのも座標によらない意味を持つ曲率テンソルにより制約を受けているからである. 歴史的には, 発見の順番は逆であった. 局所座標で計算されるような計量テンソルの 2 階微分のある組み合わせが座標変換で不変な表示を生み出すことは, 3 次元ユークリッド空間内の曲面についてはガウスが, 一般にはリーマンが発見した. そのような表示は, 曲面上の曲線のある種の曲がり具合の言葉で導かれた成り行きから曲率とよばれた.

M 内の曲線 $c(t)$ は次が成り立つとき, **自己平行** (autoparallel) あるいは**測地的** (geodesic) とよばれる.

$$\nabla_{\dot{c}}\dot{c} = 0 \tag{5.3.75}$$

局所座標では (7.3.75) は次式となる.

$$\ddot{c}^k(t) + \Gamma_{ij}^k(c(t))\dot{c}^i(t)\dot{c}^j(t) = 0 \quad (k = 1, \ldots, d) \tag{5.3.76}$$

形式的にはこれは (5.3.38) と同じである．しかしながら，(5.3.38) のクリストッフェル記号が計量を通じて定義されたのに対して，ここではそれは接続に由来する．したがって，レヴィ=チヴィタ接続に対してのみ，つまりクリストッフェル記号の二つの定義が同じ結果を生み出すとき (5.3.38) と (5.3.76) は一致する．(5.3.38) は曲線の長さを最小化する性質，つまり計量の概念から生じる．対照的に，(5.3.76) はユークリッド空間内の真っ直ぐであるという性質の類似を表す．ユークリッド空間では，曲線が最短線であるのは，真っ直ぐであるとき，かつそのときのみである．一般の幾何的文脈では，これら二つの性質はレヴィ=チヴィタ接続に対してのみ一致する．すなわち，計量と接続が両立性を満たすときに一致する．

方程式 (5.3.76) は 2 階の常微分方程式系をなし，与えられた $p \in M$, $V \in T_pM$ に対して，M が完備であるから，測地線

$$c_V : [0, \infty) \to M$$

であって $c_V(0) = p$, $\dot{c}_V(0) = V$ を満たすものが存在する．完備性の仮定がないと，このような測地線は，p と V に依存する $\delta > 0$ に対して，ある区間 $[0, \delta)$ 上に存在するのみである．

もう一度，(5.3.75) は曲線 c に対する微分方程式の非線形系であることを指摘しておく．それは曲線 c に沿ったベクトル場 W に対する線形方程式系の (5.3.60) とは対照的である．したがって，曲線 c の接ベクトル場に (5.3.60) を適用するとき，それは非線形となる．

5.3.3　曲率：非線形性の尺度

定義 5.3.6　微分可能多様体 M 上の接続 ∇ は，M の各点に対して近傍 U と局所座標であってすべての座標ベクトル場 $\frac{\partial}{\partial x^i}$ が平行である，つまり

$$\nabla \frac{\partial}{\partial x^i} = 0 \tag{5.3.77}$$

であるようなものが存在するとき，**平坦** (flat) であるといわれる．

42 第5章 空間とはなにか？

定理 5.3.4 M 上の接続 ∇ が平坦であるのは，その曲率とねじれテンソル
が恒等的に消えるとき，かつそのときに限る．

多くの場合，ねじれのない接続のみが考察される．したがって，曲率はそ
の消失が平坦性を意味する決定的な量である．曲率は平行移動の道への依
存の尺度として導入されたことを思い出そう．したがって，曲率が消える
き，つまり平行移動が道に依存しないとき，共変的に定数である座標ベク
ル場を導入できる．そしてこの条件 (5.3.77) はユークリッド空間に特有の
ものである．ユークリッド空間は平坦な空間ともよばれ，そのことが定義で
用いられた用語を説明している．ここでの「平坦」は「曲がっていない」と
いう意味である．

証明 接続が平坦なら，すべて $\nabla_{\frac{\partial}{\partial x^i}} \frac{\partial}{\partial x^j} = 0$ となり，クリストッフェル記
号もすべて $\Gamma_{ij}^k = 0$ となり，したがって，T も R も Γ_{ij}^k を使って表せるの
で消える．(5.3.57), (5.3.67) 参照．
逆に，局所座標 y であって

$$\nabla dy = 0 \tag{5.3.78}$$

なるものを探そう．ここでは TM 上の接続 ∇ により誘導された余接バンド
ル T^*M 上のやはり ∇ と記された接続を使っている．この接続は，ベクト
ル場 V と 1 形式 ω に対して

$$d(V, \omega) = (\nabla V, \omega) + (V, \nabla \omega) \tag{5.3.79}$$

であるという性質により定義される．計量 $\langle . , . \rangle$ を使う計量接続の積法則
とは対照的に，ここでは双対の関係により与えられるベクトルと 1 形式の
間のペアリングを使っている．局所座標では，この接続はクリストッフェル
記号により特徴づけられる：

$$\nabla_{\frac{\partial}{\partial x^i}} dx^j = -\Gamma_{ik}^j dx^k \tag{5.3.80}$$

このような座標 y に対して，座標ベクトル場 $\frac{\partial}{\partial y^i}$ は今度は共変的に定数で
ある，つまり，(5.3.77) を満たす．なぜならば，$(dy^j, \frac{\partial}{\partial y^i}) = \delta_i^j$ であって
(5.3.79) により $0 = d(dy^j, \frac{\partial}{\partial y^i}) = (\nabla dy^j, \frac{\partial}{\partial y^i}) + (dy^j, \nabla \frac{\partial}{\partial y^i})$ であり，(5.3.78)

により $\nabla dy^j = 0$ となるからである.

　与えられた座標で，$dy = \frac{\partial y}{\partial x^i} dx^i$ である．二つのステップで進もう．最初に共変的に定数の（ベクトル値の）1形式 $\mu_i dx^i$ を構成し，次に μ_i は微分，つまり $\mu_i = \frac{\partial y}{\partial x^i}$ として表せることを示す．第一のステップについては曲率（の値）が消えることを，第二のステップではねじれが消えることを使う．どちらのステップでも，**フロベニウスの定理** (Frobenius' theorem) が決定的要素となる．その定理は，（未知）関数のすべての1階偏微分が与えられている常微分方程式の過剰決定系において，その2階微分が微分の順番によらず同じ値であるという意味で系が両立しているとき，局所的には積分可能であることをいっている．たとえば，[35] の付録 A を参照．

　第一のステップのための (5.3.80) の方程式

$$\nabla \mu_i dx^i = 0 \tag{5.3.81}$$

は次の方程式系に同値である．

$$\frac{\partial}{\partial x^j} \mu_i + \Gamma_{ji}^k \mu_k = 0 \quad (\forall i, j) \tag{5.3.82}$$

ベクトル表記では，これは次のようになる．

$$\frac{\partial}{\partial x^j} \mu + \Gamma_j \mu = 0 \tag{5.3.83}$$

さて，述べたとおりフロベニウスの定理を使おう．滑らかな解の2階微分は交換する．すなわち，任意の i, j について $\frac{\partial}{\partial x^i} \frac{\partial}{\partial x^j} \mu = \frac{\partial}{\partial x^j} \frac{\partial}{\partial x^i} \mu$ が成り立つ．(5.3.83) により，これは任意の i, j について

$$[\Gamma_i, \Gamma_j] + \frac{\partial}{\partial x^i} \Gamma_j - \frac{\partial}{\partial x^j} \Gamma_i = 0 \tag{5.3.84}$$

が成り立つことを意味する．フロベニウスの定理は，この必要条件が十分でもあることを主張する．つまり，(5.3.83) が局所的に解けるために，(5.3.84) が成り立つことは必要かつ十分である．添え字を使うと，これは次式である．

$$\frac{\partial \Gamma_{jl}^k}{\partial x^i} - \frac{\partial \Gamma_{il}^k}{\partial x^j} + \Gamma_{im}^k \Gamma_{jl}^m - \Gamma_{jm}^k \Gamma_{il}^m = 0 \quad (\forall i, j) \tag{5.3.85}$$

(5.3.67) により，これは曲率テンソルが消えることを意味する．したがって

44 第5章 空間とはなにか？

μ_i についての (5.3.82) を解くことができる．これらの μ_i が微分 $\frac{\partial y}{\partial x^i}$ である
ための必要十分条件は（再びフロベニウスの定理により）

$$\frac{\partial}{\partial x^i}\mu_j = \frac{\partial}{\partial x^j}\mu_i \quad (\forall i, j) \tag{5.3.86}$$

である．これは (5.3.82) により，任意の i, j, k について $\Gamma^k_{ij} = \Gamma^k_{ji}$ が成り
立つという条件，すなわち，ねじれ T が消えることに同値である．(5.3.58)
の導出を参照せよ．これで証明が完了した． $\square$

　方程式 (5.3.77) は無限小の条件である．平坦性からのずれを局所的な意
味で測りたい．接続 ∇ はリーマン計量 $\langle \,.\,,\,.\, \rangle$ のレヴィ=チヴィタ接続であ
ると仮定する．とくに，ねじれがない．ここでの重大な側面は測地線の振る
舞いである．測地線の方程式 (5.3.75) を思い出し，パラメータ s に依存す
る測地線の族 $c(\,.\,,s)$ があると仮定する．すると

$$\nabla_{\frac{\partial c}{\partial t}} \frac{\partial c(t, s)}{\partial t} = 0 \tag{5.3.87}$$

である．すべての曲線 $c(\,.\,,s)$ が測地線であると仮定するので，すべてが
(5.3.87) を満たし，s に関して共変微分をとることができて

$$
\begin{aligned}
0 &= \nabla_{\frac{\partial c}{\partial s}} \nabla_{\frac{\partial c}{\partial t}} \frac{\partial c(t, s)}{\partial t} \\
&= \nabla_{\frac{\partial c}{\partial t}} \nabla_{\frac{\partial c}{\partial s}} \frac{\partial c(t, s)}{\partial t} + R(\frac{\partial c}{\partial s}, \frac{\partial c}{\partial t})\frac{\partial c}{\partial t} \quad (\text{(5.3.65) により}) \\
&= \nabla_{\frac{\partial c}{\partial t}} \nabla_{\frac{\partial c}{\partial t}} \frac{\partial c(t, s)}{\partial s} + R(\frac{\partial c}{\partial s}, \frac{\partial c}{\partial t})\frac{\partial c}{\partial t} \quad (\nabla \text{ にねじれがないので}) \tag{5.3.88}
\end{aligned}
$$

となる．したがって，ベクトル場 $X(t) := \frac{\partial c(t, s)}{\partial s}$ はいわゆるヤコビ方程式

$$\nabla_{\frac{\partial c}{\partial t}} \nabla_{\frac{\partial c}{\partial t}} X(t) + R(X, \frac{\partial c}{\partial t})\frac{\partial c}{\partial t} = 0 \tag{5.3.89}$$

を満たす．(5.3.89) の解 X は測地線 $c(\,.\,,s)$ に沿った**ヤコビ場** (Jacobi field)
とよばれる．(5.3.89) はベクトル場 X についての線形方程式であることに
注意する．実際，それは測地線の方程式の線形化である．なぜならば測地線
に対する方程式をパラメータ s に関して微分してそれが得られるからであ
る．ヤコビ場 X に対しては次を得る．

$$\frac{d^2}{dt^2}\frac{1}{2}\langle X, X\rangle = \langle \nabla_{\frac{\partial c}{\partial t}} X, \nabla_{\frac{\partial c}{\partial t}} X\rangle - \langle R(X, \frac{\partial c}{\partial t})\frac{\partial c}{\partial t}, X\rangle$$

$$\geq -\langle R(X, \frac{\partial c}{\partial t})\frac{\partial c}{\partial t}, X\rangle \tag{5.3.90}$$

したがって，曲率の項 $\langle R(X, \frac{\partial c}{\partial t})\frac{\partial c}{\partial t}, X\rangle$ の上界が X のノルムの 2 乗の 2 階微分の下界を与える．この事実の幾何的帰結を調べたい．この曲率項の特別な構造を考慮に入れるため，次の重要な定義を導入する．

定義 5.3.7 リーマン多様体 M の（一次独立な）接ベクトル $X, Y \in T_p M$ が張る平面の**断面曲率** (sectional curvature) は次で定義される．

$$K(X \wedge Y) := \langle R(X, Y)Y, X\rangle \frac{1}{\|X \wedge Y\|^2} \tag{5.3.91}$$

（ここで $\|X \wedge Y\|^2 = \langle X, X\rangle\langle Y, Y\rangle - \langle X, Y\rangle^2$）

(5.3.91) の正規化因子は，断面曲率がベクトル X と Y の長さにも，それらのなす角にもよらず，それらが張る 2 次元接平面にのみ依存するように選んであることに注意せよ．

座標で表すと，$X = \xi^i \frac{\partial}{\partial x^i}$, $Y = \eta^i \frac{\partial}{\partial x^i}$ として

$$R_{ijkl} := \langle R(\frac{\partial}{\partial x^k}, \frac{\partial}{\partial x^l})\frac{\partial}{\partial x^j}, \frac{\partial}{\partial x^i}\rangle \tag{5.3.92}$$

とおくと，断面曲率は次のようになる．

$$K(X \wedge Y) = \frac{R_{ijkl}\xi^i\eta^j\xi^k\eta^l}{g_{ik}g_{jl}(\xi^i\xi^k\eta^j\eta^l - \xi^i\xi^j\eta^k\eta^l)}$$

$$= \frac{R_{ijkl}\xi^i\eta^j\xi^k\eta^l}{(g_{ik}g_{jl} - g_{ij}g_{kl})\xi^i\eta^j\xi^k\eta^l} \tag{5.3.93}$$

定義 5.3.8 リーマン多様体 M は，すべての $x \in M$ とすべての一次独立な接ベクトル $X, Y \in T_x M$ について

$$K(X \wedge Y) \equiv K \quad (\text{定数}) \tag{5.3.94}$$

であるとき，**定断面曲率** (constant sectional curvature) K を持つという．

ユークリッド空間は定断面曲率 0 を持つ．半径 1 の球面は定曲率 1 を持

46　第 5 章　空間とはなにか？

つ一方，双曲空間は曲率 -1 を持つ．これは直接の計算で確かめられるが，ヤコビ場の助けを借りて後でもっとエレガントな方法でこれらの値を得るであろう．すると定曲率 ρ の空間は，$\rho > 0$ かまたは < 0 かによって，球面または双曲空間をスケール変換して得られる．たとえば，半径 $\frac{1}{\sqrt{\rho}}$ の球面は曲率 $\rho > 0$ を持つ．実のところ，この曲率の性質は次の意味でこれらの空間を特徴づける．曲率 $\rho \equiv$ 定数であるどのようなリーマン多様体も，局所的には球面に等長的である．そのような空間は空間型 (space form) ともよばれる．

ラウチ (Rauch) の比較定理は断面曲率が

$$\lambda \leq K \leq \mu \tag{5.3.95}$$

であるリーマン多様体上のヤコビ方程式 (5.3.89) の解を，定曲率 λ と μ の空間上のヤコビ方程式の解で局所的に制御する．これらの比較結果は常微分方程式についての比較定理から従う．本質的には，局所的には (5.3.89) の解は対応する初期値が $K \equiv \lambda$ の解より小さく，$K \equiv \mu$ の解より大きい．すなわち，下からの曲率の限界がヤコビ場を上から制御し，上からの曲率の限界がヤコビ場を下から制御する．

$\rho \in \mathbb{R}$ に対して，断面曲率 ρ の（測地線の接ベクトル場に直交するベクトル場に対する）ヤコビ方程式は次式となる．

$$\ddot{f}(t) + \rho f(t) = 0 \tag{5.3.96}$$

ベクトル方程式であるヤコビ方程式 (5.3.89) が定曲率でのスカラー方程式 (5.3.96) に帰着する理由は，定断面曲率 ρ で

$$R(X, Y)Y = \rho \|Y\|^2 X \tag{5.3.97}$$

が成り立つことである．また，正規直交座標ベクトル場 $e_i(t)$ であって，c に沿って平行，すなわち $\nabla_{\dot{c}(t)} e_i(t) = 0$ であるものを使う．すると $X(t) = x^i(t) e_i(t) \in T_{c(t)}M$ について $\nabla_{\dot{c}(t)} X(t) = \frac{d}{dt} x^i(t) e_i(t) =: \dot{X}(t)$ であり，同様に $\nabla_{\dot{c}(t)} \nabla_{\dot{c}(t)} X(t) = \ddot{X}(t)$ となる．

(5.3.96) の解は単純に次である．

$$c_\rho(t) := \begin{cases} \cos(\sqrt{\rho}t) & (\rho > 0) \\ 1 & (\rho = 0) \\ \cosh(\sqrt{-\rho}t) & (\rho < 0) \end{cases} \tag{5.3.98}$$

および

$$s_\rho(t) := \begin{cases} \dfrac{1}{\sqrt{\rho}} \sin(\sqrt{\rho}t) & (\rho > 0) \\ t & (\rho = 0) \\ \dfrac{1}{\sqrt{-\rho}} \sinh(\sqrt{-\rho}t) & (\rho < 0) \end{cases} \tag{5.3.99}$$

それぞれ初期値 $f(0) = 1$, $\dot{f}(0) = 0$ および $f(0) = 0$, $\dot{f}(0) = 1$ を持つ.

これらの方程式の解は,(スケールを変えた)球面ないし双曲空間上の測地線の族の振る舞いを記述する.そこで再びこれらのリーマン多様体の基本的な例に向かおう.

$\mathbb{R}^{n+1}$ 上で,二つの 2 次形式

$$\langle x, x \rangle_+ = (x^1)^2 + \cdots + (x^n)^2 + (x^{n+1})^2 \tag{5.3.100}$$

$$\langle x, x \rangle_- = (x^1)^2 + \cdots + (x^n)^2 - (x^{n+1})^2 \tag{5.3.101}$$

を考察し,球面 (5.3.7)

$$S^n := \{x \in \mathbb{R}^{n+1} : \langle x, x \rangle_+ = 1\} \tag{5.3.102}$$

と双曲空間 (5.3.8)

$$H^n := \{x \in \mathbb{R}^{n+1} : \langle x, x \rangle_- = -1, \ x^{n+1} > 0\} \tag{5.3.103}$$

を思い出そう.$x \in S^n$ について,$V \in T_x S^n$ は

$$\langle x, V \rangle_+ = 0 \tag{5.3.104}$$

を満たし,$x \in H^n$ について,$V \in T_x H^n$ は同様に

$$\langle x, V \rangle_- = 0 \tag{5.3.105}$$

48 第 5 章 空間とはなにか？

を満たす．したがって，シルヴェスターの定理[3]により，$\langle .,.\rangle_-$ の $T_x H^n$ への制限は正定値 2 次形式を与える．$\langle .,.\rangle_+$ および $\langle .,.\rangle_-$ は S^n と H^n 上にそれぞれリーマン計量を誘導する．$O(n+1)$ と $O(n,1)$ を $\langle .,.\rangle_+$ と $\langle .,.\rangle_-$ を不変にする一般線形群 $Gl(n+1)$ の部分群とする．するとそれらの群は S^n と H^n を不変にする．ただし，後者の場合，x^{n+1} 軸の正の部分をそれ自身に写す $O(n,1)$ の部分群に制限するものとする．それらの群が 2 次形式を不変にし，そのレベル集合である S^n と H^n を不変にするので，それらの空間に等長変換として作用する．等長変換により測地線は測地線に写されるので，測地線の端点が等長変換により固定されるならば，測地線はそのままである．実は，これは一般には局所的に，つまり測地線の端点が互いに十分近く測地線が最短線であるときにのみ正しい．その場合，最短の測地線はただ一つで，それらは不変でなければならない．このことから，測地線はちょうど S^n および H^n と $\mathbb{R}^n$ の 2 次元線形部分空間との交わりであると結論できる．なぜならこれらの部分空間は等長変換群の元である鏡映で不変であるからだ．したがって，$x \in S^n$, $V \in T_x S^n$, $\langle V,V\rangle_+ = 1$ について，測地線 $c\colon \mathbb{R} \to S^n$ で $c(0) = x$, $\dot{c}(0) = V$ なるものは

$$c(t) = (\cos t)x + (\sin t)V \tag{5.3.106}$$

で与えられる．同様に，測地線 $c\colon \mathbb{R} \to H^n$ で $c(0) = x \in H^n$, $\dot{c}(0) = V \in T_x H^n$, $\langle V,V\rangle_- = 1$ なるものは

$$c(t) = (\cosh t)x + (\sinh t)V \tag{5.3.107}$$

で与えられる．実際，$\langle x,x\rangle_- = -1$, $\langle x,V\rangle_- = 0$, $\langle V,V\rangle_- = -1$ なので

$$\langle \dot{c}(t), \dot{c}(t)\rangle_- = -\sinh^2 t + \cosh^2 t = 1 \tag{5.3.108}$$

を得る．S^n についても同様である．

すると，$W \in T_x H^n$ が $\langle W,V\rangle_- = 0$, $\langle W,W\rangle_- = 1$ であるならば，測地線の族

---

[3]　この定理は，あらゆる斉次 2 次多項式は実直交変換による置換で正および負の平方の和の形式に還元できることをいっている．[75], p.577 参照．

$$c(t, s) = \cosh tx + \sinh t(\cos s\, V + \sin s\, W) \tag{5.3.109}$$

を得る.

この族は $s = 0$ においてヤコビ場

$$X(t) := \sinh t\, W \tag{5.3.110}$$

を与える. それは次を満たす.

$$\ddot{X}(t) - X(t) = 0 \tag{5.3.111}$$

ヤコビ方程式 (5.3.89) から，双曲空間 H^n は断面曲率 $\equiv -1$ を持つことが結論される. 同様に，球面は断面曲率 $\equiv 1$ を持つ.

同じように，スケールを変えた球面 (5.3.7)

$$S^n(\rho) := \left\{ x \in \mathbb{R}^{n+1} : \langle x, x \rangle_+ = \frac{1}{\sqrt{\rho}} \right\} \tag{5.3.112}$$

は断面曲率 $\equiv \rho$ を持ち，同様にスケールを変えた双曲空間 $H^n(\rho)$ は断面曲率 $\equiv -\rho$ を持つ.

したがって，(5.3.98) と (5.3.99) の解は（スケールを変えた）球面または双曲空間上の測地線の族の特徴的な振る舞いを与える. 球面上では，二つの対蹠点 (antipodal point)（これを北極点と南極点としよう）を通る測地線の族があり，それらの間の距離は $\rho > 0$ に対する $\sin$ 関数 s_ρ のように振る舞う. 対照的に，双曲空間上では $\rho < 0$ に対する $\sinh$ 関数 s_ρ のように測地線は指数関数的に発散する. 測地線が線形に発散するユークリッド空間は，正と負の曲率の場合の中間に位置する.

実際，これらの性質は曲率が制御されたリーマン多様体に特有のもので，それらは曲率の公理的アプローチへと導く. それは最初にウィーン学派で考えられた. とくに，ヴァルト [112] による寄与が鍵となる考えを生んだ. これを一般的な展望の中に置こう. 距離空間 (X, d) における 3 点の配置は三角不等式を満たすべきであるが，さもなくば互いの点の距離は任意であり得る. X の 3 点 (x_1, x_2, x_3) の配置を**三角形** (triangle) とよぼう. このような (X, d) の三角形に対して，点 $\overline{x}_1, \overline{x}_2, \overline{x}_3 \in \mathbb{R}^2$ であって同じ距離

50 第5章 空間とはなにか？

$$d(x_i, x_j) = |\overline{x}_i - \overline{x}_j| \quad (\forall i, j = 1, 2, 3) \tag{5.3.113}$$

を持つものが存在する．点 $\overline{x}_1,\ \overline{x}_2,\ \overline{x}_3 \in \mathbb{R}^2$ は三角形 (x_1, x_2, x_3) のユーク
リッド平面への等長埋め込みを表現するという．「等長」という用語は距離
が保たれる事実を意味する．このような3点 $(\overline{x}_1, \overline{x}_2, \overline{x}_3)$ は三角形
(x_1, x_2, x_3) の**比較三角形** (comparison triangle) とよばれ，等長変換を除き
ただ一つである（読者は思い出すだろうが，古典的ユークリッド幾何の結果
である）．同様に，ユークリッド空間の代わりに双曲空間でも，比較三角形
を見つけることができ，また球面でも距離 $d(x_i, x_j)$ が大きすぎなければ見
つけられる．これは下部にある空間 (X, d) についての本質的な幾何的情報
を，このような三角形が引き出さないことを意味する．もし互いの距離も含
めて4点 $x_1, \ldots, x_4$ の配置を考えるならば話は変わる．とくに，ヴァルト
[112] が観察したように，点のいくつかが一致する，あるいはすべてが同一
の測地線上にあるといった特殊な条件が成立するのでなければ，滑らかな
曲面 S 上の4点の配置はただ一つの定曲率曲面に等長的に埋め込める．す
なわち，ただ一つの K と定曲率 K の曲面 S_K で，その距離を d_K とすると
き，点 $\overline{x}_i\ (i = 1, 2, 3, 4)$ で

$$d(x_i, x_j) = d_K(\overline{x}_i - \overline{x}_j) \quad (\forall i, j = 1, 2, 3, 4) \tag{5.3.114}$$

が成り立つものが存在する．ヴァルト（の定理）のいうことは，曲面 S の
比較曲面 S_K の曲率が $K \le k$（あるいは $K \ge k$）であるならば，S の曲率
は $\le k$（あるいは $\ge k$）である．これは曲面ではうまく機能し，それがヴァ
ルトの目的であった．しかしながら高次元の空間では，任意の4点の配置
は一般的すぎるように見える．3次元ユークリッド空間の正四面体，つまり
異なる点の間の距離が互いに等しいような4点を考えてみる．このような
配置は，正四面体の距離に依存する適当な曲率を持つ球面に等長的に埋め込
めるが，ユークリッド平面には埋め込めない．したがって，特殊な4点の
配置のみを扱わなければならない．実際すぐにわかるとおり，三角形から出
発し，その三角形の2頂点間の最短測地線上に4番めの点を選ぶならうま
く行く．すると，下部空間の曲率についての情報を与える臨界距離は，三角
形の残りの3番めの頂点への4番めの点からの距離である．

そこで，ビューズマン [19] とアレクサンドロフ [1] により展開された距離空間における曲率不等式の一般論に向かおう．さて，このアプローチの本質的原理を記述しよう．（[12, 18, 57] 参照.）簡単のため，特別な場合である一般化された非正曲率の場合のみを扱う．5.3.2 節で定義された測地的空間の概念を使う．

定義 5.3.9 測地的空間 (X, d) は，すべての $p \in X$ に対して，ある $\rho_p > 0$ が存在して，すべての $x, y, z \in B(p, \rho_p)$ について

$$\frac{d(m(x, y), m(x, z))}{d(y, z)} \leq \frac{1}{2} \tag{5.3.115}$$

が成立するとき，ビューズマンの意味で **0 を曲率上界に持つ** (curvature bound from above by 0) といわれる．ここで中点 $m(x_1, x_2)$ は (2.1.56) で定義され，(5.3.46) で特徴づけられている．

同じやり方で，0 以外の曲率上界も，距離空間に対する曲率下界も定義できる．ただし，技術的な詳細は少々複雑である．

ある意味ではビューズマンの定義は，測地線がユークリッド空間におけるよりも速く発散するという意味で，非正曲率の否定的な見方を提供する．y と z の間の距離は $m(x, y)$ と $m(x, z)$（つまり，それぞれ同一の測地線上で，x からは y あるいは z までと比べて半分だけ離れた 2 点）の間の距離の少なくとも 2 倍ほどの大きさはある．もっと限定的だがさらに強い性質を伴う，より肯定的な見方はアレクサンドロフにより提供されている．彼は，負曲率空間での y から z への測地線は，ユークリッド空間での対応する測地線よりも x に少なくともより近くなるという観察から出発した．詳しくいうと次である．

定義 5.3.10 測地的空間 (X, d) は，すべての $p \in X$ に対して，ある $\rho_p > 0$ が存在して，すべての $x_1, x_2, x_3 \in B(p, \rho_p)$ と最短測地線 $c\colon [0, 1] \to X$ で $c(0) = x_1$, $c(1) = x_2$ かつ弧長に比例してパラメータづけるどのようなものに対しても，$0 \leq t \leq 1$ のとき

$$d^2(x_3, c(t)) \leq (1-t)d^2(x_1, x_3) + td^2(x_2, x_3) - t(1-t)d^2(x_1, x_2) \tag{5.3.116}$$

が成立するとき，アレクサンドロフの意味で 0 を曲率上界に持つといわれる．

実は，$t = \frac{1}{2}$，すなわち x_1 と x_2 の中点 $m(x_1, x_2) = c(\frac{1}{2})$ に対して (5.3.116) を要請すれば十分である．そのとき (5.3.116) は次式となる．

$$d^2(x_3, m(x_1, x_2)) \leq \frac{1}{2}d^2(x_1, x_3) + \frac{1}{2}d^2(x_2, x_3) - \frac{1}{4}d^2(x_1, x_2) \tag{5.3.117}$$

再び三角形，つまり X の 3 点 (x_1, x_2, x_3) の配置と (5.3.113) を満たす $\mathbb{R}^2$ の比較三角形 $(\overline{x}_1, \overline{x}_2, \overline{x}_3)$ を考える．

$\overline{c} \colon [0,1] \to \mathbb{R}^2$ を $\overline{c}(0) = \overline{x}_1$, $\overline{c}(1) = \overline{x}_2$ である真っ直ぐな線分，つまり x_1 から x_2 への測地線の類似とする．すると (5.3.116) の同値な定式化は

$$d(x_3, c(t)) \leq \|\overline{x}_3 - \overline{c}(t)\| \quad (0 \leq t \leq 1) \tag{5.3.118}$$

であり，とくに，$t = \frac{1}{2}$ に対する (5.3.117) となる．

図 5.1 はアレクサンドロフの意味で非正曲率の空間内の三角形とユークリッド空間内の比較三角形における距離の間の関係を描いている．

今度は，定義 5.3.10 における条件，より正確にはその言い換え (5.3.117) を，離散距離空間のような測地的ではない距離空間 (X, d) に対しても意味があるように再定式化したい．$x_1, x_2 \in X$ とする．

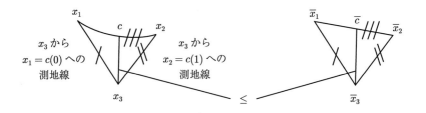

図 **5.1** アレクサンドロフの意味で非正曲率の空間内の三角形と，対応する辺（/ で示した）と同じ長さを持つユークリッド平面内の三角形の比較．

$$\rho_{(x_1,x_2)}(x) := \max_{i=1,2} d(x,x_i) \text{ かつ } r(x_1,x_2) := \inf_{x \in X} \rho_{(x_1,x_2)}(x) \qquad (5.3.119)$$

とおく. 各 x に対して

$$x \in B(x_1, \rho_{(x_1,x_2)}(x)) \cap B(x_2, \rho_{(x_1,x_2)}(x)) \qquad (5.3.120)$$

が成り立ち, ゆえに x_1 と x_2 をそれぞれ中心とし, 同一の半径 $r = \rho_{(x_1,x_2)}(x)$ を持つ二つの球の共通部分は空でない. x_1 と x_2 が中点 $m(x_1,x_2)$ を持つとき, 補題 2.1.3 で見たとおり

$$r(x_1,x_2) = \frac{1}{2} d(x_1,x_2) \qquad (5.3.121)$$

かつ

$$m(x_1,x_2) \in B(x_1, r(x_1,x_2)) \cap B(x_2, r(x_1,x_2)) \qquad (5.3.122)$$

となり, 今度も共通部分は空でない. さらに, (5.3.119) の下限は $x = m(x_1,x_2)$ で実現される. したがって, 二つの閉球が空でない共通部分を持つために必要な最小半径は距離空間についてのきわめて基本的な情報を含んでいる. さらに三つの球が空でない共通部分を持つことを保証する半径を調べることに進むと, それが曲率の情報を含むことを見出すであろう.

球 $B(x_3, r_3)$ が二つの球 $B(x_1, r_{12})$ および $B(x_2, r_{12})$ と交わるような最小半径を求めよう. 二つの球は $m(x_1,x_2)$ でのみ交わるので, もう一つの球も $m(x_1,x_2)$ を含まねばならない. ゆえに, その半径は x_3 とその中点との距離に等しくなければならない. したがって, $r_3 = d(x_3, m(x_1,x_2))$ は x_3 を中心とする閉球 $B(x_3, r')$ が

$$B(x_1, r_{12}) \cap B(x_2, r_{12}) \cap B(x_3, r') \neq \emptyset \qquad (5.3.123)$$

を満たすような最小半径 r' である. この観察は曲率の限界 (5.3.117) に関係し得る. なぜならば定義 5.3.10 の記号で $m(x_1,x_2) = c(\frac{1}{2})$ であるからだ. それで不等式 (5.3.117) は

$$r_3 \leq \overline{r}_3 \qquad (5.3.124)$$

となる. ここで $\overline{r}_3$ は r_3 のユークリッド的類似である.

54 第5章 空間とはなにか？

この線に沿って，三角形の 3 点 x_1, x_2, x_3 を同等に扱い，したがってより簡単に定式化できる非正曲率の別バージョンを定式化することもできる．これは [7] で発見された．再び比較三角形 $\overline{x}_1, \overline{x}_2, \overline{x}_3 \in \mathbb{R}^2$ で同じ距離

$$d(x_i, x_j) = |\overline{x}_i - \overline{x}_j| \quad (\forall i, j = 1, 2, 3)$$

を持つものを考えよう．そして，関数

$$\rho_{(x_1, x_2, x_3)}(x) := \max_{i=1,2,3} d(x, x_i) \quad (x \in X)$$

および

$$\rho_{(\overline{x}_1, \overline{x}_2, \overline{x}_3)}(\overline{x}) := \max_{i=1,2,3} \|\overline{x} - \overline{x}_i\| \quad (\overline{x} \in \mathbb{R}^2)$$

を定義する．数

$$r(x_1, x_2, x_3) := \inf_{x \in X} \rho_{(x_1, x_2, x_3)}(x) \ \text{と} \ r(\overline{x}_1, \overline{x}_2, \overline{x}_3) := \min_{\overline{x} \in \mathbb{R}} \rho_{(\overline{x}_1, \overline{x}_2, \overline{x}_3)}((\overline{x})$$

(5.3.125)

はそれぞれの三角形の**外半径** (circumradius) とよばれる．

定義 5.3.11（非正曲率） (X, d) を距離空間とする．X 内の各三角形 (x_1, x_2, x_3) に対して

$$r(x_1, x_2, x_3) \leq r(\overline{x}_1, \overline{x}_2, \overline{x}_3) \tag{5.3.126}$$

が成り立つとき，$\mathrm{Curv}\, X \leq 0$ であるという．ここで，$\overline{x}_i \ (i = 1, 2, 3)$ は付随する比較三角形の頂点である．

わかりきった変更により異なる曲率の限界を定式化できる．[7] が示すとおり，リーマン多様体上で条件 $\mathrm{Curv}\, X \leq 0$ は非正断面曲率にやはり同値である．また，アレクサンドロフ非正曲率は定義 5.3.11 の意味で非正曲率を意味する一方で，一般にはビューズマン非正曲率ではない．

以上から，定義 5.3.11 の幾何的内容は次のとおりである．(5.3.125) で下限が達成されるとき，$r(x_1, x_2, x_3)$ は

$$\bigcap_{i=1,2,3} B(x_i, r) \neq \emptyset \tag{5.3.127}$$

という性質が成り立つ最小の数 r であり，この半径はユークリッド的比較三角形の対応する半径より大きくてはならない．((5.3.125) の下限が達成されないときは，任意の $\epsilon > 0$ について $\bigcap_{i=1,2,3} B(x_i, r(x_1, x_2, x_3) + \epsilon) \neq \emptyset$ が成り立つのみだが，幾何的直観は実質的に同じである．)

したがって，測地的空間の二つの球について $r \geq \frac{1}{2} d(x_1, x_2)$ ならば $B(x_1, r) \cap B(x_2, r) \neq \emptyset$ であり，ゆえにこのような最小の数は大して幾何的内容を持たない一方，三つの球の交わりのパターンは重要な幾何的性質を反映する．条件 (5.3.127) はどの点 x も明示的には関係しない．それは次の原理を体現している．すなわち，X 内の三つの球が交わるのは，対応するユークリッド平面内の球でそれらの中心間の距離が同じであるものが自明でない交わりを持つときである．この原理はどのような距離空間にも適用できて，与えられた 3 点を中心とする球が交わるような最小半径を求められる．(5.3.126) のような曲率の上界は，ユークリッド空間での状況と比較されるような最小半径の，関与する点の間の距離への依存性を定量化する．

離散距離空間では小さな球は中心のみを含み他の点はないので，次の変更を使うのが適当であろう．

定義 5.3.12 $\epsilon > 0$ とする．距離空間 (X, d) は，すべての X の三角形 (x_1, x_2, x_3) について

$$r \geq r(\overline{x}_1, \overline{x}_2, \overline{x}_3) + \epsilon \ \text{であるならば} \bigcap_{i=1,2,3} B(x_i, r) \neq \emptyset \qquad (5.3.128)$$

が成り立つとき，ϵ 緩和非正曲率を持つという．

ここでの本質的な要点は，ϵ が三角形をなす点 x_1, x_2, x_3 の間の距離とは独立なことである．したがって，その距離が ϵ より小さいとき，条件 (5.3.128) は自動的に満たされる．対照的に，その距離が ϵ と比べて大きいとき，条件は実質的に (5.3.127) と同じである．

(5.3.127) と (5.3.128) におけるような，球の交わりのパターンの言葉による非正条件の定式化は，3.1 節の球の交わりのパターンに由来するチェック複体の構成を思い起こさせる．その複体は 4.6 節で代数的トポロジーの道具で分析されている．われわれの非正曲率の条件はこの位相的枠組みの幾何的精密化と見ることができる．もちろん，三つより多くの球の交わりのパター

56 第5章 空間とはなにか？

ンを考えることができる．測地的空間ではこれがそれ以上は幾何的内容を含まないように見えるのに対して，離散空間では三つより多くの球に対する (5.3.128) と同様の条件が，有益な幾何的情報を与え得る．

二つの球が交わるかどうかは，下部空間の固有の幾何的情報を含まない．なぜなら，その判定基準は単に半径の和が少なくとも中心間の距離より大きいということだからである．しかしながら，空間が測度も持つときは，二つの球の交わりの測度を球の半径と中心間の距離の関数として見ることができる．空間がリーマン多様体のときは，それはリッチ曲率についての情報を含んでいる．ここで接ベクトル X の方向のリッチ曲率は，X を含むあらゆる接平面の断面曲率の平均として定義される．ゆえに測度が備わった一般の距離空間で，一般化されたリッチ曲率の限界を定義するのにそれを使うことができる．ここで詳細には立ち入らないが，リッチ曲率には距離だけでなく測度も必要であることを注意しておく．なぜなら，リーマン多様体の場合のリッチ曲率は断面曲率の平均として定義され，平均をとる操作が暗に測度に関わるからである．

距離空間での断面およびリッチ曲率の不等式とその幾何的帰結については，[9] とそこの参考文献を参照せよ．

5.4　スキーム

さて多様体と距離の側面を扱った後なので，5.1 節で議論した空間を概念化する他の可能性，つまりスキームの概念に向かうとしよう．本節では，参考文献 [33, 46, 102] に大きく頼ろう．それらはより詳細な，発展的かつ精緻な扱いに勧められるものである．ここでの目的は本質的な考えを記述することのみである．

出発点となる考え方は次である．位相空間 $(X, \mathcal{O}(X))$ を考え，位相は十分に豊かである，つまり十分なだけ開集合を持ち各点が閉集合を与えると仮定する．（そうでないときは，以下では「点」を「閉集合」で置き換えねばならない．）連続関数 $f\colon X \to \mathbb{R}$ の概念があり[4]，連続関数は点を分離する

---

[4]　ここでの議論では，他の環でも問題ないが，具体性のため $\mathbb{R}$ にしておく．$\mathbb{C}$ は以下で重要となる．

と仮定する．すなわち，勝手な二点 $a \neq b \in X$ に対して連続関数 f であって $f(a) \neq f(b)$ であるものが存在するとしよう．定数（これは常に連続である）をさし引いて，$f(a) = 0$ であると仮定してよい．

さて，X 上の連続関数すべては，その値を $\mathbb{R}$ 内で足したり掛けたりできるので環 $C(X)$ をなす．この環は可換で単位元（常に 1 と記される），つまり関数 $f \equiv 1$ を持つ．しかしながら，一般には $C(X)$ は体でない．というのも，ある $a \in X$ について $f(a) = 0$ となるどのような f も乗法的逆元を持たないからである．実際，$a \in X$ が与えられると，関数 $f \in C(X)$ で $f(a) = 0$ となるもの全体は環 $C(X)$ のイデアル I_a をなす．（イデアルの定義と性質については，以下の 5.4.1 節を参照[5]．）そして分離性を課せば，$a \neq b \in X$ に対して $I_a \neq I_b$ である．すなわち，$\mathcal{I}$ を $C(X)$ のイデアルの集合とすると，単射

$$X \to \mathcal{I}$$
$$a \mapsto I_a \tag{5.4.1}$$

が得られる．これは X の点を環のイデアルという代数的対象から回復できることを意味する．何度か出合った数学の標準的な戦略によれば，ことの順番を逆転して，その代数的対象を第一義的なものとして出発することができる．すなわち，（可換で 1 を持つ）環およびそのイデアルの集合を考え，次に点がイデアルにより与えられるような位相空間を構成することを試みる．ただちに問題点が出てくるのは明らかだが，これがうまく行くとしても最終的にはそれは洗練されねばならない．とくに，$C(X)$ のすべてのイデアルが X の点に対応するわけではない．たとえば，X の任意の閉集合 A をとる．すると A は，A のすべての点で 0 となる連続関数のなすイデアル I_A を定める．だから，よくて X の閉集合を回復することは期待できる．しかしながら，A が異なる二点 $a \neq b$ を含むとき，$I_A \subsetneq I_a, I_b$ となる．より一般に，閉部分集合 A, B について $B \subset A$ のとき，$I_A \subset I_B$ となる．ゆえに，X の閉部分集合から $C(X)$ のイデアルへの反変関手が得られる．

したがって X の点に対応するイデアルを，点より大きな部分集合ではな

---

[5] 複素幾何学と代数幾何学では，この問題を避ける方法がある．すなわち，有理型関数（値 ∞ を制御されたやり方でとり得る関数）を考えることである．

58 第5章 空間とはなにか？

く，極大イデアル，つまりより大きなイデアル（環全体を除く）には含まれないものとして，同定を試みることができる．しかしこれは，関手性で問題に行き当たる．$h: R_1 \to R_2$ が環準同型写像であるとき，R_2 の勝手なイデアルの原像は R_1 のイデアルである（いまのところ順調）が，極大イデアルの原像は必ずしも極大ではない．もちろん，これは位相空間の間の連続写像 $F: X_1 \to X_2$ は必ずしも単射でなくて，一点よりも多くを含む（ここの目的のためには閉でよい）ある集合 $A \subset X_1$ を X_2 の一点 a に写すこともある，という単純な位相的事実である．$f \in C(X_2)$ が $f(a) = 0$ を満たすとき，$f \circ F \in C(X_1)$ はすべての $x \in A$ について $(f \circ F)(x) = 0$ を満たす．つまり，それは A で消える．したがって，$a \in X_2$ で消える関数の写像 F による引き戻しは，A 全体で消える関数になる．この困難の一つの解決策は，一点集合だけでなく，位相空間 X のすべての閉集合を考えることかもしれない．それは連続写像の関手性とうまく適合する．連続写像は閉集合を閉集合に引き戻し，イデアルの集合上に誘導された写像は対応するイデアルの変換である．

しかし，あまりに多くの閉集合があって，これが実際にうまくいくようにできないかもしれない．別のアプローチは関数のクラスを制限する，つまりあらゆる連続関数は考えないというものだが，むしろ空間 X が付加的構造を持ち，その構造を保つ関数のクラスに制限することを想定する．実際，それがこのアプローチの有効性を確かめるのを助けるだろう．もっとはっきりいうと，このアプローチが現代の代数幾何学を作り上げていることを見るだろう．

さらに進む前に，代数を少し復習するのが有益である．

5.4.1 環

可換環で単位元（1 と記す）を持つものを考えよう，そして以下で出てくる環はすべて同様に可換で 1 を持つことが自動的に仮定されるだろう．

$a \in R$ は，$ab = 1$ なる $b \in R$ が存在するとき，（乗法的）**単元** (unit) とよばれる．環はそのすべての元 $\neq 0$ が単元であるとき，**体** (field) とよばれる．

$a \neq 0$ とし，$ab = c$ となる $b \neq 0$ が存在するとき，a は c を割り切ると

いう. $b \neq 0$ で $ab = 0$ となるものが存在するとき, つまり a が 0 を割り切るとき, $a \neq 0 \in R$ は真の零因子とよばれる. (一般に, 割り算概念について話すとき, 以下でははっきりと触れなくても, 0 は常に自動的に除外される.) 真の零因子を持たない ($1 \neq 0$ という意味で非自明な) 環は**整域** (integral domain) とよばれる. 整数の全体 $\mathbb{Z}$ はもちろんその一例である. 整域から商体を構成することができる. 対 (a, b) で $b \neq 0$ なるものをとり, 二つの対 (a_1, b_1), (a_2, b_2) は $a_1 b_2 = a_2 b_1$ であるとき同値であると考える. すべての体は整域であるが, $\mathbb{Z}$ の例が示すように逆は成り立たない. 他方, 素数でない q に対する環 $\mathbb{Z}_q$ は整域ではない. 実際, $m, n > 1$ として非自明な積 $q = mn$ をとる. このとき, $mn = 0 \bmod q$ であり, ゆえに m と n は 0 を割り切る.

整域 R は, 単元でない各 $a \in R$ が順番と単元倍を除き一意的に, 有限個の既約元の積であるとき, **一意分解整域** (unique factorization domain) とよばれる. ここで $b \in R$ は, それが単元でなく, また b を割り切る因子が単元 u あるいはある単元 u について bu という形の元のみであるとき, **既約元** (irreducible element) とよばれる. (u や bu といった元が b の因子であることは自明である.) 因子分解の一意性は, 既約元 p が積 ab を割り切るならば, それはどちらかの因子を割り切るという条件に同値である. (証明は初等的であるが, 読者に任せる. あるいはたとえば [121] か [73] に探せる.)

一意分解整域の特別かつ重要なクラスは**ユークリッド整域** (Euclidean domain) である. それは整域であって, 各元 a に整数 $\nu(a)$ が対応させられ, b が a を割り切るならば $\nu(b) \leq \nu(a)$ であり, またどのような a, b で $b \neq 0$ なるものに対しても, q, r なる元で $a = bq + r$ かつ $\nu(r) < \nu(b)$ が成り立つものが存在する, という性質が成り立つものである. 整数の環は $\nu(n) := |n|$ とおいてユークリッド整域である. ユークリッド整域では, 非零元 a, b は最大公約元 d を持ち, d は適当な $\alpha, \beta \in R$ について $d = \alpha a + \beta b$, すなわち a と b の線形結合である. 簡単のため再び [73, 121] を参照せよ. とくに, ユークリッド整域は一意分解整域である. なぜなら, 既約元 p が ab を割り切るのに a を割り切らないならば, p と a の最大公約元は 1 であって, $1 = \alpha a + \beta p$ となる. すると, $b = \alpha ab + \beta pb$ となるが, 仮定により p は ab を割り切るので, それは b も割り切る.

60 第5章 空間とはなにか？

R のイデアル I は R の元の空でない集合で，アーベル群としての R の部分群をなし，すべての $a \in R$ に対して $aI \subset I$ が成り立つもののことである（定義 2.1.21）．とくに，I は R の部分環であり（しかし，有理数全体 $\mathbb{Q}$ の整数のなす部分環 $\mathbb{Z}$ が示すように，すべての部分環がイデアルであるわけではない），イデアル I が 1 を含むとき，それは環 R 自体と一致せざるを得ない．したがって，関心があるイデアルは 1 を含まない．また単元も含み得ない．とくに，体は非自明なイデアル，すなわち体自体または 0 のみを含むイデアルである零イデアル (0) を含まない．これからの構成法の背後にある直観的な考え方は，非自明なイデアルの存在が環の体からのずれをコード化するものだということである．そして，すぐに探ることだが，非自明なイデアルは環の可逆でない非自明な元で生成される．

イデアルの共通部分は再びイデアルである．

R のイデアル I から商環 R/I が得られる．環準同型 $h \colon R_1 \to R_2$ の核 $\mathrm{Ker}(h)$ は R_1 のイデアルである．すると h は環同型 $R_1/\mathrm{Ker}(h) \to R_2$ を誘導する．より一般に，I_2 が R_2 のイデアルのとき，その原像 $I_1 := h^{-1}(I_2)$ は R_1 のイデアルとなる．$\mathrm{Ker}(h)$ は零イデアル $(0) \subset R_2$ の原像であり，ゆえにイデアルの原像のすべてのうち最小である．

任意の $a \in R$ に対して，aR つまり ab $(b \in R)$ という形の元の集合はイデアルであり，a で生成される**主イデアル** (principal ideal) とよばれる．すでに触れたが，このイデアルが自明でないためには，a は単元でなく，かつ 0 でないことが必要である．より一般に，どの $b \in I$ も $b_i \in R$ の有限和 $b = \sum_{i=1}^{n} b_i a_{\lambda_i}$ で表せるとき，族 $\{a_\lambda\}_{\lambda \in \Lambda}$ はイデアル I を**生成する** (generate)．このとき，$I = (a_\lambda)_{\lambda \in \Lambda}$ と記す．定義により，空集合は零イデアルを生成する．イデアルは，生成元の有限集合を持つとき，**有限生成** (finitely generated) であるという．

定義 5.4.1 （可換で 1 を持つ）環 R は，すべてのイデアルが有限生成であるとき**ネーター（的）**(Noetherian) であるという．

ネーター性は非常に重要である．というのもそれはスキームの理論の大部分の結果に必要だからである．多様体上の連続関数の環 $C(M)$ は残念ながらネーター的ではない．$p \in M$ に対して，$f(p) = 0$ となる連続関数の全体

は上で注意したとおりイデアル I_p をなすが，このイデアルは有限生成では
ない．実のところ，I_p は有限次元ですらなくて，有限個の関数 $f_1, \ldots, f_n$
で任意の $f \in I_p$ がこれらの関数の線形結合となるようなものは見つけるこ
とができない．そのような f をフーリエ級数のような無限級数に展開する
ことは望み得るが，ネーター性には十分ではない．

さてネーター環の基本的な例を見てみよう．環 R が与えられると，不定
元 X について $a_0, \ldots, a_n \in R$ $(n \in \mathbb{N} \cup \{0\})$ である多項式 $a_0 + a_1 X +$
$\cdots + a_n X^n$ のなす環，すなわち多項式環 $R[X]$ を考えられる．$a_n \neq 0$ のと
き，この多項式は次数 n を持つという．同様に，不定元が k 個の多項式環
$R[X_1, \ldots, X_k]$ を考えられる．体 K に係数を持つ唯一の不定元の多項式環
$K[X]$ は，$f \neq 0$ のとき $\nu(f) := f$ の次数とし，$\nu(0) = -1$ とするユーク
リッド整域である．

次のヒルベルトの基底定理が成り立つ．

定理 5.4.1 R がネーター環のとき，多項式環 $R[X_1, \ldots, X_k]$ もネーター環
である．

イデアル I から，その**根基** (radical) という別のイデアル $\mathrm{Rad}(I)$，すな
わちある $n \in \mathbb{N}$ について $a^n \in I$ であるような元 $a \in R$ すべての集合を作
ることができる．冪零根基 $\mathrm{Rad}(0)$ は R の冪零元すべてからなる．（元 a は
適当な $n \in \mathbb{N}$ について $a^n = 0$ であるとき**冪零** (nilpotent) とよばれる．）環
R は $\mathrm{Rad}(0) = 0$ のとき**被約** (reduced) といわれる．環 R について被約な
環 $R_{\mathrm{red}} := R/\mathrm{Rad}(0)$ が得られる．

R のイデアル $I \neq R$ は，イデアル $I' \neq I$ で $I \subset I'$ なるものが存在しない
とき，**極大** (maximal) といわれる．イデアル I が極大であるのは，R/I が
体であるとき，かつそのときのみである．このことは，（0 でもなく）単元
でない元は非自明なイデアルを生成するという事実から容易に従う．言い換
えると，零イデアル (0) が体のただ一つの極大イデアルであり，このことが
体を特徴づける．

しかし，極大イデアルは関手的な用途にはよくない．というのも，R_2 の
極大イデアルの準同型 $h\colon R_1 \to R_2$ による原像は，R_1 の中で必ずしも極大
とは限らないからである．たとえば，体でなく真の零因子を持たない環 R

62　第5章　空間とはなにか？

を体 K に埋め込む写像を h としよう．すると零イデアル (0) は K で極大であるが，その原像である R の零イデアル (0) は R の中で極大ではない．

　この関手性の問題は極大イデアルの代わりに素イデアルを考えると解消する．ここで，R のイデアル $I \neq R$ は，元 $a, b \in R$ が $ab \in I$ を満たすとき $a \in I$ または $b \in I$ であるならば，素 (prime) といわれる．整数全体 $\mathbb{Z}$ の素イデアルは素数 p で生成されるイデアル $p\mathbb{Z}$ または零イデアル (0) のいずれかである．q が素数のとき，（2.1.6節で議論したとおり）$\mathbb{Z}_q$ は体であるが，q が素数でないとき，p が q を割る素数ならば，$p \pmod q$ の倍元は素イデアルをなす．たとえば，$\mathbb{Z}_4$ は素イデアル $\{0\}$ と $\{0,2\}$ を持つ．

　I が素イデアルであるのは，R/I が整域であるとき，かつそのときに限る．なぜなら，$h\colon R \to R/I$ は自然な準同型とするとき，$ab \in I$ であるのは $h(a)h(b) = 0$ であるとき，かつそのときに限り，R/I が整域なら，これは $h(a) = 0$ または $h(b) = 0$ であるときにのみ起こり得る．

　とくに，体は整域であるから，極大イデアルは素イデアルである．また，(0) が素イデアルであるのは，R が整域であるとき，かつそのときに限る．

　示唆されたとおり，$h\colon R_1 \to R_2$ が環準同型で，$I_2 \subset R_2$ が素イデアルのとき，$I_1 := h^{-1}(I_2)$ は素イデアルである．なぜなら，$ab \in I_1$ なら $h(a)h(b) \in I_2$ で，このイデアルが素だから $h(a) \in I_2$ または $h(b) \in I_2$ となり，したがって $a \in I_1$ または $b \in I_1$ となるので，I_1 は素イデアルである．

　K を体として，多項式環 $R := K[X_1, \ldots, X_n]$ を考える．$a_1, \ldots, a_n \in K$ として，$f(a_1, \ldots, a_n) = 0$ となる多項式 $f \in R$ の全体を考える．K が体であるので，それらは R の素イデアル I をなす．どの元 $g \in R$ も適当な $g_i \in R$ について $g(X) = a + \sum_i g_i(X)(X_i - a_i)$ と書けるので，$g(a_1, \ldots, a_n) = 0$ となるのは，$a = 0$ であるとき，かつそのときに限ることがわかる．したがって，I は多項式 $X_i - a_i$ で生成される．他方，I と $g(a_1, \ldots, a_n) \neq 0$ なる元 g を両方とも含むイデアルは，ある $a \neq 0$ を含まねばならず，K が体であるので 1 を含む．したがって，そのイデアルは環全体 R でなければならない．ゆえに，素イデアル I は極大である．とくに R/I は体であり，実際は基礎体 K である．

　たとえば整数全体 $\mathbb{Z}$ または体上の一変数多項式環 $K[X]$ といったユークリッド整域では，(0) 以外のすべての素イデアルは極大である．なぜなら，

I をユークリッド整域の非自明な素イデアルとすると, それはある (素元) p について pR の形であり, $a \notin I$ なら a と p の最大公約元は 1 である. したがって, 適当な $\alpha, \beta \in R$ について $\alpha a + \beta p = 1$ となり, ゆえに商 R/I での a の像は逆元を持つ. したがって, R/I は体である. ゆえに I は極大である.

しかしながら, 2 変数の多項式環 $K[X_1, X_2]$ には極大でない素イデアルが存在する. 実際, 既約多項式 X_1 で生成されるイデアル I は素である. (なぜなら, 体は自明に一意分解整域であるからだ.) それは二つの多項式 X_1 と X_2 で生成されるイデアルに含まれる. しかし, 後者のイデアルは定数を含まず, 環全体 $K[X_1, X_2]$ でない. ゆえに I は極大でない.

再び位相空間 X 上の連続関数の環 $C(X)$ を考えると, 任意の $p \in X$ について p で消える関数全体のなすイデアル I_p は素である. なぜなら, 積 fg が p で消えるなら, 少なくとも一方はそこで消えねばならないからである. 勝手な閉集合 $A \subset X$ に対して, A で消える関数のなすイデアル I_A は必ずしも素ではない. なぜなら, A は二つの閉集合 A_1, A_2 の非自明な合併で, どちらも A より小さいことがあり得る. すると A_1 で消えて, A 全体では消えない関数 f_1 がとれ, 同様に A_2 に対する関数 f_2 がとれる. すると, $f_1 f_2 \in I_A$ だが, どちらの因子も I_A には属さない.

環 R は, それがあるイデアル $J \neq R$ で他のすべてのイデアルを含むものが存在するとき, **局所的** (local) といわれる. 環 R と素イデアル I が与えられたとき, 次のように局所環 R_I を構成できる. 対 (a, b) $(a \in R, b \in R \setminus I)$ と

あ る $c \in R \setminus I$ が存在して $c(a_1 b_2 - a_2 b_1) = 0$ となるとき,
$$(a_1, b_1) \sim (a_2, b_2) \quad (5.4.2)$$

で定まる同一視を考える. (R が整域とは仮定されていないので, 真の零因子の存在を考慮する必要がある.) このような対に対して, 分数計算から馴染み深い演算を定める.

$$(a_1, b_1) + (a_2, b_2) = (a_1 b_2 + a_2 b_1, b_2 b_2) \quad (5.4.3)$$

$$(a_1, b_1)(a_2, b_2) = (a_1 a_2, b_1 b_2) \quad (5.4.4)$$

64 第5章 空間とはなにか？

これらの演算で対の同値全体は環をなす. それは素イデアル I の局所環 R_I といわれる. それが確かに局所的であることは, 次のようにしてわかる. 準同型 $i: R \to R_I$, $i(a) = (a, 1)$ が得られる. $i(a)$ が可逆であるのは, ちょうど $a \notin I$ のときである. R_I の各元は $b \notin I$ として $i(a)i(b)^{-1}$ の形である. 元 $i(a)i(b)^{-1}$ $(b \notin I)$ で $a \in I$ であるものはイデアル J をなし, J に属さない R_I の各元は逆元を持つので, このイデアル J はすべての他のイデアルを含まねばならない.

　$R = C(X)$, $p \in X$ で I_p が以前と同じく点 p で消える関数のなす素イデアルならば, 局所環 R_{I_p} は $g(p) \neq 0$ である対 (f, g) からなる. ゆえに, このような g はどこかで消えるかもしれないので, g による割り算は全域では可能でないにもかかわらず, 点 p の近くで局所的にはそれによる割り算が可能である. その意味で, 局所環 R_I はもとの環 R よりは体に近い. というのもイデアル I に属さないすべての元は可逆となるからである.

　この構成法をある種の双対のやり方で表現できる. 空でない集合 $S \subset R$ は, 0 を含まず, 積の下で閉じているとき, 乗法的とよばれる. 例としては, 冪零でない元 g について $S = \{g^n, \ n \in \mathbb{N}\}$ や, 素イデアル I について $S = R \setminus I$ がある. 乗法的集合 S に対して, R_S と記される分数環を構成できる. (これは残念ながら以前の R_I という記号を見ると, 混同しやすい記号である. なぜなら, イデアルは 0 を含むので乗法的でない.) これは対 (a, s) $(a \in R, \ s \in S)$ からなり,

ある $s \in S$ が存在して $s(a_1 s_2 - a_2 s_1) = 0$ となるとき,
$$(a_1, s_1) \sim (a_2, s_2) \quad (5.4.5)$$

と同一視をし, 分数の通常の演算を備える. 非冪零の一つの元 g についての $S = \{g^n, \ n \in \mathbb{N}\}$ に対しては単に R_g と記す. これは g の逆元を付け加えて得られる環である. R_g の素イデアルは, $a \in R$ を $(a, 1) = (ga, g) \in R_g$ に送る準同型の下, ちょうど R の素イデアルで g を含まないものに対応する.

　この構成から, すべての素イデアルに含まれる R の元はちょうど冪零元であることがわかる. 冪零元がすべての素イデアルに含まれることは明らかだから, 冪零でない元 $g \in R$ に対してそれが属さない素イデアルを見つけ

ることができることのみを確かめる必要がある. そのためには, 構成されたばかりの環 R_g を見てみる. ちょうど注意したとおり, 準同型 $R \to R_g$ は埋め込み $\mathrm{Spec}\, R_g \to \mathrm{Spec}\, R$ を誘導し, その像は R の素イデアルで g を含まないものから成り立つ.

言い換えると, すべての R の素イデアルの共通部分は冪零根基 $\mathrm{Rad}(0)$ に一致する. 同様に, g を含む素イデアル全部の共通部分は, ある $n \in \mathbb{N}$, $a \in R$ について $f^n = ga$ となる元 f で与えられる. これは前述の理由づけを環 $R/(g)$ に適用すればわかる.

5.4.2 環のスペクトル

定義 5.4.2 環 R の素イデアル全部の集合は環 R の**スペクトル** (spectrum) とよばれ, $\mathrm{Spec}\, R$ と記される.

R の部分集合 E について, $V(E)$ を E を含む素イデアルすべてからなる集合とし, $V(E)$ の形の集合を閉集合とする位相を $\mathrm{Spec}\, R$ に備える. もちろん, I を E が生成するイデアルとするとき, $V(E) = V(I)$ である. 次の明らかな性質から, $V(E)$ の形の集合全体は閉集合系の公理を満たす.

$$V\left(\bigcup_{\lambda \in \Lambda} E_\lambda \right) = \bigcap_{\lambda \in \Lambda} V(E_\lambda) \tag{5.4.6}$$

$$V(E_{12}) = V(E_1) \cup V(E_2) \tag{5.4.7}$$

ここで E_{12} は E_1 と E_2 で生成されるイデアルの共通部分として, Λ は勝手な添え字集合である. したがって, 閉集合の任意の共通部分および有限の合併は閉集合である. この位相は**スペクトル位相** (spectral topology) とよばれ, 以降 $\mathrm{Spec}\, R$ を位相空間と考える.

たとえば, 整数環 $\mathbb{Z}$ で, $m \in \mathbb{Z}$ をとるとき m を含む素イデアルとは, ちょうど m の素因数で生成される素イデアルである. 一般に, $\mathbb{Z}$ の部分集合 $\{m_1, m_2, \dots\}$ に対して, それを含む素イデアルは m_i すべてに共通の素因数により生成される素イデアルである. ゆえに, $\mathrm{Spec}\, \mathbb{Z}$ の閉集合は整数の集合の共通素因数で生成される素イデアルを含む. $\mathbb{Z}_q$ では, m が q と互

66 第5章 空間とはなにか？

いに素である，つまり最大公約数が1であるならば，m はどのようなイデアルにも含まれない．すなわち $V(\{m\}) = \emptyset$ である．対照的に，m と q が共通の素因数 $p_1, \ldots, p_k$ を選べば，m はその共通素因数で生成された素因数に含まれる．したがって，$\mathrm{Spec}\,\mathbb{Z}_q$ の閉集合は q といくつかの $< q$ である正整数との共通素因数を含む．

ただちに次の観察をすることができる．素イデアル $I \subset R$ について $E = I$ ととると，$V(I)$ が I を含む素イデアルすべてからなるので，$V(I) = \{I\}$ となるのはちょうど I が極大イデアルであるときである．ゆえに，素イデアル I が $\mathrm{Spec}\,R$ の閉集合であるのは，I が極大であるとき，かつそのときに限る．したがって，スペクトル位相に関して $\mathrm{Spec}\,R$ のすべての点が閉集合ではない．とくに，零イデアル (0) は（R が体でない限り）閉集合ではない．

すでに観察したとおり，環準同型の下での素イデアルの原像は素であるので，どの準同型 $h\colon R_1 \to R_2$ も写像

$$h^*\colon \mathrm{Spec}\,R_2 \to \mathrm{Spec}\,R_1 \tag{5.4.8}$$

を誘導する．常に

$$(h^*)^{-1}(V(E)) = V(h(E)) \tag{5.4.9}$$

が成り立つから，閉集合の原像は閉集合であり，したがって h^* は連続である．

整数全体 $\mathbb{Z}$ の例を見てみよう．$\mathrm{Spec}\,\mathbb{Z}$ はイデアル $p\mathbb{Z}$（p は素数）と (0) からなることを思い出そう．どの整数 $\neq 0$ も有限個の素イデアルに含まれるので，$\mathrm{Spec}\,\mathbb{Z}$ の閉集合は有限集合である．（そしてもちろん $\mathrm{Spec}\,\mathbb{Z}$ 自体も 0 で生成される．）したがって開集合は有限集合の補集合である．ゆえにどの二つの空でない開集合の共通部分も空でない．とくに，$\mathrm{Spec}\,\mathbb{Z}$ はハウスドルフ性を満たさず，実のところこれが環のスペクトル一般に特有である．実際，スペクトルの中に閉集合でない点も存在する．$\mathrm{Spec}\,R$ の点，すなわち R の素イデアル I の閉包は $V(I) = \bigcap_{E \subset I} V(E)$ である．ゆえに，そのイデアルが極大でなければ $V(I)$ は $\{I\}$ より大きく，したがって I は閉点でない．ゆえに，R が極大でない素イデアルを含めば，$\mathrm{Spec}\,R$ は閉でない

点を含む.

他方, 次が成り立つ.

補題 5.4.1 $\operatorname{Spec} R$ はコンパクトである.

証明 g を R の冪零でない元として (先に観察したとおり, 冪零元はちょうどすべての素イデアルに含まれる元である), 開集合

$$D(g) := \operatorname{Spec} R - V(g) \tag{5.4.10}$$

すなわち, g を含まない素イデアル全部を考察しよう. 実際,

$$D(g) = \operatorname{Spec} R_g \tag{5.4.11}$$

である. なぜなら, 上で見たとおり R_g のイデアルは g を含まない R のイデアルに対応するからである. さらに $\operatorname{Spec} R_f \cap \operatorname{Spec} R_g = \operatorname{Spec} R_{fg}$ (なぜなら, 素イデアルが (イデアルの) 積を含むのは, それがどちらか一つの因子を含むときだから) であり, $D(g)$ の集まりは有限個の共通部分をとることで閉じている. これらの開集合は開集合族の基底をなす. 実際, 開集合 $U = \operatorname{Spec} R - V(E)$ について, $U = \operatorname{Spec} R - V(E) = \operatorname{Spec} R - \bigcap_{g \in E} V(g) = \bigcup_{g \in E} \operatorname{Spec} R_g$ となる. したがってこのような集合 $D(g)$ による任意の被覆が有限の部分被覆を持つことを示せば十分である. そこで

$$\operatorname{Spec} R = \bigcup_\lambda D(g_\lambda) \tag{5.4.12}$$

とする. これは

$$\bigcap_\lambda V(g_\lambda) = V(J) = \emptyset \tag{5.4.13}$$

を意味する. ここで J は g_λ で生成されるイデアルとする. ゆえに, J を含む素イデアルは存在しないので, $J = R$ となる. その場合, $g_{\lambda_1}, \ldots, g_{\lambda_k}$ と元 $h_1, \ldots, h_k$ が存在して

$$g_{\lambda_1} h_1 + \cdots + g_{\lambda_k} h_k = 1 \tag{5.4.14}$$

が成り立つ. すなわち, $g_{\lambda_1}, \ldots, g_{\lambda_k}$ が生成するイデアルが R であり, したがって

68 第 5 章 空間とはなにか？

$$\operatorname{Spec} R = \bigcup_{i=1,\ldots,k} D(g_{\lambda_i}) \tag{5.4.15}$$

となり，有限の部分被覆が見つかった．   □

5.4.3 構造層

環 R に対する位相空間 $X = \operatorname{Spec} R$ の上に層 $\mathcal{O}$ を構成したい．この構成は，R が位相空間 Y 上の関数の環のときの $\operatorname{Spec} R$ 上の位相の定義に取り入れられた基本原理に基づく．基本集合は「（複数の）点」である．つまり，その「点」で消える関数から得られる（複数の）素イデアルである．このような「点」が閉集合であるのは，それがちょうど極大イデアルで与えられるとき，かつそのときに限る．ここで括弧を使っているのは，この構成により一般に下部の位相空間 Y の通常の点より多くの「点」を得るからである．まず，Y それ自体が「点」である．なぜなら，それは 0 で生成される素イデアル，つまり Y 全体で恒等的に消える関数に対応するからである．さらに（重要な技術的詳細は控えるが）Y が複素多様体または代数多様体のとき，正則関数の環を考えると，点以外の既約部分多様体が正則関数の素イデアルで与えられる．いまから括弧を外して，このより一般の意味で点について語ることにする．ゆえに，基本的な閉集合が極大イデアルに対応する点で与えられる一方，基本的な開集合はこのような点の補集合，つまりある関数 f がゼロでない極小の集合で与えられる．関数 f がゼロでなければ，それで割ることができて，商 $\frac{g}{f}$ を考えることができる．したがって，このような基本開集合上では，全空間 Y 上よりは多くの関数がある．これは複素多様体または代数多様体を見るとき，とりわけ重要になる．これらの多様体は，定数でない大域的な正則関数を持たない．しかしながら，開部分集合上では持つ．そこで，至るところ定義されているのではないが，いくつかの点の補集合上で定義される関数も考えるとき，空間をその上の正則関数から回復することのみが期待できる．異なる視点からは，有理型関数，すなわちいくらかの点の補集合で正則であり，それらの点では極を持つ関数を考察する．ゆえにこの視点からは，いくつかの適当な有理型関数は極を持たないような集合を開集合とする位相を扱うのが自然である．

さて，上記のアイデアをいままで展開してきた枠組みにおいて定式化しよう．最初に R が真の零因子を持たない，すなわち整域の特別な場合を考えてみる．K をその商体とする．開集合 $U \subset X$ に対して，$\mathcal{O}(U)$ を，各 $I \in U$，つまり U に属する素イデアルに対して $u = (a, b)$ $(a, b \in R)$ かつ $b \notin I$ と表せる $u \in K$ の集合とする．a, b を U 上の関数と考え，b は点 I で零でないことを示すために，これを示唆的に $b(I) \neq 0$ と書く．$\mathcal{O}$ が X 上の層を与えることをチェックするのは率直にできて（以下で，一般の場合に詳しく確かめる），これは**構造層** (structure sheaf) とよばれる．

$\mathcal{O}(\mathrm{Spec}\,R) = R$ である．これは次のようにしてわかる．$u \in \mathcal{O}(\mathrm{Spec}\,R)$ をとると，各 $I \in \mathrm{Spec}\,R$ に対して $a_I, b_I \in R$ であって

$$u = (a_I, b_I),\ b_I(I) \neq 0 \tag{5.4.16}$$

となるものが存在する．すべての b_I $(I \in \mathrm{Spec}\,R)$ で生成されるイデアル J は，R のどのような素イデアルにも含まれないので，$J = R$ である．したがって，上の補題 5.4.1 の証明で使われた理由づけにより，$I_1, \ldots, I_k$ と $h_1, \ldots, h_k \in R$ であって

$$b_{I_1} h_1 + \cdots + b_{I_k} h_k = 1 \tag{5.4.17}$$

なるものが見つかる．(5.4.16) により u は各 j に対して $u = (a_{I_j}, b_{I_j})$ と表されるので，この表示に $b_{I_j} h_j$ を掛け，j について和をとって，

$$u = a_{I_1} h_1 + \cdots + a_{I_k} h_k \in R \tag{5.4.18}$$

を得る，したがって，主張したとおり $\mathcal{O}(\mathrm{Spec}\,R) = R$ を得た．

さて，一般の場合に移って，(5.4.10), (5.4.11) を思い出して

$$\mathcal{O}(D(g)) = R_g \tag{5.4.19}$$

とおく．この背後にある考えは自然で単純である．R が位相空間 X 上の連続関数の環のとき，$f \in R$ について開集合 $D(f) = \{x \in X : f(x) \neq 0\}$ を考えると，この開集合上で定義された逆 $\frac{1}{f}$ があり，$D(f)$ 上でこの逆を R に添加できて，$D(f)$ 上の連続関数の環 R_f を得る．

$D(f) \subset D(g)$ ならば，f を含まない素イデアルは g も含まないので，5.4.1

70 第 5 章　空間とはなにか？

節の終わりで観察したとおり，適当な f の冪が g の倍元である．それゆえ局所化の写像 $R_g \to R_{gf} = R_f$ として制限写像 $p_{D(g)D(f)}$ を定義することができる．

補題 5.4.2　補題 5.4.1 と同様に，$D(g)$ を開集合 $D(g_\lambda)$ で被覆する．すると，$h, k \in R_g$ が各 R_{g_λ} において等しいならば，それらは等しい．

　逆に各 λ で $h_\lambda \in R_{g_\lambda}$ であって，どの λ, μ に対しても h_λ と h_μ の $R_{g_\lambda g_\mu}$ での像が等しいものが与えられたならば，$h \in R_g$ であって，すべての λ についてその R_{g_λ} での像が h_λ に等しいものが存在する．

証明　最初に $g = 1$ の場合を考える．すると $R_g = R$, $D(g) = \mathrm{Spec}\,R =: X$ である．

　もし $h, k \in R_g$ が各 R_{g_λ} において等しいならば，適当な冪 N について $(g_\lambda)^N (h - k) = 0$ である．補題 5.4.1 のコンパクト性により被覆は有限としてよいので，$h - k$ は g_{λ_i} $(i = 1, \ldots, k)$ の積のある冪を掛けることで消える．これらの元で生成されるイデアルは環全体だから，R において $h = k$ となる．

　2 番めの部分についてだが，$R_{g_\lambda g_\mu}$ において $h_\lambda = h_\mu$ であるならば，十分大きな N について $(g_\lambda g_\mu)^N h_\lambda = (g_\lambda g_\mu)^N h_\mu$ となる．再び補題 5.4.1 のコンパクト性により，すべての λ, μ について同じ N をとれる．前と同様に，g_λ たち，そして $(g_\lambda)^N$ たちは環全体 R を生成する．つまり

$$1 = \sum_\lambda f_\lambda (g_\lambda)^N \quad (f_\lambda \in R) \tag{5.4.20}$$

となる．さて

$$h = \sum_\lambda f_\lambda (g_\lambda)^N h_\lambda \tag{5.4.21}$$

とおくと，各 μ について

$$(g_\mu)^N h = \sum_\lambda (g_\mu)^N f_\lambda (g_\lambda)^N h_\lambda = \sum_\lambda (g_\mu)^N f_\lambda (g_\lambda)^N h_\mu$$

$$= (g_\mu)^N \Big(\sum_\lambda f_\lambda (g_\lambda)^N \Big) h_\mu = (g_\mu)^N h_\mu$$

となる．これは h が各 $D(g_\lambda)$ 上で h_μ と等しいことを意味する．

一般の g の場合は上記の場合を $X' := D(g)$, $R' := R_g$, $g'_\lambda := gg_\lambda$ に適用
して得られる.　　　　　　　　　　　　　　　　　　　　　　　　　　□

補題 5.4.2 は (5.4.19) の層の性質を $\mathrm{Spec}\, R$ のある開被覆に関して確かめ
ている. これが一般の場合に層の性質を導くことを確かめるのは難しくない
(が, 簡単のためここでは略す).

定義 5.4.3　(5.4.19) で与えられる層は $\mathrm{Spec}\, R$ の**構造層** (structure sheaf)
とよばれる.

5.4.4　スキーム

定義 5.4.4　**アフィンスキーム** (affine scheme) $(X, \mathcal{O})$ とは, 単位元を持つ
可換環 R のスペクトル $X = \mathrm{Spec}\, R$ で, その位相と上で構成された構造層
$\mathcal{O}$ を備えたもののことをいう.

すると, 環 R は $R = \mathcal{O}(X)$ で与えられる. アフィンスキームは次の性質
で特徴づけられる. その基にある考えももう一度思い出しておこう.

1. 点 $x \in X$ に対して茎 $\mathcal{O}_x$ は局所環である. つまり, それは他のすべて
   のイデアルを含むただ一つのイデアルを持つ. ここで, 茎は (x に対応
   する素イデアルに含まれないという意味で) x で消えない R のすべて
   の元で割ることにより得られる. そして問題の極大イデアル J_x は x で
   消えない元の全体として与えられる. このイデアルは他のすべてのイデ
   アルを含む. なぜなら, J_x に入らない元は茎 $\mathcal{O}_x$ の中でその構成によ
   り可逆である.
2. 開集合は適当な非自明な元で割ることで環 R を拡大して得られる. よ
   り詳しくいうと, $f \in R$ を冪零でない元として, 開集合 U_f を

$$\mathcal{O}(U_f) = R[f^{-1}] \tag{5.4.22}$$

   となるように定める. つまり U_f は f が茎 $\mathcal{O}_x$ の単元に写るような点
   $x \in X$ の集合である. 繰り返すと, アイデアは f の逆がとれる点の集
   合として f から開集合 U_f を得ることである. このようにして, X の

72　第5章　空間とはなにか？

位相を環 R の代数的構造から得る.

3. 茎 $\mathcal{O}_x$ と極大イデアル J_x から，$\mathcal{O}(X)$ のイデアルを原像としてイデアルを得る．繰り返しとなるが，アイデアは点 x に x で可逆でない関数のなすイデアルを対応させることである．$x \in X$ にこのイデアルを対応させて，写像

$$X \to \operatorname{Spec} \mathcal{O}(X) \tag{5.4.23}$$

が得られる．アフィンスキームに対しては，これは位相空間の同相写像である．

定義 5.4.5　スキーム (scheme) X は，（混乱の恐れがないとき）$|X|$ と記される位相空間に環の層 $\mathcal{O}$ を備えたもので，$|X|$ は次の形の開集合 U_α で覆われる．

$$環 R_\alpha について U_\alpha \cong |\operatorname{Spec} R_\alpha| かつ \mathcal{O}|_{U_\alpha} \cong \mathcal{O}_{\operatorname{Spec} R_\alpha} \tag{5.4.24}$$

ここで左の $\cong$ は同相，右のは層の同型を意味する．

この条件が成り立つとき，$(|X|, \mathcal{O})$ を局所的にアフィン (locally affine) ともいう．

さて基本的な例を考えよう．K を代数閉体とする．K 上のアフィン n 次元空間が次のように

$$\mathcal{A}^n_K := \operatorname{Spec} K[x_1, \ldots, x_n] \tag{5.4.25}$$

つまり，K 上の n 変数多項式環のスペクトルとして定義される．K が代数閉体なので，ヒルベルトの零点定理により，多項式環 $K[x_1, \ldots, x_n]$ の極大イデアルによる商は K 自身である．したがって，極大イデアルは次の形である．

$$J = (x_1 - \xi_1, \ldots, x_n - \xi_n) \quad (\xi_1, \ldots, \xi_n \in K) \tag{5.4.26}$$

ゆえに，極大イデアル，つまり，スキーム $\mathcal{A}^n_K$ の閉点は K の元の n 個組 $(\xi_1, \ldots, \xi_n)$ と同一視できる．既約多項式 $f(x_1, \ldots, x_n) \in K[x_1, \ldots, x_n]$ は素イデアルを生成して，だから閉とは限らない他の点を与える．このよう

な点の閉包は $f(\xi_1, \ldots, \xi_n) = 0$ となる $(\xi_1, \ldots, \xi_n)$ をすべて含む．したがって，このような点は K^n の既約部分多様体 Σ_f に対応する．そして，その閉包は，それに含まれる閉点に加えて，Σ_f の既約部分多様体に対応する点を含む．そのような部分多様体は f に加えて他の既約多項式の同時零点集合として得られる．とくに，零イデアル (0) に対応する点は，その閉包に閉点 $(\xi_1, \ldots, \xi_n) \in K^n$ をすべて含んだ K^n の既約部分多様体に対応する点をすべて含む．

第6章　関係のなす空間

6.1　関係と単体複体

　本章では，いままでの筋道を組み合わせよう．3.2 節では，互いの関係を表す元からなるものとしてのグラフを，元を同一視する関係としてのグラフと対比させた．第 5 章では，空間を点からなるもの，あるいはより一般に，そのような空間の元と見なせる点状の対象からなるものと考えた．他方で，5.1 節の終わりで，単純な局所的断片を集めたものとして空間の概念を扱う可能性が示唆された．ここでは，その示唆を取り上げ，空間を構成するものとしての関係の枠組みに翻訳する．同時に，本章は代数的トポロジーの基礎概念への導入も行う．層を定義し解析するものとしてコホモロジー理論を導入した第 4 章とは対照的に，ここではホモロジー理論から出発する．

　3.1 節で導入された単体複体の概念を復習する必要がある．有限集合[1] V を考え，その元を v や v_0, v_1, v_2, $\ldots$ と記そう．有限個の元の組が関係 $r(v_0, v_1, \ldots, v_q)$ にあると仮定する．このような関係の中の元 $v_0, \ldots, v_q$ は互いに異なると仮定する．組 $(v_0, v_1, \ldots, v_q)$ は順序づけられていると考える．順序は置換のパリティ（偶奇性）のみに関係する．ゆえに，$(0, \ldots, q)$ のどのような**偶置換** $(i_0, \ldots, i_q)$ に対しても $(v_0, v_1, \ldots, v_q) = (v_{i_0}, \ldots, v_{i_q})$ である一方，**奇置換**に対しては $(v_0, v_1, \ldots, v_q) = -(v_{i_0}, \ldots, v_{i_q})$ とおく．言い換えると，奇置換をこのような組の向きの変更と考えることができる．

---

[1]　有限性の仮定は，ここでは技術的な複雑化と本章の本質的なアイデアに関係しない付加的な技術的仮定をする必要を避けるためにおいた．

76 第 6 章 関係のなす空間

これは以下で重要な見方となる．単純にいうと，向きの変化はマイナスの符号をもたらすというルールである．これが適当な打ち消し合いを許すことになり，（コ）ホモロジー理論の基礎に位置する．とくに，この符号の規約は

$$\text{ある } i \neq j \text{ について } v_i = v_j \text{ ならば } (v_0, v_1, \ldots, v_q) = 0 \tag{6.1.1}$$

を意味する．すなわち，組の二つの成分が同じならば，その組は消える．これは便利な規約である．

r が集合または空間 R（はっきりとはしないが）に値をとるとする．関係がないときは，ある形式的な元 $o \in R$ について $r(v_0, \ldots, v_q) = o$ と書く．

規約 $r(\emptyset) = o$ を使う．

さて，$r(v_0, v_1, \ldots, v_q) \neq o$ iff $r(-(v_0, v_1, \ldots, v_q)) \neq o$ と仮定する．関係があるかどうかは，組の向きに依存しない．3.1 節から復習しよう．このような関係構造は次の性質が成り立つとき，単体複体 Σ を定める．

(i)
$$r(v) \neq o \tag{6.1.2}$$

すなわち，各元はそれ自身と特別な関係にはない．

(ii) $r(v_0, \ldots, v_q) \neq o$ ならばどのような（異なる）$i_1, \ldots, i_p \in \{0, \ldots, q\}$

$$\text{についても } r(v_{i_1}, \ldots, v_{i_p}) \neq o \tag{6.1.3}$$

すなわち，ある元の組が非自明な関係にあるとき，その組のどの空でない部分集合についても非自明な関係がある．

単体複体 Σ は $r(v_0, \ldots, v_q) \neq o$ である元の集まりに対して q 次元単体 σ_q を対応させることにより視覚化される．$|\sigma_q| := q$ とおき，次元 (dimension) とよぶ．

置換の偶奇性を除く順序づけを考慮にいれると，このような単体ごとに向きを得る．規約 (6.1.1) は退化した単体，つまりすべての頂点が異なるわけではない単体を消去する．

しかしながら以下では，単体複体を向きのついていない単体，つまり $r(v_0, v_1, \ldots, v_q) \neq o$ である組 $(v_0, \ldots, v_q)$ の集まりを伴った**幾何学的対象**

と見なす．ここで，単体の頂点のどの置換も向きのついていない同一の単体を与えていると考える．これは**幾何学的実現** (geometric realization) と見ることができる．たとえば，集合 S への写像 $\Sigma \to S$ について話すとき，Σ の各単体（向きはついていない）に S の元を割り当てる意味になる．それでも，単体の向きは**代数的計算**において決定的役割を果たす．

定義 6.1.1 $r(v_0, \ldots, v_q) \neq o$ かつ $\{v_{i_0}, \ldots, v_{i_p}\} \subset \{v_0, \ldots, v_q\}$ であるとき，$(v_{i_0}, \ldots, v_{i_p})$ は $(v_0, \ldots, v_q)$ の部分単体であるという．$p = q - 1$ のとき，$(v_0, \ldots, v_q)$ の**面** (face) ともいう．

単体複体の次元は，その単体の次元の中の最大の値と定義する．

単体複体の圏 **Simp** を考えるためには，その射を定義する必要がある．

定義 6.1.2 単体複体の間の**単体写像** (simplicial map) $s: \Sigma_1 \to \Sigma_2$ は，Σ_1 の各頂点 v を Σ_2 の頂点 $s(v)$ に写し，Σ_1 の各単体 $(v_0, \ldots, v_q)$ を像 $s(v_i)$ $(i = 0, \ldots, q)$ で張られる Σ_2 の単体に写すものである．

q 単体 σ_q の頂点の集合上で s が単射でないとき，その像 $s(\sigma_q)$ は次元が q より小さいものになる．

6.2 単体複体のホモロジー

さて，単体複体のホモロジーの紹介をしよう．参考文献は [47, 87, 104, 108] である．

G をアーベル群とする．q **チェイン** (chain) とは形式的線形結合

$$c_q = \sum_{i=1}^{m} g_i \sigma_q^i \tag{6.2.1}$$

のことである．ここで g_i は G の元，σ_q^i は Σ の q 単体である．q チェインの全体は G の群演算を利用して群 $C_q = C_q(\Sigma, G)$ をなす．

$$\sum_{i=1}^{m} g_i \sigma_q^i + \sum_{i=1}^{m} g_i' \sigma_q^i = \sum_{i=1}^{m} (g_i + g_i') \sigma_q^i \tag{6.2.2}$$

78 第 6 章 関係のなす空間

ここで最後の表示の + の記号は G の群演算を表し，一方 $\sum$ で表される加法は形式和である．読者がこれら二つの演算を混同しないことを望む．

Σ が q 単体をまったく含まないようなどの q についても，もちろん $C_q(\Sigma, G) = 0$（自明な群）とおく．注意すべきこととして，群 C_q 内での $\sum_{i=1}^{m} g_i \sigma_q^i$ の逆は，$\sum_{i=1}^{m} -g_i \sigma_q^i$，すなわち G 内で g_i の逆をとる，あるいは同値なことだが，$\sum_{i=1}^{m} g_i(-\sigma_q^i)$ とも書ける．つまり，すべての単体に逆の向きを与えたものである．

定義 6.2.1 単体複体 Σ に対して，α_q を向きのついていない q 単体の個数とする．このとき，**オイラー標数** (Euler characteristic) とは次の数である．

$$\chi(\Sigma) := \sum_q (-1)^q \alpha_q \tag{6.2.3}$$

実際，α_q は $\mathbb{Z}$ 係数の q チェインの群 $C_q(\Sigma, \mathbb{Z})$ の群としての階数である[2]．

定義 6.2.2 向きのついた q 単体 $\sigma_q = (v_0, v_1, \ldots, v_q)$ の**バウンダリー** (boundary) は次の $(q-1)$ チェイン

$$\partial \sigma_q := \sum_{i=0}^{q} (-1)^i (v_0, \ldots, \hat{v}_i, \ldots, v_q) \quad (q > 0) \tag{6.2.4}$$

であり，0 チェインに対してはもちろん $\partial \sigma_0 = 0$ とおく．ここで $\hat{v}_i$ は頂点 v_i が除かれたことを意味する．

q チェイン $c_q = \sum_{i=1}^{m} g_i \sigma_q^i$ のバウンダリーは，線形性により，

$$\partial c_q := \sum_{i=1}^{m} g_i \partial \sigma_q^i \tag{6.2.5}$$

である．∂ が q チェインに作用することを強調したいときは，∂_q と書こう．

図 6.1 では，$\sigma_2 = (\sigma_0^1, \sigma_0^2, \sigma_0^3)$, $\sigma_1^1 = (\sigma_0^1, \sigma_0^2)$, $\sigma_1^2 = (\sigma_0^2, \sigma_0^3)$, $\sigma_1^3 = (\sigma_0^3, \sigma_0^1) = -(\sigma_0^1, \sigma_0^3)$ であり，したがって次を得る．

---

[2] これは単に $C_q(\Sigma, \mathbb{Z})$ が $\mathbb{Z}^{\alpha_q}$，つまり $\mathbb{Z}$ の α_q 個の直積に同型であることを意味する．実のところ，$\mathbb{Z}$ はアーベル群だから，積の代わりに和というべきで，$\mathbb{Z}^{\alpha_q} = \mathbb{Z} \oplus \cdots \oplus \mathbb{Z}$（$\alpha_q$ 個）と書くべきである．

6.2 単体複体のホモロジー

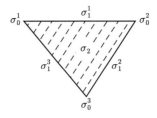

図 6.1 説明については本文を参照のこと.

$$\partial \sigma_2 = \sigma_1^1 + \sigma_1^2 + \sigma_1^3$$
$$\partial \sigma_1^1 = \sigma_0^2 - \sigma_0^1$$
$$\mathrm{Ker}\,\partial_2 = 0$$
$$\mathrm{Ker}\,\partial_1 = [\sigma_1^1 + \sigma_1^2 + \sigma_1^3]$$
$$\mathrm{Ker}\,\partial_0 = [\sigma_0^1, \sigma_0^2, \sigma_0^3]$$
$$\mathrm{Im}\,\partial_2 = \mathrm{Ker}\,\partial_1$$
$$\mathrm{Im}\,\partial_1 = [\sigma_0^1 - \sigma_0^2, \sigma_0^2 - \sigma_0^3]$$
$$b_2 = 0 = b_1,\ b_0 = 1 \quad \text{したがって } \chi = 1$$

(ベッチ数 b_q の定義については,下記の定義 6.2.5 を参照.またそのオイラー標数 χ との関係については定理 6.2.3 を参照.)

定義 6.2.3 q チェイン c_q が**閉じている** (closed),または同値だが**サイクル** (cycle) であるとは,次が満たされることをいう.

$$\partial_q c_q = 0 \tag{6.2.6}$$

q チェイン c_q は,次を満たす $(q+1)$ チェイン γ_{q+1} が存在するとき**バウンダリー** (boundary) という.

$$\partial_{q+1} \gamma_{q+1} = c_q \tag{6.2.7}$$

ゆえに,閉じたチェインは ∂_q の核 $\mathrm{Ker}\,\partial_q$ で,バウンダリーは ∂_{q+1} の像

80 第 6 章 関係のなす空間

$\operatorname{Im} \partial_{q+1}$ で与えられる. とくに, 両方とも C_q の部分群を与える.

図 6.2 で単体 σ_2 がなかったら, 次元 2 での寄与はなくて代わりに

$$b_1 = 1, \ b_0 = 1 \ \text{となり, したがって } \chi = 0 \quad \text{(定理 6.2.3 参照)}.$$

ゆえに, σ_2 が欠けると, $[\sigma_1^1 + \sigma_1^2 + \sigma_1^3]$ はもはやバウンダリーではなく, したがって 1 次元ホモロジーへ寄与する. とくに, これはオイラー標数を変える.

定理 6.2.1

$$\partial_{q-1}\partial_q = 0 \quad (\forall q) \tag{6.2.8}$$

この基本関係式を通常は次のように略す.

$$\partial^2 = 0 \tag{6.2.9}$$

証明 (6.2.5) のおかげで, 向きのついた任意の q 単体に対して次を示せば十分である.

$$\partial\partial\sigma_q = 0 \tag{6.2.10}$$

$s < 0$ について $C_s = 0$ だから, $q \geq 2$ の場合のみ考えればよい. $\sigma_q = (v_0, \ldots, v_q)$ に対して,

$$\begin{aligned}
\partial\partial\sigma_q &= \partial \sum_{i=0}^{q} (-1)^i (v_0, \ldots, \hat{v}_i, \ldots, v_q) \\
&= \sum_{i=0}^{q} (-1)^i \partial(v_0, \ldots, \hat{v}_i, \ldots, v_q) \\
&= \sum_{i=0}^{q} (-1)^i \left(\sum_{j=1}^{i-1} (-1)^j (v_0, \ldots, \hat{v}_j, \ldots, \hat{v}_i, \ldots, v_q) \right. \\
&\qquad \left. + \sum_{j=i+1}^{q} (-1)^{j-1} (v_0, \ldots, \hat{v}_i, \ldots, \hat{v}_j, \ldots, v_q) \right)
\end{aligned}$$

$$= \sum_{j<i} (-1)^{i+j}(v_0,\ldots,\hat{v}_j,\ldots,\hat{v}_i,\ldots,v_q)$$
$$+ \sum_{j>i} (-1)^{i+j-1}(v_0,\ldots,\hat{v}_i,\ldots,\hat{v}_j,\ldots,v_q)$$

となり，最後の和で i と j を入れ替えれば結果を得る． $\qquad\square$

系 6.2.1 $\operatorname{Im}\partial_{q+1}$ は $\operatorname{Ker}\partial_q$ の部分群で，G がアーベル群のなのでそれは正規部分群である．

これにより商群を作れて，次の定義を述べられる．

定義 6.2.4 商群

$$H_q(\Sigma, G) := \operatorname{Ker}\partial_q / \operatorname{Im}\partial_{q+1} \tag{6.2.11}$$

は単体複体 Σ の（G に係数を持つ）q 次ホモロジー群 (homology group) とよばれる．

注意 q 単体 $\sigma_q = (v_0,\ldots,v_q)$ のバウンダリー $\partial\sigma_q$ をとること（q 単体を $(q-1)$ 単体のある組み合わせに写す働き）の代わりに，次で定義されるオーグメンテーション (augmentation) を考えることもできる．

$$\alpha_q(v_0,\ldots,v_q) = \sum_v (v,v_0,\ldots,v_q) \tag{6.2.12}$$

ここで和は $(v,v_0,\ldots,v_q)$ が Σ の $(q+1)$ 単体であるようなすべての v についてわたる．すると

$$\alpha_{q+1}\alpha_q = 0 \tag{6.2.13}$$

あるいはより簡潔に $\alpha^2 = 0$ が成り立つ．なぜなら，

$$\alpha_{q+1}\alpha_q(v_0,\ldots,v_q) = \sum_w \sum_v (w,v,v_0,\ldots,v_q)$$

であり，最初の和は $(w,v,v_0,\ldots,v_q)$ が $(q+2)$ 単体であるようなすべての w についてわたり，

$$= 0$$

82 第6章 関係のなす空間

となる．なぜなら，$(w, v, v_0, \ldots, v_q)$ が Σ の単体であるとき，$(v, w, v_0, \ldots, v_q) = -(w, v, v_0, \ldots, v_q)$ であり，二重和の項は対をなして相殺する．

ゆえに，オーグメンテーションについては，バウンダリー ∂ よりも，二乗が消えることの証明はより簡単ですらある．そして二乗が消えることが以下の考察にとって基礎的な要素なので，∂ を使う理論と同値なものを得ることは α を使ってもできる．しかしながら，$\partial\sigma = 0$ の意味するところの幾何的解釈は $\alpha\sigma = 0$ よりおそらくいくぶん簡単であり，そこで作用素 ∂ に対する理論を展開する．しかしながら，読者は練習問題としてオーグメンテーション作用素 α についての考察を遂行するとよい．だがいまは ∂ に戻るとしよう．

サイクル σ_q に対して，$H_q(\Sigma, G)$ の元としての同値類を $[\sigma_q] = [\sigma_q]_\Sigma$ と記す．

定理 6.2.2 $H_q(\,.\,, G)$ は単体複体の圏 **Simp** からアーベル群の圏 **Ab** への共変関手である．

証明 単体写像 $s\colon \Sigma_1 \to \Sigma_2$ が群準同型写像 $H_q(s)\colon H_q(\Sigma_1, G) \to H_q(\Sigma_2, G)$ を誘導し，合成に関する適当な性質を持つことを示さねばならない．実際，このような準同型を得ることは，次の補題の内容である．残りの証明は自明である． $\square$

補題 6.2.1 チェインに誘導される写像 $C_q(s)\colon C_q(\Sigma_1, G) \to C_q(\Sigma_2, G)$ はバウンダリー作用素と交換する．すなわち次の図式は可換である．

$$
\begin{array}{ccc}
C_q(\Sigma_1, G) & \xrightarrow{\ C_q(s)\ } & C_q(\Sigma_2, G) \\
{\scriptstyle\partial}\big\downarrow & & \big\downarrow{\scriptstyle\partial} \\
C_{q-1}(\Sigma_1, G) & \xrightarrow{\ C_{q-1}(s)\ } & C_{q-1}(\Sigma_2, G)
\end{array}
\tag{6.2.14}
$$

これから商に移行して写像 $H_q(s)$ を得ることができる．

証明 すべての q 単体 $\sigma_q = (v_0, \ldots, v_q)$ について次を示さねばならない．

$$\partial C_q(s)(\sigma_q) = C_{q-1}(s)(\partial \sigma_q) \tag{6.2.15}$$

像 $s(v_i)$ のすべてが異なれば，これは明らかである．二つの像が等しいとき，一般性を失うことなく $s(v_0) = s(v_1)$ としてよいが，$C_q(s)(\sigma_q) = 0$ であり，よって $\partial C_q(s)(\sigma_q) = 0$ である．一方，$\partial \sigma_q = (v_1, v_2, \ldots, v_q) - (v_0, v_2, \ldots, v_q) + \sum_{i=2}^{q}(v_0, v_1, \ldots, \hat{v}_i, \ldots, v_q)$ であるから，最初の2項は $C_{q-1}(s)$ の下で同じ像を持ち，他の項は0に写像される．したがって，この場合 $C_{q-1}(s)(\partial \sigma_q) = 0$ となる．

ゆえに，閉じたチェインは閉じたチェインに写り，バウンダリーはバウンダリーに写る．そしてホモロジー群に誘導された写像を得る． □

$G = \mathbb{Z}$ の場合を考える．$\mathbb{Z}$ は有限生成アーベル群で Σ が有限個のみ単体を含むので，$C_q(\Sigma, \mathbb{Z})$ もそうで，したがって $H_q(\Sigma, \mathbb{Z})$ も有限生成アーベル群である．有限生成アーベル群の分類によれば，

$$H_q(\Sigma, \mathbb{Z}) \cong \mathbb{Z}^{b_q} \oplus \mathbb{Z}_{t_q^1} \oplus \cdots \oplus \mathbb{Z}_{t_q^{r_q}} \tag{6.2.16}$$

つまり b_q 個の $\mathbb{Z}$ のコピーと r_q 個の有限巡回群の直和である．実は，**ねじれ係数** (torsion coefficient) t_q^i を，t_q^i が t_q^{i+1} $(i = 1, \ldots, r_q - 1)$ を割り切るように調整することができる．

定義 6.2.5 $b_q = b_q(\Sigma)$ は Σ の**ベッチ数** (Betti number) とよばれる．

以下で次の重要な定理を議論する．

定理 6.2.3

$$\chi(\Sigma) = \sum_q (-1)^q b_q(\Sigma) \tag{6.2.17}$$

証明 この結果は系 6.2.5 または系 6.3.1 から従う．系 6.3.3 も参照． □

図 6.1 の議論で，2次元単体 σ_2 のベッチ数を計算した．内部を取り除くと，バウンダリー $\partial \sigma_2$ を得る．

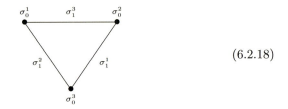

(6.2.18)

この単体複体については，$\mathrm{Im}\,\partial_2 = 0$ であり，したがってベッチ数

$$b_1 = 1, \ b_0 = 1 \ \text{したがって} \ \chi = b_1 - b_0 = 0 \tag{6.2.19}$$

を (6.2.17) のオイラー標数について得る．

実際，これは他の次元にも拡張する．

補題 6.2.2 q 次元単体 σ_q について，次が成り立つ．

$$b_p = 0 \ (p > 0) \ \text{かつ} \ b_0 = 1 \ \text{したがって} \ \chi = 1 \tag{6.2.20}$$

その境界 $\partial\sigma_q$，すなわち次元が $< q$ のすべての単体 σ_p からなる $(q-1)$ 次元単体複体について

$$b_{q-1} = 1 = b_0, \quad b_p = 0 \ (\text{その他の } p) \tag{6.2.21}$$

であり，したがって次を得る．

$$\chi(\partial\sigma_q) = \begin{cases} 0 & (q \ \text{が偶数}) \\ 2 & (q \ \text{が奇数}) \end{cases} \tag{6.2.22}$$

証明はもちろんそれほど難しくはないが，少し長いので略す．

H_q は C_q の商群だから，典型的には b_q は自由アーベル群 $C_q(\Sigma, \mathbb{Z})$ の階数である α_q よりずっと小さい．ゆえに，オイラー標数の計算で相殺が起こる．以下で詳しく見るように，この相殺は Σ のホモロジーにコード化される．

そこに行く前に，さらに技術的な準備が必要である．とくに，前の構成法を次のやり方で一般化する必要がある．

定義 6.2.6 Δ を単体複体 Σ の部分単体とする. $C_q(\Delta, G) \subset C_q(\Sigma, G)$ であるから, 商群 $C_q(\Sigma, \Delta; G) := C_q(\Sigma, G)/C_q(\Delta, G)$ が作れて, バウンダリー作用素 ∂_q が $C_q(\Delta)$ を $C_{q-1}(\Delta)$ に写す (部分複体が Δ に含まれていれば, その境界もやはり含まれている) ので, 誘導された作用素

$$\partial_q^{rel} : C_q(\Sigma, \Delta; G) \to C_{q-1}(\Sigma, \Delta; G) \tag{6.2.23}$$

を得て, 相対バウンダリー作用素とよばれる. 商群

$$H_q(\Sigma, \Delta; G) := \operatorname{Ker} \partial_q^{rel} / \operatorname{Im} \partial_{q+1}^{rel} \tag{6.2.24}$$

は (係数をアーベル群 G に持つ) Σ の Δ に関する q 次の**相対ホモロジー群** (relative homology group) とよばれ, ((6.2.16) におけるように) その次元を b_q^{rel} と記す.

$\operatorname{Ker} \partial_q^{rel}$ の元は (相対) サイクルとよばれ, $\operatorname{Im} \partial_{q+1}^{rel}$ の元は (相対) バウンダリーとよばれる. サイクル c_q に対して, $H_q(\Sigma, \Delta; G)$ の元としてのその同値類を $[c_q]_{(\Sigma, \Delta)}$ と記す.

ここで, 部分複体 Δ はないか, 取り去られたと考えるべきである. Δ に写るものは何でも消え去る.

後の 6.3 節で考察する単体複体の対は, 交換パターンの定義にあるような対 (P_0, P_1) の形をしている. 本節と次節の図において, 単体的対を (Σ, Δ) の代わりに (Σ_0, Σ_1) と記す. 図 6.2 では (記法に関して図 6.1 を参照),

$$\Sigma_0 = \Sigma$$
$$\Sigma_1 = \Sigma \setminus \sigma_2$$
$$\operatorname{Ker} \partial_2^{rel} = [\sigma_2]$$
$$\partial_1^{rel} = \partial_0^{rel} = 0$$
$$b_2^{rel} = 1, \quad b_1^{rel} = 0 = b_0^{rel}$$
$$\operatorname{Ker} \partial_1^{\Sigma_1} = [\sigma_1^1 + \sigma_1^2 + \sigma_1^3]$$
$$b_1(\Sigma_1) = 1, \quad b_0(\Sigma_1) = 1$$

図 6.2 説明については本文を参照のこと．

補題 6.2.3 写像

$$j_*: H_q(\Sigma) \to H_q(\Sigma, \Delta)$$
$$[c_q]_\Sigma \mapsto [c_q]_{(\Sigma,\Delta)} \tag{6.2.25}$$

と

$$\partial_*: H_q(\Sigma, \Delta) \to H_{q-1}(\Delta)$$
$$[c_q]_{(\Sigma,\Delta)} \mapsto [c_q]_\Delta \tag{6.2.26}$$

は整合的に定義されている．

証明 Σ におけるバウンダリーは相対バウンダリーでもあるので，j_* は整合的に定義されている．c_q が相対 q サイクルならば，$\partial c_q \subset \Delta$ であり，$\partial \partial c_q = 0$ なので，それは Δ のサイクルである．（とはいえ，c_q は Δ に含まれていると仮定されていないので，それは Δ におけるバウンダリーとは必ずしもいえない．） □

定理 6.2.4 対 (Σ, Δ) のホモロジー列

$$\cdots \xrightarrow{j_*} H_{q+1}(\Sigma, \Delta) \xrightarrow{\partial_*} H_q(\Delta) \xrightarrow{i_*} H_q(\Sigma) \tag{6.2.27}$$
$$\xrightarrow{j_*} H_q(\Sigma, \Delta) \xrightarrow{\partial_*} \cdots$$

は，列の各写像の核が一つ前の写像の像と一致するという意味で完全である．（ここで，i_* は包含写像 $i: \Delta \to \Sigma$ により誘導された写像 $H_q(i)$ で，j_*，∂_* は補題 6.2.3 で定義されたものである．）

ホモロジー列を言葉で記述してみよう．Δ に境界がある $(q+1)$ チェイン

で代表される相対ホモロジー類はその境界のホモロジー類に写される. (その境界は $\partial^2 = 0$ だから閉じているが, 構成により Σ におけるチェインのバウンダリーである一方, Δ におけるチェインのバウンダリーとは限らない. ゆえにそれは Δ の q 次ホモロジーの非自明な元を代表する.) 次に, Δ のホモロジー類は包含写像 $i: \Delta \to \Sigma$ の下, Σ のホモロジー類になる. 最後に, Σ のホモロジー類は明らかに Δ に相対的なホモロジー類でもある. これらの観察から, 列のどの隣同士の二つの写像の合成も 0 である. すなわち, どの写像の像も次の写像の核に含まれる. さて, これを形式的に確かめ, 残りの細部をチェックしよう.

証明　次の三つの関係を示す必要がある.

$$\mathrm{Ker}(i_*: H_q(\Delta) \to H_q(\Sigma)) = \mathrm{Im}(\partial_*: H_{q+1}(\Sigma, \Delta) \to H_q(\Delta))$$
(6.2.28)

$$\mathrm{Ker}(j_*: H_q(\Sigma) \to H_q(\Sigma, \Delta)) = \mathrm{Im}(i_*: H_q(\Delta) \to H_q(\Sigma)) \quad (6.2.29)$$

$$\mathrm{Ker}(\partial_*: H_q(\Sigma, \Delta) \to H_{q-1}(\Delta))) = \mathrm{Im}(j_*: H_q(\Sigma) \to H_q(\Sigma, \Delta)) \quad (6.2.30)$$

$(6.2.28)$：$i_* \partial_* [c_{q+1}]_{(\Sigma, \Delta)} = i_* [\partial c_{q+1}]_\Delta = [\partial c_{q+1}]_\Sigma = 0$ である. なぜなら, これは Σ で境界だからである. ゆえに $\mathrm{Im} \, \partial_* \subset \mathrm{Ker} \, i_*$ を得る.

逆に, $[c_q]_\Delta \in \mathrm{Ker} \, i_*$ とする. c_q は Δ のサイクルで Σ で境界である. つまり Σ のチェイン γ_{q+1} で $\partial \gamma_{q+1} = c_q$ なるものが存在する. c_q が Δ の中だから, γ_{q+1} は相対サイクルで, したがって元 $[\gamma_{q+1}] \in H_{q+1}(\Sigma, \Delta)$ を与える. ゆえに, $[c_q]_\Delta = \partial_* [\gamma_{q+1}]$ は $\mathrm{Im} \, \partial_*$ に属し, $\mathrm{Ker} \, i_* \subset \mathrm{Im} \, \partial_*$ を得る.

$(6.2.29)$：$c_q \subset \Delta$ ならば $j_* i_* [c_q]_\Delta = [c_q]_{(\Sigma, \Delta)} = 0$ である. ゆえに, $\mathrm{Im} \, i_* \subset \mathrm{Ker} \, j_*$ を得る.

逆に, $[c_q]_\Sigma \in \mathrm{Ker} \, j_*$ とすると, Σ の $(q+1)$ チェイン γ_{q+1} で $c_q - \partial \gamma_{q+1} =: c_q^0 \subset \Delta$ となるものが存在する. (c_q は $0 \in H_q(\Sigma, \Delta)$ を代表するので, Δ に相対的なバウンダリーである.) ゆえに, $[c_q]_\Sigma = [c_q^0]_\Sigma = i_* [c_q^0]_\Delta \in \mathrm{Im} \, i_*$ となる. したがって, $\mathrm{Ker} \, j_* \subset \mathrm{Im} \, i_*$ を得る.

$(6.2.30)$：$\partial c_q = 0$ だから, $\partial_* j_* [c_q]_\Sigma = [\partial c_q]_\Delta = 0$ となる. したがって, $\mathrm{Im} \, j_* \subset \mathrm{Ker} \, \partial_*$.

逆に, $[c_q]_{(\Sigma, \Delta)} \in \mathrm{Ker} \, \partial_*$ とすると, $[\partial c_q]_\Delta$ は Δ でバウンダリーである.

88 第 6 章 関係のなす空間

つまり $\gamma_q \subset \Delta$ で $\partial \gamma_q = \partial c_q$ なるものが存在する．すると，（γ_q が Δ に相対的に自明だから）$[c_q]_{(\Sigma, \Delta)} = [c_q - \gamma_q]_{(\Sigma, \Delta)} = j_*[c_q - \gamma_q]_\Sigma$ となる．したがって，$\mathrm{Ker}\, \partial_* \subset \mathrm{Im}\, j_*$ を得る． □

読者は上記の証明がとりわけ難しくはないということを納得すべきである．それは単にいろいろな射の定義を系統的に解読することに尽きる．

定理 6.2.5 $s : (\Sigma_1, \Delta_1) \to (\Sigma_2, \Delta_2)$ を単体複体の間の単体写像とする．（すなわち，s は Σ_1 から Σ_2 への単体写像で $s(\Delta_1) \subset \Delta_2$ である．）定理 6.2.2 におけるとおり，誘導された写像 $H_q(\Sigma_1) \to H_q(\Sigma_2)$，$H_q(\Delta_1) \to H_q(\Delta_2)$，$H_q(\Sigma_1, \Delta_1) \to H_q(\Sigma_2, \Delta_2)$ を得るが，すべて s_* と記す．すると，次の図式は可換である．

$$\begin{array}{ccccccccc}
\cdots & \xrightarrow{j_*} & H_{q+1}(\Sigma_1, \Delta_1) & \xrightarrow{\partial_*} & H_q(\Delta_1) & \xrightarrow{i_*} & H_q(\Sigma_1) & \xrightarrow{j_*} & H_q(\Sigma_1, \Delta_1) & \xrightarrow{\partial_*} & \cdots \\
& & \downarrow{s_*} & & \downarrow{s_*} & & \downarrow{s_*} & & \downarrow{s_*} & & \\
\cdots & \xrightarrow{j_*} & H_{q+1}(\Sigma_2, \Delta_2) & \xrightarrow{\partial_*} & H_q(\Delta_2) & \xrightarrow{i_*} & H_q(\Sigma_2) & \xrightarrow{j_*} & H_q(\Sigma_2, \Delta_2) & \xrightarrow{\partial_*} & \cdots
\end{array}$$

$$(6.2.31)$$

定理 6.2.5 の証明は定理 6.2.2，定理 6.2.4 の証明と同じようにされる．そこで詳細は読者に演習問題として残しておく．

さて**切除定理** (excision theorem) を述べよう．

定理 6.2.6 Λ を単体複体 Σ の部分複体 Δ に含まれている単体の集合，より正確には集まりであって以下の条件を持つものとする．

(i) 単体 σ_q が Λ に含まれていないならば，その部分単体のどれも Λ に含まれていない．

(ii) Λ に含まれいる単体 σ_q は単体 $\Sigma \setminus \Delta$ の部分単体ではない．

このとき，包含写像 $i : (\Sigma \setminus \Lambda, \Delta \setminus \Lambda) \to (\Sigma, \Delta)$ はすべての q について同型

$$i_* : H_q(\Sigma \setminus \Lambda, \Delta \setminus \Lambda) \to H_q(\Sigma, \Delta) \qquad (6.2.32)$$

を誘導する．

6.2 単体複体のホモロジー

証明 (i) により $\Sigma \setminus \Lambda$ と $\Delta \setminus \Lambda$ は Σ の部分複体である．$C_q(\Sigma, \Delta)$ と $C_q(\Sigma \setminus \Lambda, \Delta \setminus \Lambda)$ の元はどちらも $\Sigma \setminus \Lambda$ の向きのついた単体の線形結合と考えられる．したがって，これらのチェイン群は同型である．どのような $c \in C_q(\Sigma \setminus \Delta)$ についても (ii) により $\partial c \in C_{q-1}(\Delta)$ iff $\partial c \in C_{q-1}(\Delta \setminus \Lambda)$ となる．したがって，ホモロジー群 H_q も同型である． □

簡単な例を考えよう．

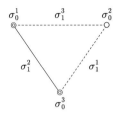

ここで，Δ は実線以外の単体からなる部分複体である．すなわち，それは $\sigma_0^1, \sigma_0^3, \sigma_0^2, \sigma_1^1, \sigma_1^3$ を含む．一方，Λ は白丸と破線の単体 $\sigma_0^2, \sigma_1^3, \sigma_1^1$ のみを含む部分集合である．すると，$\Sigma \setminus \Lambda$ は辺 σ_1^2 とその頂点 σ_0^1, σ_0^3 からなり，他方 $\Delta \setminus \Lambda$ は二つの頂点 σ_0^1, σ_0^3 のみを持つ．ゆえに，上記の計算によれば，$b_1(\Sigma \setminus \Lambda, \Delta \setminus \Lambda) = 1$ である．（なぜなら，$\Delta \setminus \Lambda$ に境界がある辺はただ一つあり，相対ホモロジーには 0 個である．）そして，$b_0(\Sigma \setminus \Lambda, \Delta \setminus \Lambda) = 0$ である．（なぜなら，二つの頂点とも取り除かれる $\Delta \setminus \Lambda$ にあるからだ．）切除定理により，これらが対 (Σ, Δ) のベッチ数である．

系 6.2.2 Δ_0, Δ_1 を Σ の部分複体で $\Sigma = \Delta_0 \cup \Delta_1$ であるとする．このときすべての q に対して同型を得る．

$$i_*: H_q(\Delta_0, \Delta_0 \cap \Delta_1) \to H_q(\Sigma, \Delta_1) \tag{6.2.33}$$

証明 Λ を，Δ_0 の単体の部分単体でない単体からなる Δ_1 の部分集合とする．Λ は定理 6.2.6 の仮定を満たし，その結果を $\Delta_0 = \Sigma \setminus \Lambda$ と $\Delta_0 \cap \Delta_1 = \Delta_1 \setminus \Lambda$ に適用できる． □

前述のことを見通しよくするため，また以下で重要な役割を果たす定理 6.2.4 の一般化を達成するために，ちょうど提示したところの構成の代数的

90 第 6 章 関係のなす空間

側面のみを取り出そう．このようにして幾何的構成と代数的構成がまったく類似である事実の真価がわかる．

定義 6.2.7 チェイン複体とは，アーベル群 C_q と準同型 $\partial_q : C_q \to C_{q-1}$ のなす系 $C = (C_q, \partial_q)_{q \in \mathbb{Z}}$ ですべての q で $\partial_q \circ \partial_{q+1} = 0$ を満たすものである．（しばしば ∂_q の代わりに ∂ と書き，バウンダリー作用素とよぶ．）そして，以前と同様にサイクル，バウンダリー，ホモロジー群 $H_q(C)$ を定義する．

チェイン複体 $C = (C_q, \partial_q)_{q \in \mathbb{Z}}$ と $C' = (C'_q, \partial'_q)_{q \in \mathbb{Z}}$ の間のチェイン写像 $f : C \to C'$ は，準同型 $f_q : C_q \to C'_q$ の族ですべての q で $\partial'_q \circ f_q = f_{q-1} \circ \partial_q$ を満たすものである．チェイン写像がサイクルをサイクルに，バウンダリーをバウンダリーに写すので，それは準同型 $f_* = H_q(f) : H_q(C) \to H_q(C')$ を誘導する．

列

$$0 \longrightarrow C' \xrightarrow{\ \alpha\ } C \xrightarrow{\ \beta\ } C'' \longrightarrow 0 \tag{6.2.34}$$

（ここで 0 は各 q について自明な群からなるチェイン複体を表す）は，すべての q について列

$$0 \longrightarrow C'_q \xrightarrow{\ \alpha_q\ } C_q \xrightarrow{\ \beta_q\ } C''_q \longrightarrow 0 \tag{6.2.35}$$

が完全であるとき，短完全列とよばれる．

ここで 0 は自明な群を表すので，(6.2.35) の完全性は α_q が単射であること，および β_q が全射であるという主張を含んでいる．(6.2.35) はアーベル群の短完全列とよばれる．

定義 6.2.8 アーベル群の短い列

$$0 \longrightarrow A' \xrightarrow{\ \alpha\ } A \xrightarrow{\ \beta\ } A'' \longrightarrow 0 \tag{6.2.36}$$

は β が右逆像，つまり $\beta'' : A'' \to A$ で $\beta \circ \beta'' = \mathrm{id}_{A''}$ あるものが存在するとき，**分裂する** (split) といわれる．

(6.2.36) が分裂するとき，次の同型を得る．

$$A \cong A' \oplus A'' \tag{6.2.37}$$

しかしながら，一般には短完全列は分裂するとは限らない．むしろ，一般の場合は次の基本的な結果で説明される．

定理 6.2.7 どのような短完全列

$$0 \longrightarrow C' \xrightarrow{\alpha} C \xrightarrow{\beta} C'' \longrightarrow 0 \tag{6.2.38}$$

もホモロジー群の長完全列

$$\cdots \longrightarrow H_{q+1}(C'') \xrightarrow{\partial_*} H_q(C') \xrightarrow{\alpha_*} H_q(C)$$
$$\xrightarrow{\beta_*} H_q(C'') \xrightarrow{\partial_*} \cdots \tag{6.2.39}$$

を誘導する．ここで連結準同型 ∂_* は次のように定義される．

$$\partial_*[c''] = [\alpha^{-1}\partial\beta^{-1}c''] \in H_{q-1}(C') \quad (c'' \in H_q(C'')) \tag{6.2.40}$$

証明 チェイン複体の定義から次の可換図式を得る．

$$\begin{array}{ccccccccc}
0 & \longrightarrow & C'_{q+1} & \xrightarrow{\alpha_{q+1}} & C_{q+1} & \xrightarrow{\beta_{q+1}} & C''_{q+1} & \longrightarrow & 0 \\
& & \downarrow{\scriptstyle\partial'_{q+1}} & & \downarrow{\scriptstyle\partial_{q+1}} & & \downarrow{\scriptstyle\partial''_{q+1}} & & \\
0 & \longrightarrow & C'_q & \xrightarrow{\alpha_q} & C_q & \xrightarrow{\beta_q} & C''_q & \longrightarrow & 0 \\
& & \downarrow{\scriptstyle\partial'_q} & & \downarrow{\scriptstyle\partial_q} & & \downarrow{\scriptstyle\partial''_q} & & \\
0 & \longrightarrow & C'_{q-1} & \xrightarrow{\alpha_{q-1}} & C_{q-1} & \xrightarrow{\beta_{q-1}} & C''_{q-1} & \longrightarrow & 0
\end{array} \tag{6.2.41}$$

ここで各行はアーベル群の短完全列である．以下では，しばしば下付き添え字の q は文脈から推測できるので，それを略す．$c'' \in C''_q$ をサイクル，すなわち $\partial''c'' = 0$ とする．完全性から β_q が全射なので，$c \in C_q$ で $\beta(c) = c''$ なるものが見つかる．すると

$$\beta(\partial c) = \partial''\beta(c) = \partial''c'' = 0 \tag{6.2.42}$$

となる．完全性からただ一つの $c' \in C'_{q-1}$ で $\alpha(c') = \partial c$ なるものが見つか

92 第6章 関係のなす空間

る. すると

$$\alpha(\partial' c') = \partial \alpha(c') = \partial^2 c = 0 \tag{6.2.43}$$

となる. 完全性から α_{q-1} は単射なので, $\partial' c' = 0$ となる. したがって, c' は C' の $(q-1)$ サイクルであり, 元 $[c'] \in H_{q-1}(C')$ を誘導する. これを $\partial_*[c'']$ と記す. この $H_{q-1}(C')$ の元が c'' のホモロジー類のみに依存するという意味で, ∂_* が整合的に定義されていることを示す必要がある.

それを確かめるには, $c_1 \in C_q$ で $[\beta(c_1)] = [c'']$ となるものをとる. すなわち, ある $d'' \in C''_{q+1}$ で $\beta(c_1) = \beta(c) + \partial'' d''$ を満たすものが存在する. 再び β の全射性により, $d \in C_{q+1}$ で $\beta(d) = d''$ なるものが見つかる. ゆえに $\beta(c_1) = \beta(c+\partial d)$ となる. 再び完全性により, $d' \in C'_q$ で $c_1 = c+\partial d+\alpha(d')$ を満たすものが存在する. すると $\partial c_1 = \partial c + \partial \alpha(d') = \alpha(c') + \alpha(\partial' d')$ となる. ゆえに $[\alpha^{-1}(\partial c')] = [c'] = [\alpha^{-1}(\partial c)]$ となり, これは c' のホモロジー類は c'' のそれにのみ依存することを表す. □

そして, 以下で重要な役割を果たす定理 6.2.5 の一般化を次に述べる.

系 6.2.3 $\Sigma_2 \subset \Sigma_1 \subset \Sigma$ を複体とする. するとホモロジー群の長完全列が誘導される.

$$\cdots \xrightarrow{j_*} H_{q+1}(\Sigma, \Sigma_1) \xrightarrow{\partial_*} H_q(\Sigma_1, \Sigma_2) \xrightarrow{i_*} H_q(\Sigma, \Sigma_2)$$
$$\xrightarrow{j_*} H_q(\Sigma, \Sigma_1) \xrightarrow{\partial_*} \cdots \tag{6.2.44}$$

証明 定理 6.2.7 を次の短完全列に適用する.

$$0 \longrightarrow C(\Sigma_1, \Sigma_2) \longrightarrow C(\Sigma, \Sigma_2) \longrightarrow C(\Sigma, \Sigma_1) \longrightarrow 0 \tag{6.2.45}$$

これは単体複体の間の包含写像から得られる. □

実際, より一般の描像を発展させるのは有益で洞察に富む. Σ_1, Σ_2 を Σ の部分複体とする. そのとき $\Sigma_1 \cap \Sigma_2$ も $\Sigma_1 \cup \Sigma_2$ も Σ の部分複体であり, チェイン複体の包含として $C(\Sigma_i) \subset C(\Sigma)$ $(i = 1, 2)$ と $C(\Sigma_1 \cap \Sigma_2) = C(\Sigma_1) \cap C(\Sigma_2), C(\Sigma_1) + C(\Sigma_2) = C(\Sigma_1 \cup \Sigma_2)$ がある. 包含写像 $i_1 \colon \Sigma_1 \cap \Sigma_2 \subset \Sigma_1, i_2 \colon \Sigma_1 \cap \Sigma_2 \subset \Sigma_2, j_1 \colon \Sigma_1 \subset \Sigma_1 \cup \Sigma_2, j_2 \colon \Sigma_2 \subset \Sigma_1 \cup \Sigma_2$ を使い

$i(c) := (C(i_1)c, -C(i_2)c)$, $j(c_1, c_2) := C(j_1)c_1 + C(j_2)c_2$（$i$ の定義における $-$ 符号に注意）とおいて，次のチェイン複体の短完全列を得る.

$$0 \longrightarrow C(\Sigma_1 \cap \Sigma_2) \overset{i}{\longrightarrow} C(\Sigma_1) \oplus C(\Sigma_2) \overset{j}{\longrightarrow} C(\Sigma_1 \cup \Sigma_2) \longrightarrow 0$$
(6.2.46)

定義 6.2.9 定理 6.2.7 により (6.2.46) から得られるホモロジーの長完全列

$$\cdots \overset{j_*}{\longrightarrow} H_{q+1}(\Sigma_1 \cup \Sigma_2) \overset{\partial_*}{\longrightarrow} H_q(\Sigma_1 \cap \Sigma_2)$$

$$\overset{i_*}{\longrightarrow} H_q(\Sigma_1) \oplus H_q(\Sigma_2)$$
(6.2.47)

$$\overset{j_*}{\longrightarrow} H_q(\Sigma_1 \cup \Sigma_2) \overset{\partial_*}{\longrightarrow} \cdots$$

は，Σ_1 と Σ_2 の**マイヤー–ヴィートリス完全列** (Mayer–Vietoris sequence) とよばれる.

$\Sigma = \Sigma_1 \cup \Sigma_2$ のとき，マイヤー–ヴィートリス完全列は，断片と共通部分のホモロジーから Σ のホモロジーをどのように集めるかを教えてくれる.

より一般に，(Σ_1, Δ_1) と (Σ_2, Δ_2) が Σ に含まれる単体複体の対のとき，短完全列 (6.2.46) があるのみならず，それの短完全部分列

$$0 \longrightarrow C(\Delta_1 \cap \Delta_2) \overset{i}{\longrightarrow} C(\Delta_1) \oplus C(\Delta_2) \overset{j}{\longrightarrow} C(\Delta_1 \cup \Delta_2) \longrightarrow 0$$
(6.2.48)

もあり，次の短完全商列が得られる.（読者は完全性を確かめられよ.）

$$0 \longrightarrow C(\Sigma_1 \cap \Sigma_2)/C(\Delta_1 \cap \Delta_2) \overset{i}{\longrightarrow} C(\Sigma_1)/C(\Delta_1) \oplus C(\Sigma_2)/C(\Delta_2)$$

$$\overset{j}{\longrightarrow} C(\Sigma_1 \cup \Sigma_2)/C(\Delta_1 \cup \Delta_2) \longrightarrow 0$$
(6.2.49)

再び定理 6.2.9 により，**相対マイヤー–ヴィートリス完全列** (relative Mayer–Vietoris exact sequence) とよばれるホモロジーの長完全列を得る.

$$\cdots \xrightarrow{j_*} H_{q+1}(\Sigma_1 \cup \Sigma_2, \Delta_1 \cup \Delta_2) \xrightarrow{\partial_*} H_q(\Sigma_1 \cap \Sigma_2, \Delta_1 \cap \Delta_2)$$
$$\xrightarrow{i_*} H_q(\Sigma_1, \Delta_1) \oplus H_q(\Sigma_2, \Delta_2) \xrightarrow{j_*} H_q(\Sigma_1 \cup \Sigma_2, \Delta_1 \cup \Delta_2)$$
$$\xrightarrow{\partial_*} \cdots$$
(6.2.50)

対 (Σ, Σ_1) と (Σ_1, Σ_1) に対しては,これは三つ組 $(\Sigma, \Sigma_1, \Sigma_2)$ に対する系 6.2.3 の列になる.そしてさらに $\Sigma_2 = \emptyset$ ならば,定理 6.2.4 の結果になる.

定義 6.2.10 単体複体 Σ の**フィルター** (filtration) とは,部分複体の族 $\Sigma = \Sigma_0 \supset \Sigma_1 \supset \cdots \supset \Sigma_n$ のことである.

ここに簡単な例がある.

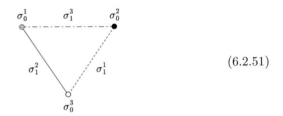
(6.2.51)

$\Sigma = \Sigma_0$ は全体で,Σ_1 は実線以外の単体すべて,つまり $\sigma_1^3, \sigma_1^1, \sigma_0^1, \sigma_0^3$, σ_0^2 からなる.Σ_2 は白丸と黒丸と破線の単体,つまり $\sigma_1^1, \sigma_0^3, \sigma_0^2$ からなる.Σ_3 は黒丸の頂点 σ_0^2 のみからなり,$\Sigma_4 = \emptyset$ とする.

以下では,系 6.2.3 を繰り返し単体複体のフィルターに適用して,フィルターの各メンバーから全体のホモロジーを作り上げたい.

もう一つ技術的な点を述べておく必要がある.次の観察から出発する.この観察はアーベル群のテンソル積の構成法に依存する.

定義 6.2.11 アーベル群 A と B について,$F(A \times B)$ を集合 $A \times B$ で生成される自由アーベル群とする.(チェイン群の構成を思い出そう.)**テンソル積** (tensor product) $A \otimes B$ はこれを同値関係 $(a_1 + a_2, b) \sim (a_1, b) + (a_2, b)$, $(a, b_1 + b_2) \sim (a, b_1) + (a, b_2)$ で割って得られる.

テンソル積は次の性質によっても特徴づけられる.すなわち,任意のアー

ベル群 C に対して，双線形写像 $A \times B \to C$ は準同型写像 $A \otimes B \to C$ と（1 対 1 に）対応する．

アーベル群 G と体 K に対して，（K の加法群について）アーベル群のテンソル積 $G \otimes K$ は明らかな演算 $r(g \otimes s) = g \otimes (rs)$ $(g \in G, r, s \in K)$ で K 上のベクトル空間になる．さらに群準同型 $\rho \colon G_1 \to G_2$ はベクトル空間の射（つまり線形写像）$\rho \otimes \mathrm{id} \colon G_1 \otimes K \to G_2 \otimes K$ を誘導する．

したがって，体 K に対して，ホモロジー $H_q(\Sigma, \mathbb{Z})$ からベクトル空間

$$H_q(\Sigma, \mathbb{Z}) \otimes K \tag{6.2.52}$$

を得る．ここで念頭にある体は $K = \mathbb{R}$ と $K = \mathbb{Z}_2$ である．大切な点は，$\mathbb{Z}_n \otimes \mathbb{R} = 0$ である一方，$\mathbb{Z} \otimes \mathbb{R} = \mathbb{R}$ であって，$\mathbb{R}$ をテンソル積することで，$H_q(\Sigma, \mathbb{Z})$ のねじれを取り除く．

実際，普遍係数定理により，このやり方で $\mathbb{Z}$ 係数のホモロジー群から K 係数のホモロジー群を得る．さてこの問題を簡単に説明するが，技術的詳細や証明は抜きにする．というのも以下でそれは必要がないからである．

定義 6.2.12 アーベル群の完全列

$$0 \longrightarrow R \longrightarrow F \longrightarrow A \longrightarrow 0 \tag{6.2.53}$$

で F が自由アーベル群であるものは，A の**自由分解** (free resolution) とよばれる．

例

$$0 \longrightarrow \mathbb{Z} \overset{n}{\longrightarrow} \mathbb{Z} \longrightarrow \mathbb{Z}_n \longrightarrow 0 \tag{6.2.54}$$

は $\mathbb{Z}_n$ の自由分解である．

アーベル群の自由分解を構成するやさしい方法がある．それは標準分解とよばれ，次のとおりである．$F(A)$ を形式和 $\sum_{g \in A} \mu(g) g$ $(\mu(g) \in \mathbb{Z})$ からなるもので，高々有限個の $\mu(g)$ が $\neq 0$ であると要請する．$F(A)$ は A で生成される自由アーベル群である．この構成法をチェイン群ですでに使った．すると，$F(A)$ の形式和 $\sum$ を A の群演算で置き換えることで準同型写

96 第 6 章 関係のなす空間

像 $\rho\colon F(A) \to A$ が得られる．$R(A) := \mathrm{Ker}\,\rho$ とおいて，A の標準分解

$$0 \longrightarrow R(A) \overset{i}{\longrightarrow} F(A) \overset{\rho}{\longrightarrow} A \longrightarrow 0 \qquad (6.2.55)$$

を得る．この完全列に別のアーベル群 G をテンソルしても，この列の一部は保たれる．より詳しくいうと，次の完全列を得る．

$$R(A) \otimes G \overset{i \otimes \mathrm{id}_G}{\longrightarrow} F(A) \otimes G \overset{\rho \otimes \mathrm{id}_G}{\longrightarrow} A \otimes G \longrightarrow 0 \qquad (6.2.56)$$

(6.2.55) の一番左の矢は (6.2.56) では必ずしも含まれない．というのも $i \otimes \mathrm{id}_G$ はもはや単射とは限らないからである．

定義 6.2.13　$i \otimes \mathrm{id}_G\colon R(A) \otimes G \to F(A) \otimes G$ の核は，A と G のねじれ積 (torsion product) $\mathrm{Tor}(A, G)$ とよばれる．

　例をいくつか計算するためには，次の補題を使う．その証明は（それほど難しくないが）ここではしない．

補題 6.2.4　任意の自由分解

$$0 \longrightarrow R \overset{i}{\longrightarrow} F \overset{p}{\longrightarrow} A \longrightarrow 0 \qquad (6.2.57)$$

について，次を得る．

$$\mathrm{Ker}(i \otimes \mathrm{id}_G) \cong \mathrm{Tor}(A, G) \qquad (6.2.58)$$

　ゆえに，ねじれ積を必ずしも標準分解でない任意の自由分解から計算できる．

例

1. 自由アーベル群については，

$$\mathrm{Tor}(A, G) = 0 \qquad (6.2.59)$$

である．なぜなら，$0 \longrightarrow 0 \longrightarrow A \overset{\mathrm{id}_A}{\longrightarrow} A \longrightarrow 0$ は自由群 A の自由分解であるからだ．

2.
$$\mathrm{Tor}(\mathbb{Z}_n, G) \cong \{g \in G : ng = 0\} \tag{6.2.60}$$

なぜなら，自由分解 (6.2.54) で写像 i は n 倍する写像で与えられるからである．とくに，G にねじれがないとき次が成り立つ．

$$\mathrm{Tor}(\mathbb{Z}_n, G) = 0 \tag{6.2.61}$$

3. 自由分解の直和をとることにより，次を得る．

$$\mathrm{Tor}(A_1 \oplus A_2, G) \cong \mathrm{Tor}(A_1, G) \oplus \mathrm{Tor}(A_2, G) \tag{6.2.62}$$

4. 上記の例を組み合わせて，任意の有限生成アーベル群 A について次を得る．

$$\mathrm{Tor}(A, \mathbb{R}) = 0 \tag{6.2.63}$$

普遍係数定理 (universal coefficient theorem) は（ここでは証明しないが）次のことを教えてくれる．

定理 6.2.8 単体複体の対 (Σ, Δ), $q \in \mathbb{Z}$ とアーベル群 G について，次が成り立つ．

$$H_q(\Sigma, \Delta; G) \cong (H_q(\Sigma, \Delta; \mathbb{Z}) \otimes G) \oplus \mathrm{Tor}(H_{q-1}(\Sigma, \Delta; \mathbb{Z}), G) \tag{6.2.64}$$

ここでの目的にとって，定理 6.2.8 の重要な帰結は，群 G が体であるとき，ホモロジー群 $H_q(\Sigma, \Delta; \mathbb{Z})$ は実際 G 上のベクトル空間だということである．ここで念頭にある体は $\mathbb{R}$ と $\mathbb{Z}_2$ である．本節の残りでは（以前の $G = \mathbb{Z}$ という選択とは反対に）$G = \mathbb{R}$ ととる．それゆえ，ねじれについて心配しなくてよい（(6.2.66) 参照）．ゆえに，明確には触れないが，ベクトル空間 $H_q(\Sigma, \Delta) = H_q(\Sigma, \Delta; \mathbb{R})$ を扱う．次の単純な結果を後で使おう．

補題 6.2.5 $\cdots \longrightarrow A_3 \xrightarrow{a_2} A_2 \xrightarrow{a_1} A_1 \longrightarrow 0$ をベクトル空間の間の線形写像の完全列とする．このとき，すべての $k \in \mathbb{N}$ について次が成り立つ．

98   第 6 章   関係のなす空間

$$\dim A_1 - \dim A_2 + \dim A_3 - \cdots - (-1)^k \dim A_k + (-1)^k \dim \operatorname{Im} a_k = 0$$
$$(6.2.65)$$

証明 $\ell : V \to W$ が線形写像のとき，$\dim V = \dim(\operatorname{Ker} \ell) + \dim(\operatorname{Im} \ell)$ である．

完全性は

$$\dim(\operatorname{Ker} a_j) = \dim(\operatorname{Im} a_{j+1})$$

を意味する．したがって，列の完全性より，

$$\dim A_j = \dim(\operatorname{Im} a_{j-1}) + \dim(\operatorname{Im} a_j)$$

を得て，

$$\dim A_1 = \dim(\operatorname{Im} a_1)$$

と合わせて主張が従う． $\square$

この補題を系 6.2.3 の長完全列に適用する．（もう一度強調しておくが $G = \mathbb{R}$ である．）

$$b_q(\Sigma, \Delta) := \dim H_q(\Sigma, \Delta) \tag{6.2.66}$$

$$\nu_q(\Sigma, \Delta_1, \Delta_2) := \dim(\operatorname{Im} \partial_{q+1}) \tag{6.2.67}$$

とおく．補題から次を得る．

$$\sum_{q=0}^{m} (-1)^q \big(b_q(\Sigma, \Sigma_1) - b_q(\Sigma, \Sigma_2) + b_q(\Sigma_1, \Sigma_2) \big) - (-1)^m \nu_m(\Sigma, \Sigma_1, \Sigma_2) = 0$$
$$(6.2.68)$$

そこから次を得る．

$$(-1)^{m-1} \nu_{m-1}(\Sigma, \Sigma_1, \Sigma_2)$$
$$= (-1)^m \nu_m(\Sigma, \Sigma_1, \Sigma_2) - (-1)^m b_m(\Sigma, \Sigma_1) + (-1)^m b_m(\Sigma, \Sigma_2)$$
$$- (-1)^m b_m(\Sigma_1, \Sigma_2) \tag{6.2.69}$$

ここで

$$P_m(t, \Sigma, \Delta) := \sum_{q=0}^{m} b_q(\Sigma, \Delta)t^q \tag{6.2.70}$$

$$P(t, \Sigma, \Delta) := \sum_{q \geq 0} b_q(\Sigma, \Delta)t^q \tag{6.2.71}$$

$$Q_m(t, \Sigma, \Delta_1, \Delta_2) := \sum_{q=0}^{m} \nu_q(\Sigma, \Delta_1, \Delta_2)t^q \tag{6.2.72}$$

$$Q(t, \Sigma, \Delta_1, \Delta_2) := \sum_{q \geq 0} \nu_q(\Sigma, \Delta_1, \Delta_2)t^q \tag{6.2.73}$$

と定義して, (6.2.69) に $(-1)^q t^q$ を掛けて和をとって,

$$(-1)^m \nu_m(\Sigma, \Sigma_1, \Sigma_2) + (1+t)Q_{m-1}(t, \Sigma, \Sigma_1, \Sigma_2)$$
$$= P_m(t, \Sigma, \Sigma_1) - P_m(t, \Sigma, \Sigma_2) + P_m(t, \Sigma_1, \Sigma_2) \tag{6.2.74}$$

および

$$(1+t)Q(t, \Sigma, \Sigma_1, \Sigma_2) = P(t, \Sigma, \Sigma_1) - P(t, \Sigma, \Sigma_2) + P(t, \Sigma_1, \Sigma_2) \tag{6.2.75}$$

を得る. 以上から次の定理を得る.

定理 6.2.9 $\Sigma = \Sigma_0 \supset \Sigma_1 \supset \cdots \supset \Sigma_n$ を Σ のフィルターとする. このとき, 次が成り立つ.

$$\sum_{j=1}^{n} P(t, \Sigma_{j-1}, \Sigma_j) = P(t, \Sigma_0, \Sigma_n) + (1+t)Q(t) \tag{6.2.76}$$

ここで $Q(t) := \sum_{j=1}^{n-1} Q(t, \Sigma_{j-1}, \Sigma_j, \Sigma_n)$ とおいた.

$Q(t)$ が非負整数を係数とする多項式であることがわかる.

証明 (6.2.75) を三つ組 $(\Sigma_{j-1}, \Sigma_j, \Sigma_n)$ に適用して, j に関して和をとればよい. $\square$

とくに, $t = -1$ と選べば, 次を得る.

系 6.2.4

$$\sum_{j=1}^{n} P(-1, \Sigma_{j-1}, \Sigma_j) = P(-1, \Sigma_0, \Sigma_n) \tag{6.2.77}$$

例 (6.2.51) を見るために思い出しておこう．

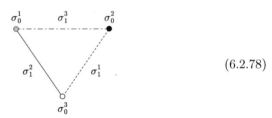

(6.2.78)

これについて，$b_1(\Sigma_0)(= b_1(\Sigma_0, \Sigma_4)) = 1$, $b_0(\Sigma_0) = 1$ で $b_1(\Sigma_0, \Sigma_1) = 1$, $b_0(\Sigma_0, \Sigma_1) = 0$; $b_1(\Sigma_1, \Sigma_2) = 0$, $b_0(\Sigma_1, \Sigma_2) = 0$; $b_1(\Sigma_2, \Sigma_3) = 0$, $b_0(\Sigma_2, \Sigma_3) = 0$; $b_1(\Sigma_3)(= b_1(\Sigma_3, \Sigma_4)) = 0$, $b_0(\Sigma_3) = 1$ となり，これらは一般的な公式にもちろん合致する．

同様に (6.2.74) から次を得る．

$$(-1)^m \sum_{j=1}^{n} P_m(-1, \Sigma_{j-1}, \Sigma_j) \geq (-1)^m P(-1, \Sigma_0, \Sigma_n) \tag{6.2.79}$$

定義 (6.2.70), (6.2.71) を思い出して，(6.2.79) と (6.2.77) から次を得る．

系 6.2.5

$$c_q := \sum_{j} b_q(\Sigma_{j-1}, \Sigma_j) \tag{6.2.80}$$

とおいて，すべての $m \geq 0$ に対して

$$c_m - c_{m-1} + \cdots + (-1)^m c_0 \geq b_m - b_{m-1} + \cdots + (-1)^m b_0 \tag{6.2.81}$$

および

$$\sum_{q} (-1)^q c_q = \sum_{q} (-1)^q b_q \tag{6.2.82}$$

が成り立つ．

とくに，単体を一つずつ加えてフィルターを作ると，(6.2.82) は定理 6.2.3 の公式を含む．

系 6.2.6 任意の q について

$$c_q \geq b_q \tag{6.2.83}$$

が成り立つ．

証明 これは系 6.2.5 から従う． □

6.3 組み合わせ的交換パターン

本節では，単体的ホモロジー論の前述の結果を利用して，力学系についてのコンリー (Conley) のホモロジー論の組み合わせ的結果を得よう．そのために，組み合わせ的交換パターンの概念を展開する必要がある．

定義 6.3.1 単体複体 Σ を定義する関係の**交換パターン** (exchange pattern) とは，Σ の各 q 単体 $\sigma_q = (v_0, \ldots, v_q)$ に対して，何もしない，あるいは頂点 $w_1, \ldots, w_m$ を $(w_\alpha, v_0, \ldots, v_q)$ が $(q+1)$ 単体である，つまり $r(w_\alpha, v_0, \ldots, v_q) \neq o$ であるように選び，$(q+1)$ 単体 $(w_\alpha, v_0, \ldots, v_q)$ とそのすべての部分単体の集まり $P_0(\sigma_q)$ および，$i = 0, \ldots, q$ についての $(w_\alpha, v_0, \ldots, \hat{v}_i, \ldots, v_q)$ の形の q 単体とそのすべての部分単体の集まり $P_1(\sigma_q)$ を選ぶことを意味する．同値なことであるが，P_1 は，σ_q を例外として，次元が $\leq q$ の P_0 のあらゆる部分単体からなる．（記号が示すようには，$P_0(\sigma_q)$ と $P_1(\sigma_q)$ はそれ自体は単体複体とは限らないが，後にそれらが常に単体複体になるような仕方の手続きを適用しよう．）このような単体 $(w_\alpha, v_0, \ldots, \hat{v}_i, \ldots, v_q)$ を，σ_q を定義する関係における元 v_i を関係 $r(w_\alpha, v_0, \ldots, \hat{v}_i, \ldots, v_q) \neq o$ へ導くような元 w_α に取り替えることで得られた単体と解釈する．この交換のプロセスは次の束縛条件に従う．

1. ある単体を定義する関係を交換したら，それのどの面の関係を交換することにも，その単体は使われてはならない．

102 第 6 章 関係のなす空間

q 単体 $(w_\alpha, v_0, \ldots, \hat{v}_i, \ldots, v_q)$ の一つを選ぶ手順を繰り返し，その単体を使う手順を繰り返してしてもよい．結果的に得られる交換集合 P_0 はそれらの単体の交換集合の合併であり，対応する P_1 は P_0 の真の部分単体からなる．ただし，交換された単体，つまり $(v_0, \ldots, v_q)$ と $(w_\alpha, v_0, \ldots, \hat{v}_i, \ldots, v_q)$ を除く．

σ_q の関係を一度より多く交換することが許されるし，またはまったく交換しなくてもよい．後者の場合，$P_0(\sigma_q) = \{\sigma_q\}$，$P_1(\sigma_q) = \emptyset$ とおく．どのような交換の結果もやはり単体複体であることを保証するために，後に関係する単体の次元が減少するように交換を実施するだろう．つまり，高い次元の単体の交換から出発して，最後には 1 次元単体に沿った 0 次元単体の交換で終わる仕方である．

この構成法を動機づける一つ重要な考えは，次のとおりである．$m = 1$ つまり σ_q の関係を交換するために追加の元を一つだけ使うとき，σ_q を消す代わりに $(q + 1)$ 単体 (w_1, σ_q) を考える．以下では，q 単体を符号 $(-1)^q$ つきで考え，このような消失は勘定の結果に影響しないが，数えるべき項目の数を二つ減らす．

ここで，直観を発展させるのに役立つであろう予備的な定義をしよう．しかしそれを後で洗練していく．

定義 6.3.2 指数 q の**交換軌道** (exchange orbit) とは，単体の有限列

$$\sigma_q^0, \ \tau_{q+1}^0, \ \sigma_q^1, \ \ldots, \ \sigma_q^m, \ \tau_{q+1}^m \tag{6.3.1}$$

のことである．ここで，$j = 0, \ldots, m-1$ について τ_{q+1}^j は σ_q^j に頂点を一つ加えて得られ，$\sigma_q^{j+1} \neq \sigma_q^j$ は τ_{q+1}^j から頂点を一つ消して得られる．言い換えると，σ_q^j と σ_q^{j+1} は τ_{q+1}^j の異なる面である．交換軌道は，$\sigma_q^m = \sigma_q^0$ のとき，閉じている (closed) とも交換サイクル (exchange cycle) ともよばれる．二つの閉軌道は，それらが同じ単体を同じ巡回の順序で含むとき，つまり，それらが出発点の単体の選び方が異なるだけのとき，同値である．

交換パターンは，その頂点を交換するために使われる単体へ，ある面から矢を引いて容易に視覚化できる．すると定義の条件は，ある単体から矢が出ると，そこに入る矢はない，ということをいっている．

6.3 組み合わせ的交換パターン **103**

図 6.3（記号については図 6.1 参照）では，

$$\Sigma_0 = \Sigma$$
$$\Sigma'_1 = \Sigma \setminus \{\sigma_2, \sigma_1^1\}$$
$$\operatorname{Ker} \partial_2^{rel} = 0$$
$$\operatorname{Ker} \partial_1^{rel} = [\sigma_1^1] = \operatorname{Im} \partial_2^{rel}$$
$$b_2^{rel} = b_1^{rel} = b_0^{rel} = 0$$
$$\operatorname{Ker} \partial_1^{\Sigma'_1} = 0, \quad \operatorname{Im} \partial_1^{\Sigma'_1} = [\sigma_0^1 - \sigma_0^3, \sigma_0^3 - \sigma_0^2]$$
$$\operatorname{Ker} \partial_0^{\Sigma'_1} = [\sigma_0^1, \sigma_0^2, \sigma_0^3]$$
$$b_1(\Sigma'_1) = 0, \quad b_0(\Sigma'_1) = 1$$

さて，図 6.4 のように二つの単体がある例を考察しよう．それらは対応する上付き添え字で区別される．たとえば，図 6.5 では，

$$\Sigma_0 = \Sigma$$
$$\Sigma'_1 = \Sigma \setminus \{\sigma_2^1, \sigma_2^2, \sigma_1^1\}$$
$$\operatorname{Ker} \partial_2^{rel} = [\sigma_2^1 + \sigma_2^2]$$
$$\operatorname{Ker} \partial_1^{rel} = [\sigma_1^1] = \operatorname{Im} \partial_2^{rel}$$
$$\partial_0^{rel} = 0$$

であり，したがって位相不変量は図 6.2 のものと同じである．

図 6.6（記号については図 6.1 参照）では，

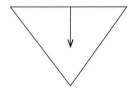

図 **6.3** 説明については本文を参照のこと．

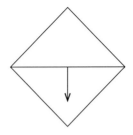

図 6.4　説明については本文を参照のこと．

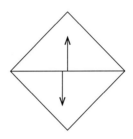

図 6.5　説明については本文を参照のこと．後の定義 6.3.4 で展開される制約を満たさない．

$$\Sigma_0 = \Sigma$$
$$\Sigma_1'' = \Sigma \setminus \{\sigma_2, \sigma_1^1, \sigma_1^2\}$$
$$\operatorname{Ker} \partial_2^{rel} = 0$$
$$\operatorname{Ker} \partial_1^{rel} = [\sigma_1^1, \sigma_1^2] \neq \operatorname{Im} \partial_2^{rel}$$
$$\partial_0^{rel} = 0 = \operatorname{Im} \partial_1^{rel}$$
$$b_2^{rel} = 0, \; b_1^{rel} = 1, \; b_0^{rel} = 0$$
$$\operatorname{Ker} \partial_1^{\Sigma_1''} = 0, \quad \operatorname{Im} \partial_1^{\Sigma_1''} = [\sigma_0^3 - \sigma_0^1]$$
$$\operatorname{Ker} \partial_0^{\Sigma_1''} = [\sigma_0^1, \sigma_0^2, \sigma_0^3]$$
$$b_0(\Sigma_1'') = 2$$

同様に，図 6.7 の 1 次元単体複体については

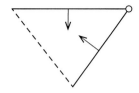

図 6.6 説明については本文を参照のこと．後の定義 6.3.4 で展開される制約を満たさない．

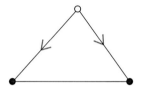

図 6.7 説明については本文を参照のこと．後の定義 6.3.4 で展開される制約を満たさない．

$$b_1^{rel} = 1, \quad b_0^{rel} = 0$$
$$rem \text{ が残りを表すとして} \quad b_1^{rem} = 0, b_0^{rem} = 1$$

切除定理 6.2.6 により，任意の単体複体 Σ と交換対 (P_0, P_1) に対して，対 $(\Sigma, (\Sigma \setminus P_0) \cup P_1)$ のホモロジーは (P_0, P_1) のホモロジーと同じである．

関連する部分を特定するために，次元 q を下げて進めることができる．すなわち，交換過程で使われない最高次元の単体 σ を，それがもしあれば選ぶ．そして，$\Sigma_0 = \Sigma, \Sigma_1 = \Sigma \setminus \sigma$ ととる．交換に出てこない，つまりそこを指す矢がない最高次元の単体がもはやなくなるまで，この過程を繰り返す．次にそこを指す矢がある最高次元の単体を，それがもしあれば選ぶ．σ は交換過程に出てくるので，その軌道 $P_0(\sigma)$ をとる．すなわち，矢に従って進んだり戻ったりして σ から到達できる同じ次元の単体（とその部分単体すべて），および矢が出発する面すべてをとる．つまり，単体の列 $\sigma^0 = \sigma, \sigma^1, \ldots, \sigma^n = \sigma'$ で σ^{i-1} と σ^i の共通の面 τ^i で，少なくともどちらか一つの単体は交換に使われるようなものが存在するときに $\sigma' \in P_0(\sigma)$ で

106 第6章 関係のなす空間

ある．すると $\bigcup_{i=0}^{n} \sigma^i$ の面で τ^i と異なるものは交換のために最高次元の単体を使っていない．そして $P_1(\sigma)$ をそれらの面（およびその部分単体）とする．いまの場合，$\Sigma_0 = \Sigma, \Sigma_1 = \Sigma \setminus P_0(\sigma) \cup P_1(\sigma)$ ととる．この過程を他の軌道についても繰り返せる．つまり，Σ_j を作った後で，（Σ_j はすでに Σ より次元が小さく，Σ_j の最高次元の単体はしたがってより小さな次元であるから，）Σ_j の最高次元の単体 σ をとり，$P_1(\sigma)$ 以外の軌道 $P_0(\sigma)$ を取り除いて Σ_{j+1} を得る．繰り返すと，各次元で矢のない単体を，次に自明でない軌道を切り捨てる．矢のない単体の間の順番や，各次元で軌道を消去する順番は何の役割も果たさない，矢のない単体を最初に消去することのみが重要である．そうしないと，軌道の消去は，もはや単体複体ではない空間へと導いてしまう．それが起こるのは，軌道に対して矢のない単体の面を使うときである．また，次元が減少するように上記の過程を実行することが大切である．$\Sigma_n = \emptyset$ に到達するまで続ける．

定義 6.3.3 上記の過程で得られるフィルターは交換パターンに対するフィルターとよばれる．

交換パターンに対するフィルターは必ずしも一意的ではないことに注意せよ．なぜなら，矢のない単体および各次元の自明でない軌道を消去することはそれぞれ任意の順番でできるからである．これは得られる切除過程による位相不変量 c_q に影響しない．

系 6.3.1 系 6.2.5 の不等式が成り立つ．

証明 各ステップで切除定理 6.2.6 の条件が満たされているので，これは明らかである． $\qquad\square$

定理 6.2.3 が系 6.2.5 から従うことはすでに観察したとおりであるが，それはまた系 6.3.1 の帰結でもある．

系 6.3.2

$$\chi(\Sigma) = \sum_q (-1)^q b_q(\Sigma) \tag{6.3.2}$$

が成り立つ．ここでオイラー数 $\chi(\Sigma)$ は (6.2.6) で定義されている．

証明 次元が減少するように，Σ の単体を一つずつ取り去る交換過程に系 6.3.1 を適用する． $\square$

さて，ここで展開した枠組みでフォアマンの理論 [38, 39] を記述しよう．

定義 6.3.4 単体複体 Σ 上の**離散ベクトル場** (discrete vector field) とは，単体の対 $\tau_{q-1}^i \subset \sigma_q^i$ で各単体が高々一つの対に含まれるものをいう．

各対について τ_{q-1}^i から σ_q^i への矢を描いて，定義 6.3.1 の意味で交換パターンを作り出す．ベクトル場の**指数 q の軌道** (orbit of index q) とは列

$$\tau_{q-1}^1, \ \sigma_q^1, \ \tau_{q-1}^2, \ \sigma_q^2, \ \ldots, \ \tau_{q-1}^n, \ \sigma_q^n, \ \tau_{q-1}^{n+1} \tag{6.3.3}$$

であって，$(\tau_{q-1}^i, \sigma_q^i)$ が，$\tau_{q-1}^i \neq \tau_{q-1}^{i+1}$ であるが，両方とも σ_q^i の面であるようなベクトル場の対になっているものをいう．$\tau_{q-1}^{n+1} = \tau_{q-1}^1$ のとき，軌道は**閉じている** (closed) という．この可能性を除いて，関係するすべての単体は互いに異なると仮定する．

するとこれは明らかに前の構成の特別な場合を表し，前述の結果が適用できる．

フォアマンの理論において特別な関心があり，さまざまな応用があるのが離散モース関数の勾配ベクトル場であり，いまから記述しよう．実際，フォアマンは閉じた軌道を持たないベクトル場は，このような勾配ベクトル場であることを証明した．

定義 6.3.5 関数 $f \colon \Sigma \to \mathbb{R}$（すなわち，$f$ は Σ の各単体に実数を対応させる）は，各単体 $\sigma_q \in \Sigma$ に対して次の条件を満たすとき，**モース関数** (Morse functin) とよばれる．

1. 単体 $\rho_{q+1} \supset \sigma_q$ であって

$$f(\rho_{q+1}) \leq f(\sigma_q) \tag{6.3.4}$$

であるものは高々一つである．
2. 単体 $\tau_{q-1} \subset \sigma_q$ であって

$$f(\tau_{q-1}) \geq f(\sigma_q) \tag{6.3.5}$$

であるものは高々一つである.

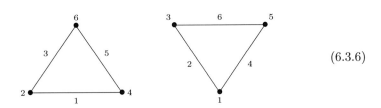
(6.3.6)

左のグラフ上の関数はモース関数ではない. なぜなら, (6 の値をとる) 上の頂点は条件 1 を満たさない. 一方, 右のグラフ上の関数はモース関数である.

$\rho_{q+1} \supset \sigma_q$ かつ $f(\rho_{q+1}) \leq f(\sigma_q)$ のとき, σ_q から ρ_{q+1} へ矢を描くと組み合わせ的交換パターンを得る. 上記の条件はモース関数に由来する組み合わせ的交換パターンを制限する. 条件 1 は, どの単体からも出発する矢は一つより多くはあり得ないことをいっている. この条件は, 図 6.8 では隣接した辺に向かう矢がある白丸の二つの点で破綻し, 図 6.9 では隣接した 2 単体に向かう矢がある辺で破綻している. 条件 2 は図 6.6 で成立しない.

補題 6.3.1 単体 σ_q について, 条件 1 の単体 ρ_{q+1} と条件 2 の単体 τ_{q-1} の両方が (同時に) 存在することは不可能である.

証明 条件 1 を満たす単体 ρ_{q+1} が存在するとき, 条件 2 を ρ_{q+1} に適用して, 他の ρ_{q+1} の面 $\sigma_q' \neq \sigma_q$ について

$$f(\rho_{q+1}) > f(\sigma_q') \tag{6.3.7}$$

となる. 今度は, 各 σ_q' について条件 2 により, 高々一つの面 τ_{q-1}' について,

$$f(\tau_{q-1}') \geq f(\sigma_q') \tag{6.3.8}$$

となる. もし (6.3.4) を満たす σ_q の面 τ_{q-1} があれば, その τ_{q-1} を面とす

6.3 組み合わせ的交換パターン **109**

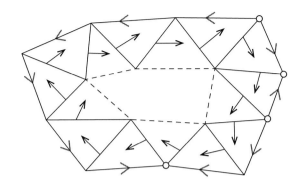

図 6.8 より複雑なパターン．矢のない破線の辺のなすサイクルと，それぞれ二つの入ってくる矢と二つの出ていく矢のある頂点に注意する．

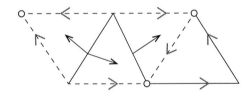

図 6.9 別のより複雑なパターン．破線の辺の集まりは，隣接する 2 単体を指す矢のある内部の二つの辺を交換することに由来する．

るような σ'_q が見つかることになるが，すると不等式をつなげて

$$f(\sigma'_q) < f(\rho_{q+1}) \le f(\sigma_q) \le f(\tau_{q-1}) \tag{6.3.9}$$

となる．しかしながら，これは τ_{q-1} に対する条件 1 を破る．というのも，(6.3.9) は $f(\sigma_q)$ と $f(\sigma'_q)$ が両方とも $f(\tau_{q-1})$ より小さいことを意味するからである． □

定義 6.3.6 単体 σ_q は，(6.3.4) を満たす ρ_{q+1} も (6.3.5) を満たす τ_{q-1} も存在しないとき，f に対して**臨界的** (critical) であるという．

(6.3.6) の右のグラフとそのモース関数について，(6 の値をとる) 上の辺と (1 の値をとる) 下の頂点は臨界的である．

110 第 6 章 関係のなす空間

非臨界的単体に対して，条件 1 または 2 のちょうど一つが成り立つ，ということを補題 6.3.1 はいっている．したがって，次の定義をしてもよい．

定義 6.3.7 単体複体 Σ 上のモース関数 f に付随する勾配ベクトル場は，次を満たす対 (σ_q, τ_{q-1}) で与えられる．

$$f(\tau_{q-1}) \geq f(\sigma_q) \tag{6.3.10}$$

関数 f は軌道に沿って減少するから，モース関数の勾配ベクトル場は閉じた軌道を持たない．

系 6.3.3 Σ 上のモース関数の次元 q の臨界的単体の個数 μ_q は次を満たす．

$$\mu_m - \mu_{m-1} + \cdots + (-1)^m \mu_0 \geq b_m - b_{m-1} + \cdots + (-1)^m b_0 \quad (\forall m \geq 0) \tag{6.3.11}$$

および

$$\sum_q (-1)^q \mu_q = \sum_q (-1)^q b_q \tag{6.3.12}$$

証明 系 6.2.5 を適用して，次の点を観察する．自明でない軌道の切除は相対ベッチ数 c_q の交代和に寄与しない．なぜなら，すぐ上で指摘されたとおり，モース関数の軌道は閉じることができないので，このような軌道に関与する次元が q と $q-1$ の単体は対をなして相殺する．ただし，最後まで保たれ切除されない τ_{q-1}^{n+1} は例外とする．対照的に，次元 q の臨界的単体の切除は，c_q に 1 だけ寄与する． □

(6.3.12) が成り立つ理由は理解しやすい．非臨界的 q 単体 σ_q に対して，補題 6.3.1 により，条件 1 を満たす $(q+1)$ 単体が見つかるか，条件 2 を満たす $(q-1)$ 単体が見つかるかのどちらかであって，両方ではない．したがって，定義 6.2.1 のオイラー標数 $\chi(\Sigma)$ を定義する交代和で σ_q と相殺できる隣りの次元の単体がちょうど 1 個だけ見つかる．臨界的単体のみが残って $\chi(\Sigma)$ に寄与する．すなわち，オイラー標数の定義から直接的に $\chi(\Sigma) = \sum_q (-1)^q \mu_q$ を導くことができる．定理 6.2.3 と系 6.3.1 は $\chi(\Sigma) = $

$\sum_q (-1)^q b_q$ であることも教える.

注意 フォアマンがすぐ上でスケッチされた彼の理論をモース理論の離散版として着想したのと同様に,ここで展開された枠組みはコンリー理論の離散版と考えられる.[60] 参照.

6.4 位相空間のホモロジー

本節では,位相空間のホモロジー論を,技術的詳細は与えずにスケッチする.たとえば,[104] または [108] 参照.

位相空間を単体に同相な十分小さな断片に細分することによって,位相空間を単体複体で近似しようとすることは自然なことに思えるし,それが一般的ホモロジー理論に向かっての最初の試みであった.しかしながら,このアプローチはいくつかの問題にぶつかる.最初に,一般の位相空間がそのように近似され得るかは明らかではない.第二に,このような単体近似が問題なくできる多様体に対してすら,得られるホモロジー理論が単体近似にどの程度依存するかは明らかではない.二つのこのような単体近似に共通な細分を作ることを試みてもよいが,それも組み合わせ的問題にぶち当たるし,実際,一般には不可能である.第三に,位相空間のホモロジー理論での構成は連続写像の下で関手的に振る舞うべきだが,ある空間の単体近似の連続写像による像は,たとえば,写像が単射でなかったときなど,必ずしも値域の空間の単体近似とは限らない.

したがって,この関手的振る舞いも定義の中に組み込まれるべきである.

これがいまからスケッチしようとする**特異ホモロジー** (singular homology) の基にある考えである.

ここで考えを一転しなければならない.前節では,単体 σ_q を $q+1$ 個の頂点の集まり,つまり組み合わせ的対象と考えた.いまから単体を位相空間と考える必要がある.

定義 6.4.1 q 次元の(位相的)**単体** ((topological) simplex) Δ_q は次で定義される.

$$\Delta_q := \left\{ x \in \mathbb{R}^{q+1} : x = \sum_{i=0}^{q} \lambda_i e^i,\ 0 \leq \lambda_i \leq 1,\ \sum \lambda_i = 1 \right\} \quad (6.4.1)$$

ここで $e_0 = (1, 0, \ldots, 0)$, $e_1 = (0, 1, 0, \ldots, 0)$, $\ldots$, $e_q = (0, 0, \ldots, 0, 1)$ は $\mathbb{R}^{q+1}$ の単位基底ベクトルである. $(\lambda_0, \ldots, \lambda_q)$ は点 $x = \sum_{i=0}^{q} \lambda_i e^i$ の**重心座標** (barycentric coordinates) とよばれる.

Δ_q の i 番めの**面** (face) Δ_{q-1}^i は $x \in \Delta_q$ で $\lambda_i = 0$ を満たすものすべてからなる. **(位相的) 境界** ((topological) boundary) $\dot{\Delta}_q$ はその面すべての合併である. ゆえに, それは少なくとも一つの λ_j が消える $x \in \Delta_q$ からなる.

いまからは, 上記の定義に従い, 組み合わせ的対象としてでなく位相的対象として単体を考えることにする.

基本的な例はこの位相的境界 $\dot{\Delta}_q$ である. 次の補題は幾何的には明らかで, 容易に確かめられる.

補題 6.4.1　$\dot{\Delta}_q$ は $(q-1)$ 次元球面

$$S^{q-1} = \{x = (x^1, \ldots, x^q) \in \mathbb{R}^q : \sum_{i=1}^{q} (x^i)^2 = 1\} \quad (6.4.2)$$

に同相である.

これは $q = 2$, すなわち, S^1 についての次の図で例示される.

したがって, 球面 S^{q-1} の位相的不変量は, 本節で展開される枠組みに従って補題 6.2.2 により計算できる. とくに, 次が成り立つ.

$$b_{q-1}(S^{q-1}) = b_0(S^{q-1}) = 1 \text{ かつ } b_p(S^{q-1}) = 0 \text{ (その他の } p\text{)} \quad (6.4.3)$$

$$\chi(S^{q-1}) = \begin{cases} 2 & (\text{奇数の } q) \\ 0 & (\text{偶数の } q) \end{cases} \tag{6.4.4}$$

同様に, 単体 Δ_q 自体は q 次元球

$$B^q = \left\{ x = (x^1, \dots, x^q) \in \mathbb{R}^q : \sum_{i=1}^q (x^i)^2 \leq 1 \right\} \tag{6.4.5}$$

に同相であり, 球のベッチ数は単体のベッチ数である. すなわち,

$$b_0(B^q) = 1 \text{ かつ } b_p(B^q) = 0 \ (p > 0) \text{ ゆえに } \chi(B^q) = 1 \tag{6.4.6}$$

さて, 特異ホモロジーの一般的構成から出発する. 写像

$$\delta_{q-1}^i : \Delta_{q-1} \to \Delta_{q-1}^i \subset \Delta_q \tag{6.4.7}$$

$$e_0 \mapsto e_0, \ \dots, \ e_{i-1} \mapsto e_{i-1}, \ e_i \mapsto e_{i+1}, \ \dots, \ e_{q-1} \mapsto e_q$$

は $(q-1)$ 次元単体を q 次元単体の i 番めの面に, 線形に全単射として写す. $q \geq 2, 0 \leq k < j \leq q$ に対して, 次が確かめられる.

$$\delta_{q-1}^j \circ \delta_{q-2}^k = \delta_{q-1}^k \circ \delta_{q-2}^{j-1} \tag{6.4.8}$$

定義 6.4.2 X を位相空間とする. X における **特異 q 単体** (singular q-simplex) とは連続写像

$$\gamma_q : \Delta_q \to X \tag{6.4.9}$$

のことである.

γ_q は単射である必要はないことに注意する. ゆえに Δ_q の像は単体とは異なって見えるかもしれない.

単体的ホモロジーの (G をアーベル群とする) チェイン群 $C_q(\Sigma, G)$ と同様に, X における特異 q チェインの群 $S_q(X, G)$ を定義しよう. そこで, 特異 q チェイン (singular q-chain) とは, 有限個の特異 q 単体の係数 $g_i \in G$ による形式的線形和のことである.

114 第6章 関係のなす空間

$$s_q = \sum_{i=1}^{m} g_i \gamma_q^i \tag{6.4.10}$$

すると，位相空間の間の連続写像 $f: X \to Y$ は，任意の q と G について準同型 $f_*: S_q(X,G) \to S_q(Y,G)$ を誘導する．なぜなら，特異 q チェインの連続像はやはり特異 q チェインであるからだ．したがって，各非負整数 q とアーベル群 G に対して，位相空間の圏からアーベル群の圏への関手 $F_{q,G}$ を得る．これらの関手の集まりを，位相空間の圏から特異チェイン複体の圏への一つの関手 F とも見ることができる．最後の圏をきちんと定義することは読者に任せよう．

バウンダリー作用素 (boundary operator) は，$q \geq 1$ に対して次で与えられる．

$$\partial = \partial_q: S_q(X) \to S_{q-1}(X) \tag{6.4.11}$$

$$\partial s_q = \sum_{i=0}^{q} (-1)^i s_q \circ \delta_{q-1}^i \tag{6.4.12}$$

($q \leq 0$ のときは $\partial_0 := 0$ とおく.)

ここでも肝心の結果は次である．

補題 6.4.2

$$\partial_q \circ \partial_{q+1} = 0 \tag{6.4.13}$$

定義 6.4.3 位相空間 X の G に係数を持つ q 次 **(特異) ホモロジー群** ((singular) homology group) とは次である．

$$H_q(X,G) := \operatorname{Ker} \partial_q / \operatorname{Im} \partial_{q+1} \tag{6.4.14}$$

定理 6.4.1 位相空間の間の連続写像 $f: X \to Y$ が誘導する写像 $f_*: S_q(X, G) \to S_q(Y,G)$ はバウンダリー作用素と交換する．したがって，準同型

$$f_* := H_q(f,G): H_q(X,G) \to H_q(Y,G) \tag{6.4.15}$$

6.4 位相空間のホモロジー **115**

を誘導する．とくに，$h\colon X \to Y$ が同相写像のとき，誘導された h_* は対応するホモロジー群の同型を与える．

系 6.4.1 同相な位相空間は同じベッチ数を持つ．とくに，オイラー数も一致する．

したがって，特異チェイン複体 $S_q(X, G)$ にアーベル群 $H_q(X, G)$ を対応させ，特異チェイン写像による群準同型を群準同型に写す関手 $G_{q,G}$ が得られる．ここでもこれらを一つの関手 G と見ることができる．二つの関手 $F_{q,G}$ と $G_{q,G}$ の合成は，位相空間 X にその特異ホモロジー群 $H_q(X, G)$ を対応させるホモロジー関手 $H_{q,G}$ を与える．より抽象的に $H = G \circ F$ と書けて，これは X にその特異ホモロジー群の集まりを対応させる．H が真に関心のある関手であり，F は補助的な役割を果たすのみである．

また，対 (X, A) のホモロジー群も定義できる．ここで，$A \subset X$ は位相空間である．単体的ホモロジーに対するのと同じように，対のホモロジー完全列が得られる．したがって，単体的ホモロジーのときと同様に，同じ代数的道具が使える．そして切除定理は次の形をとる．

定理 6.4.2 $U \subset A \subset X$ を位相空間で，U の閉包 $\overline{U}$ が A の内部 A° に含まれるとする．このとき，包含写像 $i\colon (X \setminus U, A \setminus U) \to (X, A)$ は次の同型を誘導する．

$$i_*\colon H_q(X \setminus U, A \setminus U) \to H_q(X, A) \tag{6.4.16}$$

単体の切除定理の証明よりも，ここの証明は技術的により複雑である．なぜなら，X の特異チェインは A の特異チェインと $X \setminus U$ の特異チェインの和であるとは限らないからである．そこで，重心細分による適当な改良を構成する必要があるが，詳細は省く．

そして，これらの構成は関手を与える．たとえば，位相空間の対 (X, A) ごとにその特異ホモロジー群完全列を対応させる関手が得られる．

明らかに見える一方，概念的には重要な側面をまとめておこう．X が有限位相空間のときを除き，チェイン群 $S_q(X, G)$ は無限生成であり，また G

116 第 6 章 関係のなす空間

が体，たとえば $G = \mathbb{R}$ ならば，無限次元ベクトル空間である．それから X の形についての有益な情報を取り出すためには，本質的側面のみを反映する簡約した記述にしなければならない．それはホモロジー群 $H_q(X, G)$ である．コンパクトな多様体のように興味深く典型的な場合，それは有限生成で，G が体ならば，有限次元ベクトル空間である．$S(X, G)$ から $H(X, G)$ に移行するとき，すべてのバウンダリーを考慮する．つまり，チェイン t について $s = \partial t$ となっているすべてのチェイン s を自明と考える．$\partial \circ \partial = 0$ ゆえ，そのようなチェインは必然的に $\partial s = 0$ を満たす．しかしながら，$\partial \sigma = 0$ だがそれ自身はバウンダリーではないチェイン σ が存在するかもしれない．これらがホモロジー群を生成する非自明なチェインであり，σ_1 と σ_2 が適当な τ について $\sigma_1 - \sigma_2 = \partial \tau$ となるとき，それらが同じホモロジー群の元を与えるような同値関係を与えている．各非負整数 q とアーベル群 G について，位相空間の圏からアーベル群の圏への関手 $H_q(\,.\,, G)$ で，各 X にそのホモロジー群 $H_q(X, G)$ を対応させるものが得られる．アーベル群は位相空間より単純な対象だから，この関手は X の位相的情報のいくらかを取り出す．しかしながら，位相的情報の中には失われるものもある．とくに，二つの位相空間 X と Y であって，各 q と G について同じホモロジー群を持ちながら，位相空間としては異なる，つまり同相でないことがある．そこで，より細かい区別を可能とする位相空間のより洗練された不変量を定義してもよいが，それはホモロジー群よりは複雑なものである．

　実際，ある圏の対象に代数的または他の不変量を対応させる関手を構成して，その関手が単射的でない，つまりその不変量がもとの圏のすべての対象を区別することができないのは，一般的に起こることである．関手はもとの構造のある部分を「忘れる」．それでも，ホモロジー群のようなよい不変量は異なる対象を多く区別することを可能にする．たとえば，コンパクトな 2 次元多様体はそのホモロジー群によって完全に特徴づけられる．つまり，同じホモロジー群を持つこのような二つの多様体は同相である．（コンパクトな（境界を持たない）曲面の分類の詳細は，[88] のような幾何学的トポロジーの入門書，あるいは（少なくとも向きづけ可能な曲面の場合）リーマン面に関する教科書，たとえば [61] の中に見つけられる．）しかしながら，これは高次元ではもはや正しくない．

6.5 位相空間のホモトピー

位相空間の位相的探索のための適切な一般的枠組みを発展させるために，今度はホモトピーを導入しよう.

位相空間とその閉部分集合 $A \subset X$ の対 (X, A) の圏で，連続写像

$$f \colon X \to Y \text{ であって } f(A) \subset B \text{ を満たすもの} \tag{6.5.1}$$

を射 $f \colon (X, A) \to (Y, B)$ とするものを考える．位相空間を扱うので，本節のすべての写像は連続であると仮定する．$X = (X, \emptyset)$ と略記する．これは，位相空間の圏が自然に位相空間の対の圏の部分圏であることを暗に含んでいる.

このような二つの射 f_0, f_1 は，$I = [0, 1]$ として

$$F \colon (X, A) \times I \to (Y, B) \text{ かつ } t = 0, 1 \text{ について } F(x, t) = f_t(x),$$
$$\text{すべての } t \in I \text{ について } f_t(A) \subset B \tag{6.5.2}$$

となるものが存在するとき，**ホモトープ** (homotopic) である，すなわち互いに連続的に変形できるといい，$f_0 \sim f_1 \colon (X, A) \to (Y, B)$ と記す．（このとき，$F \colon f_0 \sim f_1$ とも略記する．）一般的な仮定により F は連続でなければならないが，これが肝心なところである.

写像は互いに連続的に変形できるときホモトープである.

補題 6.5.1 ホモトープ $\sim$ は，位相空間対の間の連続写像の集合上の同値関係である.

証明

1. 反射律：任意の x について $F(x, t) = f(x)$ として $f \sim f$ である.
2. 対称律：(6.5.2) のように F で $f_0 \sim f_1$ のとき，$F'(x, t) := F(x, 1 - t)$ とおいて $f_1 \sim f_0$ である.
3. 推移律：$F_1 \colon f_0 \sim f_1$, $F_2 \colon f_1 \sim f_2$ のとき，

118　第6章　関係のなす空間

$$F(x,t) := \begin{cases} F_1(x,2t) & (0 \le t \le 1/2) \\ F_2(x,2t-1) & (1/2 \le t \le 1) \end{cases} \qquad (6.5.3)$$

とおくと，$f_0 \sim f_2$ を得る．　　　　　　　　　　　　　　　　　　□

そこで，$f\colon (X,A) \to (Y,B)$ に対して，その**ホモトピー類** (homotopy class)，つまり $\sim$ に関する同値類を $[f]$ で記す．ホモトープな写像同士はわれわれの圏では同値と考えられ，したがって区別されるべきではない．

ホモトープな写像の合成はホモトープであることのチェックは読者に任せる．こうして位相空間の対を対象とし，写像のホモトピー類を射とする圏を得る．射の間の同一視をして，対象はそうしないので，これは少し対称でないように見えるかもしれない．ゆえに，位相空間対に対する適当な同値の概念に向かおう．

空間対の間のホモトピー同値は，

$$\phi\colon (X_1,A_1) \to (X_2,A_2), \ \psi\colon (X_2,A_2) \to (X_1,A_1) \qquad (6.5.4)$$
$$\text{であって } \phi \circ \psi \sim \mathrm{id}_{X_2}, \ \psi \circ \phi \sim \mathrm{id}_{X_1} \text{ を満たす}$$

ものが存在することを要請して定義される．このとき，$(X_1,A_1) \sim (X_2,A_2)$ と書き，二つの対は**ホモトピー同値** (homotopy equivalent) であるという．ホモトピー同値が位相空間対の集合上の同値関係であることを確認するのは演習問題に残しておく．

さらに，$(X_1,A_1) \sim (X_2,A_2)$, $(Y_1,B_1) \sim (Y_2,B_2)$ のとき，$\psi\colon (X_2,A_2) \to (X_1,A_1)$, $\phi'\colon (Y_1,B_1) \to (Y_2,B_2)$ をホモトピー同値を与える写像として，$f\colon (X_1,A_1) \to (Y_1,B_1)$ について $g := \phi' \circ f \circ \psi$ とおくと，$f \sim \psi' \circ g \circ \phi = \psi' \circ \phi' \circ f \circ \psi \circ \phi$ を得る．したがって，$f_0 \sim f_1\colon (X_1,A_1) \to (Y_1,B_1)$ iff $g_0 \sim g_1\colon (X_2,A_2) \to (Y_2,B_2)$ （（$i=1,2$ について）g_i が f_i に関係する仕方は，g が f に関係する仕方と同じである．）すると，対のホモトピー類を対象として，写像のホモトピー類を射とする圏が得られる．

$A \subset X$ に対して，連続写像 $r\colon X \times [0,1] \to X$ で

$$r(x,t) = x \quad \forall x \in A \quad (A \text{ を不変にする})$$

$$r(x,0) = x \quad \forall x \in X \quad (\text{恒等写像から出発する})$$

$$r(x,1) \in A \quad \forall x \in X \quad (A \text{ を終点とする})$$

を満たすものが存在するとき，A は X の**強変形レトラクト** (strong deformation retract) といわれる．ゆえに，A のすべての点には影響せずに，全空間 X を部分集合 A の中に収縮させることができる．

最初に $(X, \emptyset)$, $(Y, \emptyset)$ の形の対の例を少し考察しよう．$B^2 = \{x = (x^1, x^2) \in \mathbb{R}^2 : (x^1)^2 + (x^2)^2 \leq 1\}$ を単位閉円盤とし，0 を $\mathbb{R}^2$ の原点とする．すると，B^2 の恒等写像 $f_1 := \mathrm{id}_{B^2}$ と B^2 のすべてを 0 に写す定値写像 f_0 はホモトープである．そのホモトピーは $F(x,t) = tx$ で与えられる．これは，空間 B^2 が原点のみからなる空間，つまり一点とホモトピー同値であることを意味する．もし自明でない対が欲しいなら，$(B^2, \{0\})$ と $(\{0\}, \{0\})$ をとればよい．ホモトピー同値な空間の別の例が，シリンダー $Z = \{x = (x_1, x_2, x_3) \in \mathbb{R}^3 : x_1^2 + x_2^2 = 1, \ -1 \leq x_3 \leq 1\}$ と円周 $S^1 = \{x = (x_1, x_2) \in \mathbb{R}^2 : x_1^2 + x_2^2 = 1\}$ で与えられる．シリンダーから円周への要請された写像は，3 番めの座標 x_3 を 0 に単につぶすもので，円周からシリンダーへは前者を後者に $x_3 = 0$ の円として埋め込む写像とする．すると，A を S^1 の任意の部分集合として，これは (Z, A) と (S^1, A) のホモトピー同値を示す．しかしながら，円盤 B^2 と円周 S^1 は，オイラー数が異なるので（円盤については 1 だが (6.4.6)，円周については 0 である (6.4.4)），後の定理 6.5.1 からわかるように，ホモトピー同値ではない．いずれにせよ，この結果の背後には，B^2 を S^1 の上に写し，その写像と S^1 の B^2 への包含写像との合成が S^1 の恒等写像とホモトープになるようにするには，B^2 のどこかに穴を開ける必要があるだろう．しかしながら，穴を開けることは連続な操作ではない．

これらの例は，原点（または B^2 の任意の点）は単位円盤 B^2 の強変形レトラクトであり，円周 S^1 はシリンダーの強変形レトラクトであるという意味に解釈できる．しかし，円周 S^1 は単位円盤 B^2 の強変形レトラクトではない．

また次の観察をしよう．シリンダーと円周，または円盤と点の例が示すよ

120 第6章 関係のなす空間

うに，ホモトピー同値な空間が同相とは限らない．（ここには微妙な側面がある．たとえば，ここでは証明しないが，多様体の次元は同相写像で不変である．たとえば [36] 参照．ブラウアーによって最初に証明されたこの結果は直観的には明らかであるが，証明するのは難しい．）とくに，ベッチ数はホモトピー不変量であると後の定理 6.5.1 が教えてくれるので，同じベッチ数を持つ同相でない空間が存在する．とくに，ベッチ数は位相空間の同相類を完全には特徴づけしない．定理 6.5.1 の後で指摘する予定だが，ベッチ数は位相空間のホモトピー型すら特徴づけしない．

さて，単体的ホモロジーの扱いですでに紹介したとおりコンリー指数の位相版を理解するのに有益な構成をいくつか記そう．本質的なアイデアは，P_1 が進行中の過程に関与しない出口の集合の類いであり，したがって自明で点につぶされるものと見なされるような，適当な対 (P_0, P_1) を考えることである．

(X, x_0) $(x_0 \in X)$ は**点つき空間** (punctured space) とよばれる．(X, A) はすべての $x \in A$ を一点に同一視することで点つき空間 X/A を与える．より形式的に述べる．$x = y$ であるか $x, y \in A$ であるとき $x \approx y$ とすると，これは同値関係であり，$x \in A$ の同値類を $[A]$ とする．そして，

$$X/A := (X/\approx, [A])$$

とおく．つまり，部分集合 A 全体を一点につぶす．さらに，重要な特別な場合

$$X/\emptyset = (X \sqcup p, p), \quad (p \notin X)$$

がある．（ここで $\sqcup$ は交わりのない合併（非交和）を意味する．つまり，X に含まれない点 p を X に加える．）

連続写像 $f: (X, A) \to (Y, B)$ は，$[f]([x]) := [f(x)]$ により $[f]: X/A \to Y/B$ を誘導する．

$(X, A) \sim (Y, B)$ ならば，$X/A \sim Y/B$ となる．

X/A のホモトピー類 $[X/A]$ を単に X/A と書く．

先ほどの例に戻って，A をシリンダー Z の二つの境界の円周 $x_3 = \pm 1$ からなるものとするときの Z/A を考える．この空間は，2 点（たとえば北

極と南極）を法とする球面，$S^2/\{p_1,p_2\}$ とホモトピー同値である．これはまた T^2/S' にホモトピー同値である．ここで，トーラス T^2 は円周 $S' := \{x = (x_1, 0, x_3) : x_1 = 2 + \sin\theta, x_3 = \cos\theta\}$ を x_3 軸の周りに回転させて得られたものとする．

さて，ホモトピーとホモロジーの間の基本的なつながりに到達した．

定理 6.5.1 $f \sim g : (X, A) \to (Y, B)$ のとき，
$$f_* = g_* : H_q(X, A; G) \to H_q(Y, B; G) \tag{6.5.5}$$
が成り立つ．とくに，ホモトピー同値である空間のホモロジー群は同型である．そのベッチ数とオイラー数は一致する．

これは，位相空間に付随する代数的不変量は連続的な変形の下で不変であるという，基礎にある原理である．

証明 簡単のため，そして基礎にある幾何的直観をより明解にするため，$A = \emptyset$ の場合のみにこの結果の証明を与える．すなわち，$f, g : X \to Y$ がホモトープであるとき，それらは同じ準同型
$$f_* = g_* : H_q(X) \to H_q(Y) \tag{6.5.6}$$
を誘導することを示そう．ここで群 G には証明で何の役割もないので，記号から省いた．参考文献は [47] または [108] である．

$F : X \times [0, 1] \to Y$ を f と g の間のホモトピーで $f(\,.\,) = F(\,.\,, 0), g(\,.\,) = F(\,.\,, 1)$ なるものとして，$\gamma : \Delta_q \to X$ を特異 q 単体とする．次の図式が（$q = 1$ の）基礎的な幾何的状況を記述している．

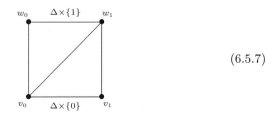

(6.5.7)

正方形は $\Delta \times [0, 1]$ を表す．この正方形の底の辺にある $F \circ \gamma$ による像は

122 第6章 関係のなす空間

$f \circ \gamma$ の像で,上の辺のは $g \circ \gamma$ のである.左と右の境界は $\partial \Delta \times [0,1]$ の像になる.これらの4辺が $\Delta \times [0,1]$ の境界を構成する.すると,サイクルを考えるとき消える境界の像を除いて,つまりホモロジーにおいて,各特異 q 単体について,$f \circ \gamma$ と $g \circ \gamma$ による像は同じであることがわかる.しかし,$\Delta \times [0,1]$ は単体でないという技術的問題がある.それは単体に細分することによって容易に修正される.それは図においては,v_0 から w_1 への対角線で達成される.高次元では,もちろんより多くの単体が必要である.

さて詳細を与えよう.最初に $\Delta_q \times [0,1]$ を $q+1$ 個の $(q+1)$ 次元単体に細分する.射影 $\Delta_q \times [0,1] \to \Delta_q$ があり,$\Delta_q \times \{0\}$ の頂点 $v_0, \ldots, v_q$ と $\Delta_q \times \{1\}$ の頂点 $w_0, \ldots, w_q$ を,上記の図のように v_i と w_i が同じ Δ_q の点に射影するように調整する.写像 $\phi_i \colon \Delta_q \to [0,1]$ $(i = 0, \ldots, q)$ を $\phi_0 = 0$ かつ重心座標((6.4.1) 参照)で

$$\phi_i(\lambda_0, \ldots, \lambda_q) = \sum_{\nu = q-i+1}^{q} \lambda_\nu \quad (i = 1, \ldots, q)$$

であるようなものを考える.ϕ_i の像は,$i = 0$ に対して q 単体 $(v_0, \ldots, v_q)$ $= \Delta_q \times \{0\}$ であり,$i = 1, \ldots, q$ に対して単体 $(v_0, \ldots, v_{q-i}, w_{q-i+1}, \ldots, w_q)$ となる.また,すべての $x \in \Delta_q$ に対して $\phi_i(x) \leq \phi_{i+1}(x)$ であり,これら二つのグラフの間の領域は $(q+1)$ 次元単体 $(v_0, \ldots, v_{q-i}, w_{q-i}, \ldots, w_q)$ である.これが $\Delta_q \times [0,1]$ の単体複体としての望んだ実現を与える.

さて,$\gamma \colon \Delta_q \to X$ を特異単体とする.それを $\gamma \times \mathrm{id} \colon \Delta_q \times [0,1] \to X \times [0,1]$ と拡張する.ここで id はもちろん $[0,1]$ 上の恒等写像である.すると,上記の細分を使って,これは特異チェインとなる.

これらの構成を使って,

$$D \colon C_q(X) \to C_{q+1}(Y)$$
$$s_q \mapsto \sum_k (-1)^k F \circ (s_q \times \mathrm{id})|(v_0, \ldots, v_k, w_k, \ldots, w_q) \tag{6.5.8}$$

と定義できる.われわれの目的は,関係

$$\partial D = g_* - f_* - D\partial \tag{6.5.9}$$

を確かめることである。これは図 (6.5.7) を議論したときにいったことを定式化するものである。(6.5.9) を示すのに本質的な点は，$D\partial$ を $\partial D \times [0,1]$ の像として実現することである。計算すると

$$D\partial(\gamma_q) = \sum_{\kappa > k}(-1)^k(-1)^\kappa F \circ (\gamma_q \times \mathrm{id})|(v_0, \ldots, v_k, w_k, \ldots, \hat{w}_\kappa, \ldots, w_q)$$
$$+ \sum_{\kappa < k}(-1)^{k-1}(-1)^\kappa F \circ (\gamma_q \times \mathrm{id})|(v_0, \ldots, \hat{v}_\kappa, \ldots, v_k, w_k, \ldots, w_q)$$

$$(6.5.10)$$

となる。次式のすべての項を同定することができる。

$$\partial D(\gamma_q) = \sum_{\kappa \leq k}(-1)^k(-1)^\kappa F \circ (\gamma_q \times \mathrm{id})|(v_0, \ldots, \hat{v}_\kappa, \ldots, v_k, w_k, \ldots, w_q)$$
$$+ \sum_{\kappa \geq k}(-1)^k(-1)^{\kappa+1} F \circ (\gamma_q \times \mathrm{id})|(v_0, \ldots, v_k, w_k, \ldots, \hat{w}_\kappa, \ldots, w_q)$$

$\kappa \neq k$ である項は (6.5.10) によると $-D\partial$ を与える。$\kappa = k$ である項は和の最初と 2 番めの項を除き，相殺する。$\kappa = k = 0$ である最初の項は $g \circ \gamma_q$ を与え，$\kappa = k = q$ である 2 番めの項は $-f \circ \gamma_q$ を与える。これで (6.5.9) が示された。

関係式 (6.5.9) は線形性により特異 q チェイン s_q に拡張する。s_q がサイクルのときは，$\partial s_q = 0$ で，(6.5.9) は

$$\partial D(s_q) = g_*(s_q) - f_*(s_q) \qquad (6.5.11)$$

を与える。ゆえに，ホモロジーでは $g_*(s_q) = f_*(s_q)$ であり，(6.5.6) が確かめられた。

定理の残る主張はもう容易である。もし X と Y がホモトピー同値ならば，(6.5.4) により

$$\phi\colon X \to Y, \ \psi\colon Y \to X \ \text{であって} \ \phi \circ \psi \sim \mathrm{id}_Y, \ \psi \circ \phi \sim \mathrm{id}_X \ \text{を満たす}$$

ものが存在して，すでに証明したことにより，これは $\phi_* \circ \psi_*$ が $H(Y)$ 上の恒等写像を誘導し，$\psi_* \circ \phi_*$ が $H(X)$ 上の恒等写像を誘導することを意味する。したがって，たとえば ϕ が $H(X)$ と $H(Y)$ の間の同型を誘導する。 $\square$

124 第6章 関係のなす空間

定理 6.4.1（とはっきりとは述べていないが空間対での類似）と定理 6.5.1 は次を与える.

定理 6.5.2

$$H_q(\,.\,;G)\colon (X,A) \mapsto H_q(X,A;G) \tag{6.5.12}$$

は位相空間対のホモトピー類の圏からアーベル群の圏への関手である.

定理 6.5.1 のいくつかの帰結を述べる. これらは読者が容易にチェックできよう.

系 6.5.1

1. A が X の変形レトラクトならば, 次が成り立つ.

$$H_q(X,A) = 0 \quad (\forall q) \tag{6.5.13}$$

2. $B \subset A \subset X$ であり, A が X の変形レトラクトならば, 包含写像 $i\colon A \to X$ は次の同型を誘導する.

$$i_*\colon H_q(A,B) \to H_q(X,B) \tag{6.5.14}$$

3. $B \subset A \subset X$ であり, B が A の変形レトラクトならば, 包含写像 $j\colon B \to A$ は次の同型を誘導する.

$$j_*\colon H_q(X,B) \to H_q(X,A) \tag{6.5.15}$$

定理 6.5.1 は, ホモロジー群が位相空間のホモトピー同値類にのみ依存するという意味で, 位相空間の位相不変量を与えることを教えてくれる. 逆に, ホモトピー同値でない空間を区別するためにホモロジー群を使うことができよう. 二つの空間 X と Y がホモトピー同値でないことを示すために, 少なくとも一つのホモロジー群が異なることを示せば十分である. これが多くの場合に非常な成功を収めるが, ホモロジー群は不変量の完全な一式を残念ながら与えない. 言い換えると, ホモトピー同値でない空間 X と Y で, 対応するホモロジー群がすべて同型であるものが存在する.

6.6 コホモロジー

4.6 節ですでにコホモロジーを簡単に導入した．今度はもっと体系的にコホモロジーを考察し，とくにホモロジーとのつながりを記述しよう．

G を固定した群とする．後には G をアーベル群と仮定するが，まだその仮定は必要としない．すると Hom 関手ができる．

$$\mathbf{Groups}^{\mathrm{op}} \to \mathbf{Sets}$$

$$A \mapsto \mathrm{Hom}(A, G) \tag{6.6.1}$$

これは各群 A に A から G への群準同型の集合を対応させ，各群準同型 f: $A_1 \to A_2$ に

$$f^*\colon \mathrm{Hom}(A_2, G) \to \mathrm{Hom}(A_1, G)$$

$$\phi \mapsto \phi \circ f \tag{6.6.2}$$

を対応させる関手である．8.3 節で詳しく説明するが，Hom 関手は反変的である，すなわち準同型（ここでは f）の方向を反転させる（ここでは f^*）．

さて，単体的チェイン群 $C_q(X, \mathbb{Z})$ または特異チェイン群 $S_q(X, \mathbb{Z})$ を考える．すると G に値をとる**コチェイン** (cochain) の群 $\mathrm{Hom}(C_q(X), G)$ と**コバウンダリー作用素** (coboundary operator)

$$\delta^{q-1} := \partial_q^*\colon \mathrm{Hom}(C_{q-1}(X), G) \to \mathrm{Hom}(C_q(X), G)$$

$$\phi \mapsto \phi \circ \partial_q$$

$$\text{すなわち } \delta^{q-1}(\phi)\big(\sum g_i \sigma_q^i\big) = \phi\big(\sum g_i \partial_q \sigma_q^i\big) \tag{6.6.3}$$

が得られる．

補題 6.6.1　すべての q について次が成り立つ．

$$\delta^q \circ \delta^{q-1} = 0 \tag{6.6.4}$$

証明　これはバウンダリー作用素 ∂_q の対応する性質（(6.2.8) 参照）から従う．　$\square$

126 第6章 関係のなす空間

ホモロジー群の定義 (6.2.11) と同様に，いまから G をアーベル群と仮定してコホモロジー群の定義ができる．

定義 6.6.1 （単体的チェインを扱うとき）単体複体，または（特異チェインを扱うとき）位相空間 X の q 次コホモロジー群 (cohomology group) を

$$H^q(X, G) := \operatorname{Ker} \delta^q / \operatorname{Im} \delta^{q-1} \tag{6.6.5}$$

と定義する．

同様に，もちろん位相空間対 (X, A) の相対コホモロジー群 $H^q(X, A; G)$ も定義できる．

チェイン $c_q \in C_q$ とコチェイン $\phi^q \in \operatorname{Hom}(C_q, G)$ に対して，次のように記す．

$$\langle \phi^q, c_q \rangle := \phi^q(c_q) \in G \tag{6.6.6}$$

補題 6.6.2 $\langle ., . \rangle$ は双線形で次を満たす．

$$\langle \delta^{q-1} \phi^{q-1}, c_q \rangle = \langle \phi^{q-1}, \partial_q c_q \rangle \tag{6.6.7}$$

とくに，**コサイクル** (cocycle) $(\delta\phi = 0)$ とバウンダリーのペアリングは消え，サイクル $(\partial c = 0)$ とコバウンダリー (coboundary) のペアリングも消える．

証明は明らかであろう．

系 6.6.1 $\langle ., . \rangle$ は，コホモロジー群 $H^q(X, G)$ とホモロジー群 $H_q(X, G)$ の間の双線形なペアリングを誘導する．それも同じ記号 $\langle ., . \rangle$ で記す．

今度は，コホモロジーにおける積を導入しよう．そのために，いまから G は環である，つまり $g + h$ と書かれる可換な群演算に加えて gh と書かれる積（これは一般性のため可換である必要はない）を持つと仮定する必要がある．もちろん，主な例は可換な環 $\mathbb{Z}$ であり，体 $\mathbb{Z}_2$ と $\mathbb{R}$ も同様に重要である．

定義 6.6.2 $\gamma : \Delta_n \to X$ を特異 n 単体として，$q \leq n$ について $\phi \in$

$\mathrm{Hom}(S_q(X), G)$ を環 G に係数を持つ特異 q コチェインとする. γ と ϕ の間のキャップ積 (cap product) が, $g \in G$ に対して, 次で定義される.

$$\phi \cap (g\gamma) := g\langle \phi, \gamma \circ [e_{n-q}, \ldots, e_n]\rangle(\gamma \circ [e_0, \ldots, e_{n-q}]) \in S_{n-q}(X) \otimes G \tag{6.6.8}$$

キャップ積は特異チェインに線形に拡張される.

ゆえに, n 単体 γ の q 次元後面で q コチェインの値をとり, γ の $n-q$ 次元前面の係数としてこの数を理解する.

補題 6.6.3 特異 n チェイン c と特異 q コチェイン ϕ に対して, 次が成り立つ.

$$\partial(\phi \cap c) = (-1)^q(\delta\phi) \cap c + \phi \cap \partial c \tag{6.6.9}$$

証明はいくぶん退屈だが, 定義どおりの計算で進む.

とくに, コサイクル ($\delta\phi = 0$) とサイクルのキャップ積はサイクルであり, コサイクルとバウンダリーの積はバウンダリーである. したがって, 次が述べられる.

定義 6.6.3 コホモロジーとホモロジーとの間のキャップ積とは, (6.6.8) により誘導された次の積のことである.

$$H^q(X, G) \times H_n(X, G) \to H_{n-q}(X, G)$$
$$(\psi, c) \mapsto \psi \cap c \tag{6.6.10}$$

双対性により, コホモロジー上の積も定義できる.

定義 6.6.4 $\phi \in H^p(X, G)$, $\psi \in H^q(X, G)$ とする. ϕ と ψ の間の**カップ積** (cup product) は, すべての $c \in H_n(X, G)$ に対して $p + q = n$ として, 次が成り立つことを要請して定義される.

$$\langle \phi \cup \psi, c \rangle = \langle \phi, \psi \cap c \rangle \in G \tag{6.6.11}$$

ゆえに, 次が成り立つ.

128 第 6 章 関係のなす空間

$$\phi \cup \psi \in H^n(X, G) \quad (p + q = n) \tag{6.6.12}$$

　カップ積の定義をキャップ積の言葉に絡めて，前者をコサイクルのレベルで定義することもできる．（コサイクルとコホモロジー類，つまりコサイクルの同値類にも同じ記号を使おう．これは混乱をもたらさない．）$\phi \in \mathrm{Hom}(S_p(X), G)$，$\psi \in \mathrm{Hom}(S_q(X), G)$ と $(p+q)$ 単体 $\gamma: \Delta_{p+q} \to X$ と $g \in G$ に対して，次が成り立つ．

$$\langle \phi \cup \psi, g\gamma \rangle = g \langle \phi, \gamma \circ [e_0, \ldots, e_p] \rangle \langle \psi, \gamma \circ [e_p, \ldots, e_{p+q}] \rangle \tag{6.6.13}$$

すなわち，p 次元前面での ϕ の値に Δ_{p+q} の像の q 次元後面での ψ の値を掛ける．

定理 6.6.1 G を単位元を持つ可換環とする．
　カップ積を備えた

$$H^*(X, G) := \bigoplus_{q \geq 0} H^q(X, G) \tag{6.6.14}$$

は単位元を持つ反可換な環であり，X のコホモロジー環とよばれ，環 G 上の加群である．
　ここの反可換性は次式を意味する．

$$\phi \cup \psi = (-1)^{pq} \psi \cup \phi \quad (\phi \in H^p, \ \psi \in H^q) \tag{6.6.15}$$

証明　環構造については分配法則

$$(\phi_1 + \phi_2) \cup \psi = \phi_1 \cup \psi + \phi_2 \cup \psi \tag{6.6.16}$$

$$\phi \cup (\psi_1 + \psi_2) = \phi \cup \psi_1 + \phi \cup \psi_2 \tag{6.6.17}$$

と結合法則

$$(\phi \cup \psi) \cup \omega = \phi \cup (\psi \cup \omega) \tag{6.6.18}$$

を確かめる．加群構造については斉次性

$$(g\phi) \cup \psi = \phi \cup (g\psi) = g(\phi \cup \psi) \tag{6.6.19}$$

がある．単位元は次を満たす $1_X \in H^0(X, G)$ である．

$$1_X \cup \phi = \phi \cup 1_X = \phi \tag{6.6.20}$$

これらの性質すべては容易に確かめられる． $\qquad\qquad\square$

さらに，カップ積は次の意味で関手的である．

補題 6.6.4 連続写像 $f: Y \to X$ に対して次が成り立つ．

$$f^*(\phi \cup \psi) = f^*\phi \cup f^*\psi \tag{6.6.21}$$

系 6.6.2

$$X \mapsto H^*(X, G) \tag{6.6.22}$$

は位相空間の（射の向きを反対にした）圏 **Top**^{op} から（反可換）環かつ G 加群の圏への関手である．

重要な注意だが，X のホモロジーには類似の環構造はない．X のコホモロジー上のカップ積は一般にはホモロジーに含まれない情報を持っている．しかし，X が閉多様体のとき，コホモロジー上のカップ積はホモロジー上の交叉積に双対である．これはポアンカレの双対定理の帰結であり，それに向かおう．

6.7 ポアンカレ双対性と交点数

本節では，M は n 次元の連結な多様体で，当面は境界 ∂M を持つとする．ここで ∂M は M の位相的な意味の境界で，M の閉包マイナス内部のことであるが，それは多様体については，この位相的境界は n 単体として M のホモロジー的境界の下部構造である．M は（その境界（もしあれば）とともに）コンパクトだと仮定する．

130 第 6 章 関係のなす空間

定義 6.7.1 M は次が成り立つとき，**向きづけ可能** (orientable) であるという．

$$H_n(M, \partial M; \mathbb{Z}) \cong \mathbb{Z} \tag{6.7.1}$$

この群の生成元 $[M]$ は M の**基本類**とよばれ，その選び方は**向き** (orientation) とよばれる．

注意 一般に，連結な多様体とアーベル群 G について，境界があったとしても

$$H_n(M, \partial M; G) \text{ は } \cong G \text{ または } \{g \in G : 2g = 0\} \tag{6.7.2}$$

が成り立つ．最初の場合，M は向きづけ可能である．とくに，いつでも

$$H_n(M, \partial M; \mathbb{Z}_2) \cong \mathbb{Z}_2 \tag{6.7.3}$$

が成り立ち，ゆえに基本類 $[M]_2 \in \mathbb{Z}_2$ がある．

(6.7.2)，すなわち，G が $\mathbb{Z}$ または $\mathbb{Z}_2$ のとき H_n がただ一つの生成元を持つことの幾何学的理由は，M 自身が ∂M を法として閉じたただ一つの特異 n チェインであるということだ．他の n チェインはどれも M の中に境界を持ち，∂M を法とするホモロジー類を代表しない．M に対応する $\mathbb{Z}$ コホモロジー類は $[M]$ であり，それは $2[M] = 0$ を満たす（この場合，M は向きづけ不可能（メビウスの帯を思い浮かべよ）である），あるいはそれが $\mathbb{Z}$ を自由に生成する．

すると，**ポアンカレ双対定理** (Poincaré duality theorem) は次である．

定理 6.7.1 M はコンパクトで向きづけ可能な n 次元多様体で，境界がないものとする．このとき，任意の $q \in \mathbb{Z}$ に対して基本類 $[M]$ とのキャップ積は次の同型を与える．

$$\cap [M] : H^q(M, \mathbb{Z}) \to H_{n-q}(M, \mathbb{Z})$$
$$\phi \mapsto \phi \cap [M] \tag{6.7.4}$$

いずれにせよ，M が向きづけ可能と仮定されていないとき，次の同型を得

6.7 ポアンカレ双対性と交点数 **131**

る.

$$\cap [M]_2 \colon H^q(M, \mathbb{Z}_2) \to H_{n-q}(M, \mathbb{Z}_2)$$
$$\phi \mapsto \phi \cap [M]_2 \tag{6.7.5}$$

この結果の証明は長すぎるので，ここでは証明しない．証明は代数的トポロジーのよい教科書ならどれでも，たとえば [47] または [108] に見つかる．

系 6.7.1 コンパクトで向きづけ可能な n 次元多様体 M のベッチ数は次の関係を満たす.

$$b_q = b_{n-q} \tag{6.7.6}$$

とくに，n が奇数のとき，M のオイラー標数は消える．

$$\chi(M) = \sum_q (-1)^q b_q = 0 \tag{6.7.7}$$

証明 コホモロジーの普遍係数定理は（ここでは証明しないが），コホモロジー群は常に次を満たすことを述べる．

$$H^q(X, G) \cong \mathrm{Hom}(H_q(X), G) \oplus \mathrm{Ext}(H_{q-1}(X), G) \tag{6.7.8}$$

ここで Ext はある有限群を表す．とくに，H^q と H_q の自由部分は一致するので，$H_q(X, \mathbb{Z})$ の自由部分の階数と定義された X の q 次元ベッチ数は，$H^q(X, \mathbb{Z})$ の自由部分の階数と一致する．ゆえに，X が多様体であるとき，ポアンカレ双対性を適用して結果を得る． □

定理 6.7.1 はコンパクトな多様体のホモロジー上に，コホモロジー上のカップ積の双対として，交叉積とよばれる積を定義することを許す．

定義 6.7.2 M をコンパクトな向きづけられた多様体として，

$$P \colon H_q(M, \mathbb{Z}) \to H^{n-q}(M, \mathbb{Z}) \tag{6.7.9}$$

をポアンカレの同型 (6.7.4) の逆とする．$\alpha \in H_q(M, \mathbb{Z})$, $\beta \in H_{n-q}(M, \mathbb{Z})$ に対して，それらの交叉積を

132 第6章 関係のなす空間

$$\alpha \cdot \beta := \langle P(\beta) \cup P(\alpha), [M] \rangle \in \mathbb{Z} \tag{6.7.10}$$

と定義する．M が必ずしも向きづけ可能でないとき，(6.7.10) で $[M]$ の代わりに $[M]_2$ を用いて $\mathbb{Z}_2$ 交叉積を定義することができる．

(6.7.10) の右辺で因子を逆の順番にもできることに注意する．それは次の公式を考慮して，符号の正規化につながる．

$$\alpha \cdot \beta = (-1)^{q(n-q)} \beta \cdot \alpha \tag{6.7.11}$$

(6.7.10) は，ホモロジー類 α, β を代表するサイクルの，適当な符号つきの交点を数え上げると幾何的に解釈される．M が微分可能多様体である場合の幾何的解釈を簡単にスケッチしてみよう（[29] 参照）．微分可能多様体が**向きづけられている** (oriented) のは，定義 5.3.3 におけるアトラスでチャート変換のヤコビ行列式が正であるものが存在するちょうどそのときである．これはまた，次の条件と同値である．$\mathbb{R}$ 上の n 次元ベクトル空間 V に対して順序つきの基底 $(e_1, \ldots, e_n)$ をとり，それが正だと宣言して，正の行列式を持つ線形変換でそれから得られる基底も正とよぶ．そうでないときは負とよぶ．ゆえに，基底ベクトルの順序が肝心である．互換を奇数回すると，得られた基底はもはや正ではなく負となる．こうして，M の各接空間 $T_x M$ を向きづけできる．もしこの向きを整合的に選べるなら，M は向きづけられる．それは次を意味する．各座標系で，各接空間を $\mathbb{R}^n$ と同一視するとき，$\mathbb{R}^n$ の向きは各接空間の向きを誘導する．向きづけられた多様体については，すべてのチャート変換のヤコビ行列は正の行列式を持つので，座標系とは独立に整合的に向きを選べる．

さて，M を n 次元のコンパクトな向きづけられた微分可能多様体として，N_1, N_2 をそれぞれ次元 q と $n - q$ のコンパクトな向きづけられた微分可能な M の部分多様体とする．N_1 と N_2 は横断的に交わっていると仮定する．これは交点 x において，$T_x N_1$ の向きづけられた基底 $(\epsilon_1, \ldots, \epsilon_q)$ と $T_x N_2$ の向きづけられた基底 $(\eta_1, \ldots, \eta_{n-q})$ が存在して，それらを合わせた $(\epsilon_1, \ldots, \epsilon_q, \eta_1, \ldots, \eta_{n-q})$ が $T_x M$ の基底を与えることを意味する．言い換えると，$T_x M$ の部分空間と見た二つの接空間 $T_x N_1$, $T_x N_2$ が全体空間を

張る．これは，次元 q と $n-q$ の相補性により，N_1 の接ベクトルと N_2 の接ベクトルの間に線形従属性はないことを意味する．微分トポロジー（たとえば [51] 参照）は，N_1 または N_2 を少し摂動すれば，このような横断的交叉を常に達成できることを教えてくれる．とくに，それらが定義するホモロジー類には影響せずに可能である．このように相補的な次元の部分多様体が横断的に交わるとき，高々有限個の点において交わる．（N_1 と N_2 が交わらない場合も横断的だと考える．）各交点 x には，上記のように構成された $(\epsilon_1, \ldots, \epsilon_q, \eta_1, \ldots, \eta_{n-q})$ が $T_x M$ の正の基底であるとき $i(x) := +1$ とおき，負の基底であるとき $i(x) := -1$ とする．$[N_1]$, $[N_2]$ を N_1, N_2 により定義されるホモロジー類とするとき，次が成り立つ．

$$[N_1] \cdot [N_2] = \sum_{x \in N_1 \cap N_2} i(x) \tag{6.7.12}$$

したがって，交わり $N_1 \cap N_2$ の点の数を，部分多様体と $[M]$ 自身の向きに応じて勘定する．これが欲しかった交点数の幾何的解釈である．

重要な点は，この交点数は部分多様体 N_1, N_2 のホモロジー類にのみよるということである．とくに，それは部分多様体の摂動の下で不変である．

交点数は n が偶数で，$q = n - q = n/2$ のとき，とりわけ有益である．この場合，M のコンパクトで向きづけられた部分多様体 N の自己交点数を $[N] \cdot [N]$ と定義できる．これは幾何的には，N を別の（ホモローグである）部分多様体 N' に摂動して，N と N' が横断的に交わるようにできて，上記の規則によって交点を勘定できることを意味する．とくに，N を変形して N' と交わらないようにできるとき，N の自己交点数は消える．部分多様体の自己交点数は負であり得ることを指摘しておこう．

さらに，微分可能多様体の位相へのモース理論的なアプローチもあることを指摘しておこう．たとえば [100, 58] 参照．そのアプローチでは，交わりは重要な幾何的役割を果たす．

第7章　構　造

7.1　構造の生成

　第8章で圏論に戻る前に，数学的構造に関する少し異なる観点を取り上げてみたい．それは次の定義に体現されている．

定義 7.1.1　数学的構造 (mathematical structure) とは，**生成元** (generator) の集合，それらの間の**関係** (relation)（**制約** (constraint)）の集合（空かもしれない）と，**操作** (operation) の集合からなり，生成元から操作によって構造の他の元が作り出されるようなものである．

例

1. 集合は元で生成され，関係も操作もないものである．これは単に，集合それ自体はさらなる構造は持たないという事実を表す．
2. 集合 X 上の同値関係について，各 $x \in X$ はその同値類を同値の操作により作り出している．
3. ベクトル空間は基底により生成され，その操作はベクトルの線形結合である．
4. 群 G に対して，有限個の群の元 $g_1, \ldots, g_n$ が存在して，各 $g \in G$ が $g = \gamma_1 \gamma_2 \cdots \gamma_N$ $(\gamma_i \in \{g_1, g_1^{-1}, \ldots, g_n, g_n^{-1}\}, \ i = 1, \ldots, N)$ と書ける，すなわち，生成元とその逆による有限積に表せるとき，G は**有限生成** (finitely generated) であるという．これらの生成元は，自明な関

136 第7章 構 造

係 $gg^{-1} = e$ $(\forall g \in G)$ 以外にいくつか関係を満たしてもよい. たとえ
ば, 群が可換であるとき, 生成元は $ghg^{-1}h^{-1} = e$ $(\forall g, h \in G)$ も満
たす. 加法群 $\mathbb{Z}_2$ の生成元 1 は $1 + 1 = 0$ を満たす. 自由アーベル群 $\mathbb{Z}$
は 1 で生成され, どのような関係もない. 有限個の関係で有限個の生
成元の間のすべての関係を生成するのに十分であるとき, 群は**有限表示**
(finitely generated) であるという. この例での操作とはもちろん群の
法則 (演算) である.

5. (X, d) を距離空間とする. ξ が次を満たすとき, x_1, x_2 の中点であると
いう.

$$d(x_1, \xi) = d(x_2, \xi) = \frac{1}{2}d(x_1, x_2) \tag{7.1.1}$$

(X, d) が測地的であるとき, このような中点はいつも存在する. 弧長
((5.3.45) 参照) に比例するパラメータ表示の最短測地線 $\gamma \colon [0, 1] \to X$
で $\gamma(0) = x_1$, $\gamma(1) = x_2$ なるものをとる. すると $\xi = \gamma(\frac{1}{2})$ が中点で
ある. 中点は必ずしもただ一つとは限らないことにも注意する. たとえ
ば, 球面 S^n の北極と南極をとるとき, 赤道上のすべての点が中点であ
る.

定義 7.1.2 X_0 を測地的距離空間 (X, d) の部分集合とする. X_0 の点から
出発して, 中点をとる操作を繰り返し適用して生成された点すべての集合の
閉包は, X_0 の**凸包** (convex hull) とよばれる.

中点をとる操作を繰り返すとは, たとえば, ξ_1, ξ_2 をそれぞれ X_0 の点の
中点とするとき, 次のステップではそれらの中点, またはその一点と X_0 の
点との中点をとることを単に意味する. そしてさらにそれを続ける. ゆえ
に, ここでの操作は, 中点をとる構成と位相的閉包である.

ユークリッド空間については, 空間全体を生成するには無限個の点が必
要である. なぜなら, 有限個の点の凸包は常に有界であるからだ. 対照的
に, 上記の例が示すように, 球面 S^n は 2 点のみで生成できる. コンパクト
なリーマン多様体が何点で生成されるかを問うことができるだろう.

6. (X, d) を測地的でない距離空間とするとき, 中点をとる構成を, 定義

2.1.8 で扱った間にある点の関係で置き換えることができる.

定義 7.1.3　(X, d) を距離空間とする. $x_1, x_2 \in X$ について, $B(x_1, x_2)$ を x_1 と x_2 の間にある点, つまり

$$d(x_1, y) + d(x_2, y) = d(x_1, x_2) \tag{7.1.2}$$

を満たす点 y すべての集合とする. すると, $X_0 \subset X$ の**凸包** (convex hull) とは, 間にある点の規則の繰り返しの適用で生成されるものである.

(X, d) が測地的であるとき, これは定義 7.1.2 と同じ結果へと導く.

7. 位相空間の位相 $\mathcal{O}(X)$ は, 位相の基底から, 無限の合併と有限の共通部分の操作により生成される. (X, d) が距離空間のとき, 任意の $x \in X$, $r \geq 0$ についての球 $U(x, r) := \{y \in X : d(x, y) < r\}$ が位相を生成する.

8. 位相空間のボレル σ 代数は, 開集合によって, 合併, 共通部分, 補集合の操作を通じて生成される.

9. 論理系 (logical system) の命題はその公理から論理推論（モーダスポネンス）の操作の適用で生成される. 9.3 節参照.

10. 力学系 (4.1.22) と (4.1.23), すなわち

$$\dot{x}(t) = F(x(t)) \quad (x \in \mathbb{R}^d, \ t > 0) \tag{7.1.3}$$

$$x(0) = x_0 \tag{7.1.4}$$

を考察する. 適当な $T > 0$ について, 初期値 (7.1.4) を持つ (7.1.3) の解が $0 \leq t < T$ で見つかると仮定する. たとえば, F がリプシッツ連続であるとき, この仮定はピカール–リンデレフの定理から従う. [59] 参照. 力学的な規則の操作により, $A \subset \mathbb{R}^d$ は $x(0) = x_0 \in A$ であるようなすべての軌道 $x(t)$ の集合を生成する. とくに, 各点 x_0 はその軌道 $x(t)$ を生成する.

これを位相的閉包の操作で補うとき, このような軌道の漸近的極限集合を得る. [60] 参照.

11. (4.1.31) で 2 進列の組み換え $R(x, y)$ の集合を定義し, 与えられた集合

138 第 7 章 構　造

から (4.1.33) の列の組み換えを繰り返して対応する閉包作用素を定義した.

定義 7.1.4　数学的構造の生成元の集合 G は，どのような真部分集合 $G_0 \subsetneq G$ もその構造全体を生成できないならば，**極小** (minimal) とよばれる.

例

1. 群 $\mathbb{Z}$, $\mathbb{Z}_q$ はただ一つの生成元 1 を持ち，それは当然極小である.

2. 対称群 $\mathfrak{S}_n$ は互換 $(j, 1)$ $(j = 2, \dots, n)$ により極小に生成される. 他の互換 (k, j) $(k \neq j)$ は積 $(j, 1) \circ (k, 1) \circ (j, 1)$ であり，$\mathfrak{S}_n$ のすべての元は互換の積に表せる. (2.1.6 節での対称群の議論を思い出そう.)

3. ユークリッド平面には，凸包の操作に関する生成元の極小集合は存在しない. すでに観察したように，この空間のどの生成元集合も必然的に無限であり，有限個の点を消すことは生成する能力に影響しない.

4. F が (7.1.3) のような $\mathbb{R}^d$ 上の力学系であるとき，超曲面 $A \subset \mathbb{R}^d$ で，$\mathbb{R}^d$ の各点が $x_0 = x(0) \in A$ であるようなただ一つの軌道 $x(t)$ の上にあるならば，それは**コーシー超曲面** (Cauchy hypersurface) とよばれる. もちろん，このような超曲面は与えられた F について必ずしも存在するわけではない.

定義 7.1.5　X_0 を数学的構造の元の集合 X の部分集合とする. X_0 で生成される X の元の集合 $\overline{X_0}$ は X_0 の**スコープ** (scope) とよばれる. 一点 x のスコープは x の**軌道**とよばれる.

$x \notin \overline{X_0}$ は X_0 と**独立** (independent) であるといわれる.

　スコープ作用素は，定理 4.1.2 のクラトフスキー閉包作用素の公理を必ずしも満たすわけではない. なぜなら，二つの部分集合の合併のスコープは個別のスコープの合併より大きくなり得るからである.

例

1. $\overline{X_0} = X$ のとき，またそのときに限り，X_0 は生成元の集合である.

2. 距離空間において，X_0 のスコープはその凸包である.

3. 力学系 (7.1.3) について，x_0 のスコープは，$x_0 = x(0)$ であるような軌道 $x(t)$ である．

4. (4.1.31) の組み換え作用素について，与えられた長さ n の 2 進列の集まりが，他の 2 進列から組み換えの何度かの適用では得られないとき，その集まりを独立と定義できる．

定義 7.1.6 構造の元の集合 X の部分集合 X_0 は，

$$\overline{X_0} = X_0 \tag{7.1.5}$$

であるとき，つまり，X_0 のスコープがそれ自身より大きくないとき，**非能** (nonpotent) とよばれる．

例

1. X 自身と $\emptyset$ は自明に非能である．

2. 群の単位元は非能である．

3. 距離空間において，どの一点も凸包の操作に関して非能である．

4. より一般に，どの凸集合もそれ自身のみを生成するので非能である．これは一つ前の例を一般化する．というのも，一点は距離空間で凸集合をなしているからである．

5. 位相空間において，単独の開集合は合併や共通部分をとることでそれ自身しか生成できないので，非能である．しかし，その補集合はそれと交わりのない集合を与えるので，単独の開集合は σ 代数を生成し得る．

6. 一点 x_0 は，それが**固定点** (fixed point) であるとき，またそのときに限り，力学系について非能である．すなわち，

$$x(t) = x_0 \ (\forall t) \ \text{であるような解} \ x(t) \ \text{が存在する．} \tag{7.1.6}$$

7.2 複雑性

定義 7.1.1 を基に，構造の生成の概念をコルモゴロフ (Kolmogorov) [71]

140 第7章 構 造

により導入された（アルゴリズム的）複雑性の概念と関連づけることができる. これについてはソロモノフ (Solomonoff) [103] とチャイティン (Chaitin) [22] により独立に関連した考えが出されている. 構造のアルゴリズム的複雑性とは, それを生成できる最短のコンピュータプログラムの長さとして定義される.（この長さがそれを実装する万能コンピュータ（チューリングマシン）に依存する一方, それを他の万能チューリングマシンに移行することは, 特定の構造やプログラムとは独立に制御可能な加法的定数をもたらすだけである. この限界値は問題となっているチューリングマシンにのみ依存する. なぜなら, その万能性により, 互いに互いをシミュレーションすることができるからである. 詳細については [81] を参照.）

ゆえに, アルゴリズム的複雑性は最もコンパクトなあるいは凝縮した構造の記述を本質的に測るものである. 短いプログラムにコード化できるものは, この意味であまり複雑ではない. 他方, ランダムな構造は圧縮できないので, 高いアルゴリズム的複雑性を持っている[1].

したがって, アルゴリズム的複雑性の概念はコード化の効率性に関係する. 原則的に構造をどのように記述するかを理解すれば, 複雑性の概念に照らすと実質的にその構造を理解したことになる. 実際のプログラムを走らせることは自明な側面と考えられる. 定義 7.1.1 では同様の側面を強調した. ひとたび生成元, その間の関係または制約と生成の規則を理解すれば, 構造を理解したことになる. したがって, このようなコード化の難しさを計算または評価すると, その意味で数学的構造の複雑性を測ることができる. たとえば, 生成元の個数, 制約の記述の長さ, そして生成規則のコードを勘定できる. すると, この勘定を数学的構造のアルゴリズム的複雑性と考えてよいだろう. 具体的な数は採用されたコード化の枠組みに依存するが, それが万能であれば, その依存性は考察中の特別な構造とは独立である加法的な限度につながるだけである.

前述で鍵となる側面は, 対称性が構造のアルゴリズム的複雑性を減少させるということである. 構造のすべての要素をリストするよりむしろ, なるべ

---

[1] ランダムな構造を, 単にそれがあまり構造化されていないという理由で複雑と見なすのは, いつでも望ましいというわけではない. このような側面は複雑系の理論において重点的に議論されてきた. この結果を避けるような他の複雑性の尺度が提案されたが, それはここでのトピックではないし, どこか別のところで議論しよう.

く少ない元の集まりと全体の構造の再構築を可能にする対称性の群の言葉でその構造を記述する方が，より効率がよい．もちろん，対称性の群それ自体は，長い記述を要するという意味で複雑であり得る．しかしここでの要点は，構造の複雑性の重要な部分はその対称性の群で表現されるということである．

7.3 独立性

本節では，定義 7.1.4 と定義 7.1.5 の極小性と独立性の概念を洗練させる．独立な元の集合を単体複体の単体として表示するというのがそのアイデアである．

定義 7.3.1 マトロイドとは，集合 V と**独立性複体** (independence complex) とよばれる空でない単体複体 Σ からなり，その頂点集合 V が次の**交換特性** (exchange property) を満たすもののことである．すなわち，σ, τ が Σ の単体で $|\sigma| < |\tau|$ であるとき，頂点 $v \in \tau \setminus \sigma$ で $\sigma + v$（σ の頂点と v で張られる単体）がやはり Σ の単体である．

独立性複体 Σ の単体の頂点集合は**独立集合** (independence set) とよばれる．

以下の記法は多少粗っぽく，しばしば V の部分集合とそれが Σ 内で張る単体とを区別しない．

交換特性が次を意味することを観察しよう．

補題 7.3.1 マトロイドの極大単体の頂点の個数はすべて同じである．

定義 7.3.2 マトロイドの極大な単体の頂点の個数はその**階数** (rank) とよばれる．

例

1. V をベクトル空間とする．各ベクトル空間の基底で単体を張らせると，マトロイドが得られる．交換特性は，一つの基底のどの元も他の元と交換できるという事実を表す．V が実数または複素数上で定義され，

ユークリッドノルム $\|.\|$ を持つとき，頂点集合として $\|v\| = 1$ である元 v をとることもできる．頂点として V の 1 次元線形部分空間をとることもできる．もちろん，ベクトル空間が定義されているのが無限体上のとき，この例のマトロイドは無限個の頂点を持つ．しかし，有限のマトロイドを得るために，V 全体の代わりに適当な有限部分集合で構成法を適用することができる．たとえば，体 $\mathbb{Z}_2$ 上のベクトル空間 $\mathbb{Z}_2^n$ を考えられる．例として，$\mathbb{Z}_2^2$ では三つの基底の集合 $\{(1,0), (0,1)\}$，$\{(1,1), (0,1)\}$，$\{(1,0), (1,1)\}$ がある．したがって，対応するマトロイドは 3 頂点 $(1,0)$, $(0,1)$, $(1,1)$ からなり，対ごとに辺でつながっている．ゆえに，それは三角形である．つまり，完全グラフ K_3 である．

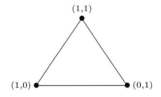

2. G を辺の集合 E を持つ有限グラフとする．3.4.1 節からいくつかの概念を復習しておく．閉路とは G の部分グラフで (v_0v_1), (v_1v_2), ..., (v_mv_0) という形で，$(v_{i-1}v_i)$ $(i=1,\ldots,m)$ は辺であり，最後の頂点が最初のものと一致する以外は頂点 v_j は互いに異なる．**森** (forest) は G の部分グラフで閉路が含まれないものである．連結な森が**木** (tree) である．容易にいくつかの観察を確かめられる．グラフが**連結** (connected) である，つまり，どの 2 点 x, y に対してもそれらを結ぶ**道** (path)，つまり辺 (x_1x_2), (x_2x_3), ..., $(x_{k-1}x_k)$ であって $x_1 = x$, $x_k = y$ なるものが存在すると仮定する．グラフが $|G| = m$，つまり m 個の頂点を持つとき，森は高々 $m-1$ 本の辺を持ち，森で $m-1$ 本の辺を持つものは木である．とくに，任意の森は木に拡張できる．

すると，頂点集合が G の辺の集合 E であって，G の森ごとにそれを表す単体を持つマトロイド $M(G)$ が得られる．上記の観察により，極大の単体の次元は $m-2$ である．なぜなら，それらは $m-1$ 頂点（つまり G の辺）を持つからである．

これを非連結グラフに一般化するのはやさしい演習問題として読者に委ねる．さて，連結グラフの例をいくつか議論しよう．

完全グラフ K_2 はただ一つの辺を持ち，したがって $M(K_2)$ は頂点一つからなる．

これと以下の図では，グラフを左に，そのマトロイドを右に表す．

K_3 は 3 本の辺を持ち，どの二つも木を張る．ゆえに

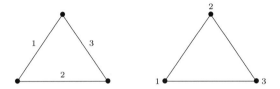

K_4 は 6 本の辺を持ち，どれも二つの（木ではない）三角形と四つの極大なサイズの（三つの辺でできた）木に含まれる．

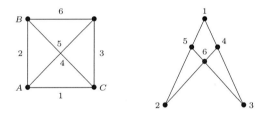

しかし，ここでまだマトロイド全体を描いてはいない．図は以下のように読む必要がある．どの二つの頂点も結ばれている．なぜなら，グラフのどの二つの辺も木か森をなすからである．したがって，$M(K_4)$ の辺のグラフは完全グラフ K_6 である．次に，$M(K_4)$ の部分的表示の 3 頂点が直線上にあるのは，対応する K_4 の辺が三角形をなすとき，およびそのときに限る．たとえば，辺 1, 2, 5 は三角形 A, B, C をなし，したがって一直線上の 3 頂点で表される．逆に，一直線上の頂点で表されていないどの 3 辺も K_4 の木をなす．ゆえに，たとえば，辺 1 と 4 は辺 2, 5 あるいは 6 と木をなす．したがって，一直線上にない頂点の三つ組ごとに，$M(K_4)$ の 2 単体を埋める必要がある．

144 第 7 章 構 造

3. C を距離空間内の凸集合とする. 他の 2 点の間にはない C の点は, C の**端点** (extreme point) とよばれる. たとえば, C がユークリッド平面内の内部を含めた三角形であるとき, 3 頂点はその端点である. 同様に, ユークリッド平面内の凸多角形は有限個の端点, つまり頂点のみを持つ. 対照的に, 単位円盤 $\{x \in \mathbb{R}^2 : \|x\| \leq 1\}$ は単位円周全部が端点である.

   対応するマトロイドは, その頂点集合に C の端点を持ち, そのあらゆる部分集合が単体となる. ゆえに, C が有限個 (m 個とする) の端点しか持たないとき, このマトロイドは単に $m-1$ 次元単体である.

4. 再び, 固定した長さ n の 2 進列の組み換え (4.1.31) に戻る. このときは, しかしながら, マトロイドの交換特性は満たされていない. たとえば, (4.1.32) の後で指摘したように, $x = (0000)$ と $y = (1111)$ から繰り返し組み換えをすることで, 長さ 4 の任意の列を得ることができる. しかし, 4 個の列 $x_1 = (1000)$, $x_2 = (0100)$, $x_3 = (0010)$, $x_4 = (0001)$ も長さ 4 の列の集まりの独立な生成元である.

定義 7.3.3 A をマトロイド Σ_V の頂点集合 V の部分集合とする. すると, Σ の単体で頂点がすべて A に属しているものすべてを含んでいる単体複体 Σ_A は Σ_V の部分マトロイドである. Σ_A の階数を $r(A)$ と表す.

　同等なことだが, $A \subset V$ の独立集合は A の部分集合であって V の独立集合であるものである.

　もちろん, この定義が意味を持つためには, このような Σ_A がマトロイドであることを確かめる必要がある. しかし, 決定的な条件である交換特性は明らかに満たされている. なぜなら, σ, τ が Σ_A の単体であるとき, それらが Σ の単体でもあり, ゆえに $|\sigma| < |\tau|$ であれば交換特性を満たすからである.

補題 7.3.2 マトロイドの階数関数は各 $A \subset V$ に非負整数または ∞ という値を対応させる. そして次を満たす.

$$r(\{v\}) = 1 \quad (\forall v \in V) \tag{7.3.1}$$

$$r(A) \le |A| \quad (\forall A \subset V) \tag{7.3.2}$$

$$r(A) \le r(A \cup \{v\}) \le r(A) + 1 \quad (\forall v \in V, \ A \subset V) \tag{7.3.3}$$

$$r(A \cup B) + r(A \cap B) \le r(A) + r(B) \quad (\forall A, B \subset V) \tag{7.3.4}$$

$$r(A) \le r(B) \quad (\forall A \subset B \subset V) \tag{7.3.5}$$

証明 (7.3.1), (7.3.2) と (7.3.3) は明らかで，(7.3.4) は大きさ $|B|$ に関する帰納法で導ける．(7.3.5) は (7.3.3) から従う． □

定義 7.3.4 (V, Σ_V) を有限階数，つまり $r(V) < \infty$ であるマトロイドとする．$A \subset V$ の**閉包** (closure) を次のように定義する．

$$\overline{A} := \{v \in V : r(A \cup \{v\}) = r(A)\} \tag{7.3.6}$$

この閉包作用素は定理 4.1.2 の性質 (i), (ii) と (iv) を満たす．すなわち，

補題 7.3.3

$$A \subset \overline{A} \quad (\forall A \subset V) \tag{7.3.7}$$

$$A \subset B \Rightarrow \overline{A} \subset \overline{B} \quad (\forall A, B \subset V) \tag{7.3.8}$$

$$\overline{\overline{A}} = \overline{A} \quad (\forall A \subset V) \tag{7.3.9}$$

証明 (7.3.7) と (7.3.9) は簡単である．(7.3.8) を見るため，またより一般的に定義の意味を理解するために，$v \in \overline{A}$ が意味するところを解読するのは有益である．それは，$\Sigma_{A \cup \{v\}}$ の極大な単体が Σ_A のそれと同じ階数を持つことをいっている．同値なことだが，A と $A \cup \{v\}$ の極大な独立集合は同じサイズを持っている．ゆえに，v を A の極大な独立集合に加えると，もはや独立ではなくなる．B を考えるときにこれを逆転させると，v が $\overline{B}$ に属さないならば，B 内の極大な独立集合 B_I で v で拡大しても独立なままのものが見つかる．しかし，部分集合をとることで独立性は影響を受けない．つまり，B_I と A の共通部分も，$B_I \cup \{v\}$ と $A \cup \{v\}$ の共通部分も独立で

146 第 7 章 構 造

ある. B_I のような極大な独立集合と A の共通部分は A の極大な独立集合 A_I を与える. しかし, 独立集合 $A_I \cup \{v\}$ は A よりも大きいので, これは $v \in \overline{A}$ に矛盾する. このことは, $A \subset B$ のとき, $v \in \overline{A}$ ならば, $v \in \overline{B}$ でなければならないことを示す. したがって, $\overline{A} \subset \overline{B}$ である. すなわち, (7.3.8) がいえた. □

しかし一般には, 定理 4.1.2 の性質 (iii) は満たされない. 実際, 上の三つのマトロイドの例のどれもその性質を満たさない. これらの例が示すとおり, 典型的には二つの生成元の集合の合併が生成するものは, 二つの集合から個別に生成されるものの合併より大きくなり得る.

定義 7.3.5 V の閉部分空間 $A = \overline{A}$ により生成される部分マトロイドは平坦 (flat) といわれる.

例

1. 有限次元ベクトル空間 V に対して, 独立集合がベクトル空間の基底の集合であるマトロイドでは階数は次元に等しい. 部分集合 $A \subset V$ について, $\overline{A}$ は A で生成されるベクトル部分空間であり, 平坦な部分マトロイドとは V の線形部分空間にほかならない.

2. E を辺集合とするグラフ G の森のなすマトロイドについては, $A \subset E$ の閉包は, $e \in E$ であって A に加えたとき閉路となるものすべてを含んでいる. その意味するところは, 辺 $(x_1 x_2)$, $(x_2 x_3)$, ..., $(x_{k-1} x_k) \in A$ で $e = (x_k x_1)$ であるものからなる道が存在するということである.

3. ユークリッド空間内の凸集合 C で端点が有限個であるものに対して, v が A の凸包の中にあれば, $v \in \overline{A}$ である. v が端点であるので, これは $v \in A$ のときのみ可能である. ゆえに, $A \subset V$ はすべて閉集合である.

マトロイドはホイットニー [117] で最初に導入された. マトロイドの参考文献として [91, 113] がある.

第8章　圏

　本章では 2.3 節で導入された概念を取り上げる.

　圏論における用語の多くが他分野での用語を気にせずに選ばれていることを, 本章を始める前に指摘しておこう. たとえば,「極限」や「トポス」がその例であるし,「カテゴリー（圏）」という概念自身はアリストテレスの時代から使われているが, 圏論[1]の意味とはおよそ逆の意味である. しかしながら, この用語をここで変える試みはしない.（この点では物理学者の方がより責任感があるようである. 彼らは新しい概念や現象に新たな用語を充てる. たとえば, エントロピーから始まって, 当惑するほど多様な原子や素粒子の名前がつけられた. 電子, 陽子, 中性子, さらにはクォーク, レプトン, ハドロン, ボソン, フェルミオンなどなど. ただ, 不幸にも「アトム」は「分割できない」を意味するが, このような例外も多少ある.）

　圏論は重要な原理を体現している. それを挙げてみる.

1. 対象は内在的性質により定義されたり, 特徴づけられるべきでなく, むしろ他の対象との関係により定義, あるいは特徴づけられるべきである. したがって, 関係の点から見て同型な対象同士は区別できない.

2. 構成は反射的に繰り返され得る. つまり, あるレベルでの対象について構成が遂行されると, その構成されたものを対象とするより高いレベルに移行できる. 言い換えると, あるレベルの対象間の関係は, 次のレベ

---

[1] 歴史上, 命名がどのようにされたかについては, [82] に記述がある. もちろん, その成り行きには整合性があり, 用語の選択に正当性を与えるであろう.

148 第 8 章 圏

ルの対象となる.

8.1 定義

次の基礎的な定義を思い出そう.

定義 8.1.1 圏 (category) **C** とは,対象 (object) A, B, C, ... および対象間の**矢** (arrow) あるいは**射** (morphism)

$$f: A \to B \tag{8.1.1}$$

からなる.ここで $A = \mathrm{dom}(f)$ は f の**定義域** (domain),$B = \mathrm{cod}(f)$ は f の**余定義域** (codomain) とよばれる.矢は合成できる.すなわち,$f: A \to B$ と $g: B \to C$ が与えられると,矢

$$g \circ f: A \to C \tag{8.1.2}$$

ができる.(合成ができるための条件は $\mathrm{cod}(f) = \mathrm{dom}(g)$ のみである.)合成は**結合的** (associative) である.すなわち,$f: A \to B$, $g: B \to C$, $h: C \to D$ について,次が成り立つ.

$$h \circ (g \circ f) = (h \circ g) \circ f \tag{8.1.3}$$

各対象 A について,(「何もしない」)**恒等矢** (identity arrrow)

$$1_A: A \to A \tag{8.1.4}$$

があり,$f: A \to B$ に対して,次が成り立つ.

$$f \circ 1_A = f = 1_B \circ f \tag{8.1.5}$$

圏の対象は何らかの構造を持ち,射はその構造を保つ,という根底にある考えを思い起こそう.圏とは,構造を持つ対象と,対象間の向きのついた関係からなっている.この関係が演算と考えられることは,とても有益な側面である.

また,2.3 節の一般的構成を思い起こそう.圏 **C** を対象とする圏 $\mathcal{C}$ にお

いて，射 $F: \mathbf{C} \to \mathbf{D}$ は圏の構造を保つもので，**関手** (functor) とよばれる．つまり，それは **C** の対象と射を **D** の対象と射に写し，（任意の f, g, A, B に対して）次を満たす．

$$F(f: A \to B) \text{ は } F(f): F(A) \to F(B) \text{ と与えられる．} \tag{8.1.6}$$

$$F(g \circ f) = F(g) \circ F(f) \tag{8.1.7}$$

$$F(1_A) = 1_{F(A)} \tag{8.1.8}$$

したがって，矢の F による像は，対応する対象（定義域と余定義域）の F による像の間の矢で，F は合成を保ち，恒等射を恒等射に写す．

定義 8.1.2 圏 **C** は，その対象の集まりと **C** の矢の集まりが，両方とも（2.2 節で記されたように固定した宇宙 U に属する）集合であるとき，**小さい** (small) といわれる．そうでないとき**大きい** (large) といわれる．

C は，どの二つの対象間の射の集まりも集合であるとき，**局所的に小さい** (locally small) といわれる．

多くの重要な圏は小さくないことに注意せよ．たとえば，**Sets** は大きい．しかしながら，集合 X, Y に対して X から Y への写像の集まりは集合であるから，**Sets** は局所的に小さい．

C の二つの対象 A, B に対して矢の集まり $\{f: A \to B\}$ を

$$\mathrm{Hom}_{\mathbf{C}}(A, B) \tag{8.1.9}$$

と記し，（**C** が局所的に小さいとき）Hom 集合とよぶ．

二つの圏 **C**, **D** に対して，すべての関手 $F: \mathbf{C} \to \mathbf{D}$ のなす圏 $\mathbf{Fun}(\mathbf{C}, \mathbf{D})$ =: $\mathbf{D}^{\mathbf{C}}$ が考えられる．（後者の記号は後に (8.2.63) で説明される．）この圏の射は**自然変換** (natural transformation) とよばれるものである．すなわち，自然変換

$$\theta: F \to G \tag{8.1.10}$$

は関手 F を別の関手 G へ写すもので，圏 $\mathbf{Fun}(\mathbf{C}, \mathbf{D})$ の構造を保つものである．つまり自然変換 $\theta: F \to G$ は，各 $C \in \mathbf{C}$ に対して射

150 第 8 章 圏

$$\theta_C \colon FC \to GC \tag{8.1.11}$$

を与え，それが次の図式を可換にするものである．

$$
\begin{array}{ccc}
FC & \xrightarrow{\ \theta_C\ } & GC \\
{\scriptstyle Ff}\big\downarrow & & \big\downarrow{\scriptstyle Gf} \\
FC' & \xrightarrow{\ \theta_{C'}\ } & GC'
\end{array}
\tag{8.1.12}
$$

定義 8.1.3 すべての対象 $C, D \in \mathbf{C}$ に対して次の写像が単射であるとき，関手 $F \colon \mathbf{C} \to \mathbf{D}$ を**忠実** (faithful) という．

$$F_{C,D} \colon \mathrm{Hom}_{\mathbf{C}}(C, D) \to \mathrm{Hom}_{\mathbf{D}}(FC, FD) \tag{8.1.13}$$

$F_{C,D}$ が常に全射であるとき，F を**充満** (full) という．

F は，忠実で充満であり，$\mathbf{C}$ の対象について単射であるとき，**埋め込み** (embedding) という．

忠実であることは，矢（の全体）について単射であることよりは弱い．というのも，忠実性は（固定された）対象間の矢についての単射性のみを仮定するからである．

定義 8.1.4 圏 $\mathbf{C}$ に対して，対象の集まりは $\mathbf{C}$ と同じとして，矢の向きを反転させて得られる圏 $\mathbf{C}^{\mathrm{op}}$ を**双対圏** (opposite category) という．

つまり，$\mathbf{C}^{\mathrm{op}}$ の各矢 $C \to D$ は $\mathbf{C}$ の矢 $D \to C$ に対応する．

8.2 普遍的な構成

定義 8.2.1 $\mathbf{C}$ を圏とする．$0 \in \mathbf{C}$ が**始対象** (initial object) であるとは，任意の対象 $C \in \mathbf{C}$ に対してただ一つの射

$$0 \to C \tag{8.2.1}$$

が存在することをいう．$1 \in \mathbf{C}$ が**終対象** (terminal object) であるとは，任意の対象 $C \in \mathbf{C}$ に対してただ一つの射

$$C \to 1 \tag{8.2.2}$$

が存在することをいう.

この定義はいわゆる普遍写像性の一例となっている. 図式で表すと, 圏 **C** に始対象 **0** が存在すれば, 任意の射

$$C \longrightarrow D \tag{8.2.3}$$

に対して, **0** から C, D への射がそれぞれただ一つ存在して

$$\begin{array}{ccc} \mathbf{0} & & \\ \downarrow & \searrow & \\ C & \longrightarrow & D \end{array} \tag{8.2.4}$$

が可換図式となる. これは始対象の同値な定義である.

これは圏論において, ある対象の定義や構成の標準的なやり方である. その一般原理とは, 特別な対象を定義する際に内部的構造には言及せずに, 他の対象との関係により一意的に特徴づけることである. そして, その特別な対象を一意的に定める普遍的な性質を特定することで達成される.

この意味で, 始 (終) 対象は, もし存在すれば, 同型を除き一意的であることは明らかである, あるいは少なくとも容易に確かめられる. しかし存在するとは限らない. 元を一つより多く持つ集合においては, (それを離散的な圏と見るとき) 始対象も終対象も存在しない. なぜなら異なる元同士の間に射は存在しないからである.

以下に, 始対象と終対象の例をいくつか挙げる.

1. $\emptyset$ と X はそれぞれ $\mathcal{P}(X)$ の poset 構造に関する始対象と終対象である. すなわち, すべての $A \in \mathcal{P}(X)$ に対して

$$\emptyset \subset A \quad (\text{あるいはまた } A \cap \emptyset = \emptyset) \tag{8.2.5}$$

および

$$A \subset X \quad (\text{あるいはまた } A \cup X = X) \tag{8.2.6}$$

152 第8章 圏

が成り立つ.

2. 一般に, 半順序集合 A において, 元 a が始対象であるのは, 任意の $b \in A$ について $a \leq b$ であるとき, またそのときに限る. つまり, a が最小元であるときである. 同様に, 元 a が終対象であるのは, a が最大元であるときである. たとえば, 半順序集合 $(\mathbb{Z}, \leq)$ は最小元も最大元も含まない, したがって, 圏として始対象も終対象も含まない.

これは実際のところ, 以下の構成の一般的側面の一例である. 圏の中の特定の対象は普遍的性質により定義されるが, 個別の圏において, そのような対象が存在するか否かは確かめなければならない.

3. 集合の圏において, 空集合が始対象であり, 任意の1元集合は終対象である. $((2.1.1)$ から, 1元集合 $I = \{1\}$ から任意の空でない集合 S への写像 s が存在する. 各 $s \in S$ に対して単に $s(1) = s$ とおけばよい. 元 $s \in S$ は任意なので, S が2元以上含めばこの写像は**唯一**ではない. 対照的に, 各 $s \in S$ に対して $\sigma(s) = 1$ として写像 $\sigma \colon S \to I$ がただ一つ存在して, 終対象の条件を満たす.)

4. 群の圏において, 1元のみの自明な群は, 始対象かつ終対象である.

5. 単位元1を持つ可換環の圏において, $0 = 1$ である自明な環はやはり終対象であるが, 整数環 $\mathbb{Z}$ が始対象である. これを見るために, R を単位元1を持つ可換環とする. 加法 $+$ の中立元を 0 と記し, 1 の加法的逆元を -1 と記す. そして, $0 \in \mathbb{Z}$ を $0 \in R$ に写し, $1 \in \mathbb{Z}$ を $1 \in R$ に写す. 環準同型を得るためには, $n \in \mathbb{Z}$ を $n > 0$ なら $1 + \cdots + 1$ (n 回) に, $n < 0$ なら $(-1) + \cdots + (-1)$ ($-n$ 回) に写さねばならない. たとえば, $R = \mathbb{Z}_2$ ならば, これは $n \in \mathbb{Z}$ が偶数なら 0 に写り, 奇数なら 1 に写ることを意味する.

　　したがって, $\mathbb{Z}$ は確かに単位元1を持つ可換環の圏における始対象である. $0 = 1$ である自明な環から1を持つ非自明な環 R (そこでは $0 \neq 1$ である) への準同型は存在しない. なぜなら, 0 を 0 に写す一方, 1 を 1 に写さねばならないからである. しかし, 任意の環から自明な環への準同型は存在する. したがって, 自明な環はこの圏における終対象である.

8.2 普遍的な構成　**153**

6. 少し似た状況だが，ブール代数の圏において，ブール代数 $B_0 = \{0, 1\}$ は始対象である．なぜなら，任意のブール代数 B に対して，$0, 1 \in B_0$ を $0, 1 \in B$ に必ず写すからである．そして，0 のみからなる自明なブール代数は終対象である．

7. 2.3 節で，距離空間の二つの異なる圏を導入した．対象は同じである．一つめの圏は，等長写像，すなわち写像 $f : (S_1, d_1) \to (S_2, d_2)$ であって，任意の $x, y \in S_1$ について $d_2(f(x), f(y)) = d_1(x, y)$ であるものを射とする．もちろん，空な距離空間を等長的に別の距離空間に写せるので，これが始対象である．しかしながら，この圏には終対象は存在しない．なぜなら，任意の距離空間 (S, d) から等長写像で写るような距離空間 (S_∞, d_∞) は存在しない．（このような例について，少しじっくり考えてみるのもよい．というのも，まったく自明であるわけでもないからだ．）距離空間の二つめの圏では，任意の $x, y \in S_1$ について $d_2(f(x), f(y)) \le d_1(x, y)$ であるもの，つまり距離非増加写像を射とする．ここでも，空な距離空間が始対象である．そして今度は，(S_0, d_0) を 1 元 x_0 のみからなる自明な距離空間とするとき，距離非増加写像 $g : (S, d) \to (S_0, d_0)$ を任意の $y \in S$ について $g(y) = x_0$ とおける．ゆえに，自明な距離空間が終対象である．

8. 少し似た状況だが，グラフの圏において，始対象は空なグラフであり，終対象は，ただ一つの頂点 v_0 を持ち，v_0 からそれ自身への辺一つだけのグラフである．

おそらく，これらの例からおおよそのパターンを識別できる．空集合が考察中の圏の対象であるときは，それが常に始対象となる．対照的に，圏の対象が特別な元を含むときは，どの始対象もそれを含まねばならず，1 を持つ可換環の場合のように，そのような元が一連の他の元を生成するとき，始対象でもこのような生成プロセスが許される．終対象は，問題としている圏の対象が持つ関係，または演算を，最小限の仕方で支える．したがって，典型的には終対象は元をただ一つ持つ．

すでに (2.1.1) において，集合 S の任意の元 s は $s_1(1) = s$ とおいて決まる射 $s_1 : 1 \to S$ の像と考えられることを見た．さらに一般に，圏 **C** が終

154　第 8 章　圏

対象 **1** を持つとき，対象 C に対して矢 $1 \to C$ を C の**大域元** (global element) とよぶ.

定義 8.2.2　**C** を圏とし，**I** を別の圏とする．**I** を**添え字集合** (index set) とよび，その対象を i, j, ... と記す．**C** における **I** 型の**図式** (diagram) とは，関手

$$D: \mathbf{I} \to \mathbf{C} \tag{8.2.7}$$

のことをいう．$D(i)$ の代わりに D_i と書き，射 $i \to j$ の像である $D(i \to j): D_i \to D_j$ の代わりに $D_{i \to j}$ と書く.

　つまり，**C** の対象に添え字 $i \in \mathbf{I}$ をつけて選び，この添え字つきの元に **I** の矢に応じた矢が存在すると要請する.

　すると，**C** における **I** 型の図式の圏 $\mathbf{C}^{\mathbf{I}} = \mathbf{Fun}(\mathbf{I}, \mathbf{C})$ が得られる．（記号について説明は (8.2.63) を参照.）

　$\mathbf{I} = \{1\} =: \mathbf{1}$ がただ一つの対象[2]とその恒等射ただ一つを持つ圏とするとき，図式は **C** の対象一つにほかならない．とくに，**C** の対象は，同型を除き関手

$$\mathbf{1} \to \mathbf{C} \tag{8.2.8}$$

といつも同一視される．たとえば，集合 S の元は 1 元集合から S への矢で表されると，(2.1.1) で見たとおりである．したがって (8.2.8) は，一般に圏の対象は関手または図式と考えられることを教えてくれる.

　同様に，$\mathbf{I} = \{1, 2\} =: \mathbf{2}$ がちょうど二つの対象とそれぞれの恒等射および恒等射でない射 $1 \to 2$ のみを持つ圏とするとき，各関手

$$\mathbf{2} \to \mathbf{C} \tag{8.2.9}$$

は **C** の射に対応する.

　さて，集合の圏 **Sets** を考え，添え字集合として圏 $\mathbf{\Gamma} = \{1, 0\}$ であって二つの射

---

[2]　この対象を **1** と記すのは特別の意味合いはない．とくにこれは終対象も単位元も意味しない．それは単に任意のラベルであって，0, 2, 3, ... を含め以下で使われるものでもよい.

$$\alpha, \omega : 1 \rightrightarrows 0 \tag{8.2.10}$$

を持つものとする．対応する図式 G は集合の対と矢の対

$$g_\alpha, g_\omega : G_1 \rightrightarrows G_0 \tag{8.2.11}$$

で与えられる．もちろん恒等写像もあるが，この圏の記述からは除外される．というのも，それらは常に存在することになっているのでとくには触れない．

したがって，G_1 の各元 e に対し，二つの G_0 の元 $g_\alpha(e)$, $g_\omega(e)$ が対応する．しかしながら，これは辺集合 G_1 と頂点集合 G_0 を持つ有向グラフにほかならず，$g_\alpha(e)$ と $g_\omega(e)$ は辺の始点と終点である．3.2 節と比較せよ．

定義 8.2.3 図式 D 上の**錐** (cone) とは，$\mathbf{C}$ の対象 C と矢の族

$$c_i : C \to D_i \quad (i \in \mathbf{I}) \tag{8.2.12}$$

からなり，次の条件を満たすものである：$\mathbf{I}$ の各矢 $i \to j$ について図式

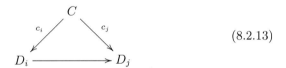
(8.2.13)

は可換である．

このような C は，添え字づけされた族である各対象への矢を持ち，族の対象間の射と両立させなければならない．

これを始対象の概念と比較してみよう．$\mathbf{I} = \mathbf{C}$ で D を恒等関手とするとき，すべての射がただ一つであるような錐が始対象である．しかしながら，一般には C から D_i への射はただ一つではない．実際，$\mathbf{I}$ 内のある i からそれ自身への射から誘導された D_i からそれ自身への非自明な射 $d_i : D_i \to D_i$ があれば，$d_i \circ c_i$ も C から D_i への射である．

すると，図式 D 上の錐の圏 $\mathbf{Cone}(D)$ が，

$$\gamma : (C, c_i) \to (C', c'_i) \tag{8.2.14}$$

で次の条件を満たすものを射として得られる．

$$c_i = c'_i \circ \gamma \quad (\forall i \in \mathbf{I}) \tag{8.2.15}$$

すなわち，図式

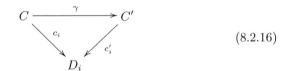

は可換である．

定義 8.2.4 図式 $D\colon \mathbf{I} \to \mathbf{C}$ の**極限** (limit) $p_i\colon \varprojlim_{cone(D)} C_{cone(D)} \to D_i$ ($i \in \mathbf{I}$) とは，圏 $\mathbf{Cone}(D)$ の終対象のことである．

したがって，D 上の錐 (C, c_i) に対して唯一の $\gamma\colon C \to \varprojlim_{cone(D)} C_{cone(D)}$ であって

$$p_i \circ \gamma = c_i \quad (\forall i) \tag{8.2.17}$$

を満たすものが存在する．もちろん，二つの理由で，ここの「極限」という用語はかなり残念である．第一に，それはトポロジーにおける逆極限ないし射影極限の概念に対応する一方，トポロジーの順極限ないし帰納極限は，下で定義されるが，圏論での余極限になった．第二に，圏論の極限は解析学で使われる極限の概念とはほとんど関連しない．実際，群のある種の極限あるいは分類空間の構成が，収束結果の解析的意味での極限として元来得られていた一方，収束の判定基準は普遍性の判定基準で置き換えられることが発見された．この後者の理由から，代わりにそれを「普遍的」とよぶ方がよかったが，その分野で確立された用語をもはや変更できなかった．いずれにせよ，普遍的構成が多くの重要な構成を特別な場合として含んでいる．たとえば，一番自明な場合から始めると，$\mathbf{I}$ が空な圏のときただ一つの図式 $D\colon \mathbf{I} \to \mathbf{C}$ が存在するが，極限は $\mathbf{C}$ の終対象にほかならない．一般の極限概念はこの例を次の意味で一般化する．すなわち，対象への射を見るだけでなく，図式への射，つまり，射で関連づく複数の対象の組み合わせに注目するのである．

$\mathbf{I} = \{1\} =: \mathbf{1}$ にただ一つの対象とその恒等射のみが存在するとき，すでに観察したとおり，図式は $\mathbf{C}$ の対象一つである．すると，錐は射 $C \to D$ にすぎない．同様に，$\mathbf{I} = \{1,2\} =: \mathbf{2}$ が二つの対象とその恒等射および恒等射でない射 $1 \to 2$ を持つとき，各関手

$$\mathbf{2} \to \mathbf{C} \tag{8.2.18}$$

は $\mathbf{C}$ の射に対応する．この場合，錐は可換図式

(8.2.19)

である．

圏 $\mathbf{1}$ が添え字圏である場合，図式 (8.2.8) の極限はその対象自身である．すなわちその場合は，図式が極限でもある．しかしながら，この例は極限の概念を理解するための助けにあまりならない．同様に，添え字圏 $\mathbf{2}$ に対しては，終錐は単に矢 $D_1 \to D_2$ である．より非自明な場合を考えるために，$\mathbf{I} = \{1,2\}$ が 2 元集合を圏と考えたものとする，つまり矢として各元の恒等矢のみを考える．すると図式 $D: \mathbf{I} \to \mathbf{C}$ は単に $\mathbf{C}$ の対象の対 D_1, D_2 であり，錐は対象 C と矢

$$D_1 \xleftarrow{c_1} C \xrightarrow{c_2} D_2 \tag{8.2.20}$$

である．錐の極限は積 (product) $D_1 \times D_2$ とよばれる．したがって，積 $D_1 \times D_2$ は二つの対象 D_1, D_2 と射 $d_1: D_1 \times D_2 \to D_1$, $d_2: D_1 \times D_2 \to D_2$（これらは射影ともよばれる）であって，次の普遍性を満たすものである．すなわち，対象 C と射 $c_1: C \to D_1$, $c_2: C \to D_2$ に対して，射 $c: C \to D_1 \times D_2$ であって $c_1 = d_1 \circ c, c_2 = d_2 \circ c$ を満たすものがただ一つ存在する．とくに，他の普遍性を持つ対象と同様に，積は（ただ一つの）同型を除きただ一つである．対応する可換図式は，図式上の任意の錐 C に対して次のものである．

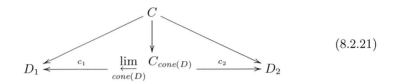
(8.2.21)

したがって，$\varprojlim_{cone(D)} C_{cone(D)}$ と同じ配置[3]にある任意の対象 C について，C から $\varprojlim_{cone(D)} C_{cone(D)}$ へのただ一つの矢であって，配置を保つものが存在する．この意味で，考えている配置が自明な場合の，圏における終対象の概念を一般化している．それゆえ，極限の一般的な概念は，終対象の概念の自然な一般化として理解することが許される．同様に，以下において余極限を始対象の一般化として導入しよう．

　積の例に戻ろう．名称と構成法を動機づけている標準的な例は，もちろん集合のデカルト積である．そこで S, T を集合として

$$S \times T = \{(s,t) : s \in S,\ t \in T\} \tag{8.2.22}$$

$$\pi_S(s,t) = s, \quad \pi_T(s,t) = t$$

とおく．集合 X と写像 $x_S : X \to S$, $x_T : X \to T$ に対して必要とされる可換図式

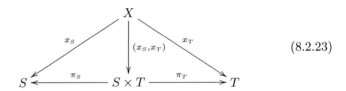
(8.2.23)

が得られる．

　モノイド，群，環，ベクトル空間といった，代数的あるいは他の構造が集合に備わっているとき，対応する積演算あるいは構造をデカルト積に付与できる．たとえば，G, H が群であるとき，デカルト積 $G \times H$ は (2.1.138) で定義された群演算，すなわち

---

[3] ［訳注］図式 (8.2.20) のこと．同じ **I** からの関手に対応する図式といってもよい．

$$(g_1, h_1)(g_2, h_2) = (g_1 g_2, h_1 h_2) \tag{8.2.24}$$

で群となる. 積 (8.2.24) を持った $G \times H$ は, 群の圏における G と H の積である. ((2.1.138) においては, $G \times H$ の代わりに単に GH と書いた.)

同様に, 二つの位相空間 $(X, \mathcal{O}(X))$, $(Y, \mathcal{O}(Y))$ の積 $(X \times Y, \mathcal{O}(X \times Y))$ をすでに 4.1 節で定義した. 今度も, これは位相空間の圏における積である. 読者はただちに確認することができるであろう.

また, 積は存在するとは限らない. 半順序集合のなす圏の例を再度考えてみよう. 二つの元 a, b の積 $a \times b$ から a と b への矢が存在しなければならない. すなわち,

$$a \times b \leq a \text{ かつ } a \times b \leq b \tag{8.2.25}$$

を満たす. それが極限であるためには, $c \leq a$, $c \leq b$ を満たす c があれば, $c \leq a \times b$ も満たされる. すなわち, $a \times b$ は a と b の最大の下界であるはずだが, これは必ずしも存在するわけではない. 半順序集合が集合 X の冪集合 $\mathcal{P}(X)$, すなわち部分集合のなす集合に包含による半順序を与えたもののとき,

$$a \times b = a \cap b \tag{8.2.26}$$

が成り立つ. つまり, 積は共通部分で与えられる. なぜなら, $a \cap b$ は a と b の最大の共通の部分集合だからである.

$\mathbf{C}$ が終対象 $\mathbf{1}$ と積を持つとき, 任意の対象 C に対して積 $\mathbf{1} \times C$ は C 自身に同型であることを観察しておく. これは次の可換図式から推論される. 射は明らかなものとする.

$$\begin{array}{ccc} & C & \\ \swarrow & \downarrow & \searrow \\ \mathbf{1} \longleftarrow \mathbf{1} & \times C & \longrightarrow C \end{array} \tag{8.2.27}$$

さて (8.2.10) の圏 $\mathbf{\Gamma} = \{1, 0\}$ で次の二つの矢を持つものを思い起こそう.

$$1 \underset{\omega}{\overset{\alpha}{\rightrightarrows}} 0 \tag{8.2.28}$$

$\Gamma = \{1, 0\}$ に対する図式 D は次の矢の対で与えられる.

$$D_1 \xrightarrow[d_\omega]{d_\alpha} D_0 \qquad (8.2.29)$$

（恒等矢は示していない.）D 上の錐は次の可換図式で与えられ,

 (8.2.30)

次が成り立つ.

$$d_\alpha \circ c_1 = c_0 \text{ かつ } d_\omega \circ c_1 = c_0, \text{ すなわち } d_\alpha \circ c_1 = d_\omega \circ c_1 \qquad (8.2.31)$$

この図式の極限は，射 d_α と d_ω の**等化子** (equalizer) とよばれる．集合の圏では，$f\colon X \to Y$ と $g\colon X \to Y$ の等化子は，$f(x) = g(x)$ を満たす $x \in X$ のなす集合，およびそれから X への包含写像からなる．群の圏では，二つの準同型 $\chi, \rho\colon G \to H$ の等化子は $\chi(\rho)^{-1}$ の核，すなわち $\chi(g)(\rho(g))^{-1} = e$ を満たす $g \in G$ の全体で与えられる．

別の例として，次の添え字圏 $\mathbf{I} = \{1, 2, 3\}$ を考えてみよう.

$$\begin{array}{c} 1 \\ \downarrow \\ 2 \longrightarrow 3 \end{array} \qquad (8.2.32)$$

対応する図式

$$\begin{array}{ccc} & & D_1 \\ & & \downarrow{\scriptstyle d_\alpha} \\ D_2 & \xrightarrow{d_\beta} & D_3 \end{array} \qquad (8.2.33)$$

の極限は，d_α, d_ω の**引き戻し** (pullback) とよばれる．それは次の形の図式で普遍的なものである．

$$\varprojlim_{cone(D)} C_{cone(D)} \longrightarrow D_1$$

ここに図式 (8.2.34) があり、$\varprojlim_{cone(D)} C_{cone(D)} \to D_1$、$\to D_2$、$D_1 \xrightarrow{d_\alpha} D_3$、$D_2 \xrightarrow{d_\beta} D_3$ が可換となる。 (8.2.34)

集合の圏では，$f\colon X \to Z$, $g\colon Y \to Z$ の引き戻し P は $f(x) = g(y)$ を満たす $x \in X$, $y \in Y$ の対 (x,y) の全体と X, Y への射影 π_X, π_Y からなる．したがって，次の図式があり，

$$
\begin{array}{ccc}
P & \xrightarrow{\pi_X} & X \\
{\scriptstyle \pi_Y}\downarrow & & \downarrow{\scriptstyle f} \\
Y & \xrightarrow{g} & Z
\end{array}
\tag{8.2.35}
$$

条件 $f(x) = g(y)$ は等式

$$f \circ \pi_X = g \circ \pi_Y \tag{8.2.36}$$

となる．つまり，図式 (8.2.35) が可換であるという最小限の要請である．とくに，別の可換図式

$$
\begin{array}{ccc}
S & \xrightarrow{s_X} & X \\
{\scriptstyle s_Y}\downarrow & & \downarrow{\scriptstyle f} \\
Y & \xrightarrow{g} & Z
\end{array}
\tag{8.2.37}
$$

があると，写像 $s_P\colon S \to P$ で $s_P(s) = (s_X(s), s_Y(s))$ を満たすものを得る．これの定義は整合的である．それは (8.2.37) の可換性，つまり，すべての $s \in S$ について $f \circ s_X(s) = g \circ s_Y(s)$ であることによる．とくに，f が Z の部分集合 Z' の包含写像 $i\colon Z' \to Z$ のとき，引き戻しは Y の部分集合 $g^{-1}(Z')$ である．図式は次となる．

$$
\begin{array}{ccc}
g^{-1}(Z') & \xrightarrow{g} & Z' \\
{\scriptstyle i}\downarrow & & \downarrow{\scriptstyle i} \\
Y & \xrightarrow{g} & Z
\end{array}
\tag{8.2.38}
$$

g も包含写像 $i''\colon Z'' \to Z$ のとき，引き戻しは単に共通部分 $Z' \cap Z''$ である．

群や位相空間といった構造を持つ集合についても同様である．

半順序集合の例では，$a \leq c, b \leq c$ のとき，引き戻しは $d \leq a, d \leq b$ なる d であって，$e \leq a, e \leq b$ ならば $e \leq d$ となる元である．このような d は a と b の最大の下界，あるいは定義 2.1.6 の意味の a と b の交わりである．(2.1.36) 参照．しかし，このような d は存在するとは限らない．したがって，半順序集合の交わりの概念は図式による定式化ができる．同様に，結び ((2.1.37) 参照) も押し出し (pushforward) という図式による定式化ができる．この定義を展開して，この例や他の例に適用することは，読者に委ねることにする．

また注意すべきこととして，圏 **C** が終対象 **1** を持つとき，(8.2.34) において $D_3 = \mathbf{1}$ とすると，引き戻しは単に積 $D_1 \times D_2$ である．なぜなら，D_1 と D_2 から **1** へはただ一つの射しか存在せず，引き戻しの図式は積の図式になってしまうからである．(8.2.20), (8.2.21) を参照せよ．とくに，終対象と引き戻しが存在する圏では積も存在する．

等化子も引き戻しと見ることが可能であることが観察できる．図式 (8.2.30) と (8.2.34) を単純に扱い，それらを次のように表示する．

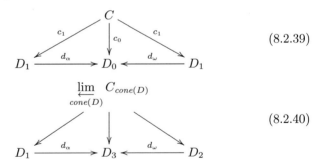

(8.2.39)

(8.2.40)

(この (8.2.40) では縦の射を追加した．その存在は図式の可換性から従う．) (8.2.39) は $D_1 = D_2$ とした (8.2.40) の特別な場合である．

引き戻しを説明するため，次を考えよう．

補題 8.2.1 矢 $f\colon A \to B$ が単射であるのは，f のそれ自身に沿っての引き戻しが同型である，すなわち次の図式が引き戻しであるとき，かつそのときに限る．

$$
\begin{array}{ccc}
A & \xrightarrow{\;1_A\;} & A \\
{\scriptstyle 1_A}\downarrow & & \downarrow{\scriptstyle f} \\
A & \xrightarrow{\;f\;} & B
\end{array}
\tag{8.2.41}
$$

証明　定義から, f が単射であるのは, どのような二つの矢 $g_1, g_2\colon C \to A$ についても $f \circ g_1 = f \circ g_2$ であるならば $g_1 = g_2$ であるとき, かつそのときに限る. 次の図式を考える.

$$
\begin{array}{ccc}
C & & \\
& \searrow{\scriptstyle g_1} & \\
{\scriptstyle g_2}\searrow & A \xrightarrow{\;1_A\;} & A \\
& {\scriptstyle 1_A}\downarrow & \downarrow{\scriptstyle f} \\
& A \xrightarrow{\;f\;} & B
\end{array}
\tag{8.2.42}
$$

f が単射なら, ラベルのない矢 $C \to A$ を $g_1 = g_2$ で与えて, この図式は可換となる. 逆に, f がそれ自身に沿っての引き戻しであるとき, いま $g\colon C \to A$ とよぶことにする矢が存在して, 上の図式を可換にする. すると, $g_1 = 1_A \circ g = g_2$ となる. □

　また, 引き戻しは関手性を満たす. たとえば, 次の有益な補題が成り立つ.

補題 8.2.2　次の形の可換図式を考える.

$$
\begin{array}{ccccc}
X & \longrightarrow & Y & \longrightarrow & Z \\
\downarrow & & \downarrow & & \downarrow \\
U & \longrightarrow & V & \longrightarrow & W
\end{array}
\tag{8.2.43}
$$

もし, 二つの部分図式 $\begin{array}{ccc} X & \longrightarrow & Y \\ \downarrow & & \downarrow \\ U & \longrightarrow & V \end{array}$, $\begin{array}{ccc} Y & \longrightarrow & Z \\ & & \downarrow \\ V & \longrightarrow & W \end{array}$ （つまり, 左と右の部分図式）, もしくは二つの部分図式 $\begin{array}{ccc} X & \longrightarrow & Z \\ \downarrow & & \downarrow \\ U & \longrightarrow & W \end{array}$, $\begin{array}{ccc} Y & \longrightarrow & Z \\ \downarrow & & \downarrow \\ V & \longrightarrow & W \end{array}$ （つまり, 外側と右

の部分図式）が引き戻しであるとき，残りの三つめの部分図式も引き戻しである．

証明 最初の主張を証明し，2番めのものは読者に任せよう．そこで，次の（実線の）可換図式が与えられたとする．

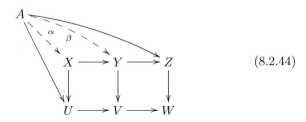

(8.2.44)

すると，射 $\alpha: A \to X$ で図式を可換にするものの存在をいう必要がある．右の図式は引き戻しであり，A から Z と V への射が与えられている（$A \to U$ と $U \to V$ を合成して V への射は得られる）から，射 $\beta: A \to Y$ で図式を可換にするものが得られる．すると，A から Y と U への矢が与えられたことになり，左の図式の引き戻しの性質から，求めていた射 $\alpha: A \to X$ が得られる． □

　ある圏において，極限，積，等化子，引き戻し，……に対応する極限対象がいつでも存在するとき，「その圏は極限，積，等化子，引き戻し，……を持つ」という．たとえば，二つの対象 A, B の積 $A \times B$ が常に存在するとき，その圏は（2項）積を持つ（という）．実際は，2項積がいつでも存在するならば，その圏の有限個の対象の積も存在する．これが，積の存在が意味するところである．

　同様に，ある関手が極限，積，……に関する図式をもう一つの圏の対応する図式に写すとき，その「関手は極限，積，……を保つ」，という．たとえば，任意の対象 A, B に対して，標準的に $F(A \times B) = (A) \times F(B)$ であるとき，F は積を保つという．

　極限と同様に，**余極限** (colimit)（順極限とも帰納極限ともよばれる）を定義することができる．詳しくいうと，図式 $D: \mathbf{I} \to \mathbf{C}$ の**余錐** (cocone) は，対象 $B \in \mathbf{C}$ と射 $b_i: D_i \to B$ であって

$$b_j \circ D_{i\to j} = b_i \quad (\forall i \to j \in \mathbf{I}) \tag{8.2.45}$$

を満たすもののことである．余極限 $q_i\colon D_i \to \varinjlim_{cocone(D)} C_{cocone(D)}$ は，余錐の圏における始対象である．したがって，D の各余錐 (B, b_i) に対してただ一つの $\lambda\colon \varinjlim_{cocone(D)} C_{cocone(D)} \to B$ であって

$$b_i = \lambda \circ q_i \quad (\forall i) \tag{8.2.46}$$

を満たすものが存在する．

積の定義における圏としての 2 元集合 $\mathbf{I}$ に対して，錐における始対象は**余積** (coproduct) $D_1 + D_2$ とよばれる．対応する可換図式は，錐 C に対して次である．

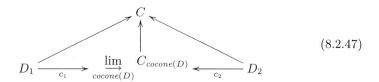
(8.2.47)

もちろん，圏 $\mathbf{C}$ における余積は，すべての矢を逆向きにするから双対圏 $\mathbf{C}^{\mathrm{op}}$ における積に対応する．同じ仕方で，他の普遍的構成も双対化できる．

集合または位相空間の圏において，余積は単に交わりのない合併である．すなわち，集合 X と Y に対して，X のどの元も Y の各元とは異なるとして合併をする．たとえば，$X, Y \subset Z$ で $X \cap Y = \emptyset$ だとしても，共通部分の各元は，交わりのない合併において，X の元として一回，Y の元として一回，計二回登場する．より形式的な仕方では，$Z \times \{0, 1\}$ の中で $X \times \{0\}$ を X と，$Y \times \{1\}$ を Y と同一視して，合併 $X \times \{0\} \cup Y \times \{1\}$ を考える．0 や 1 の数字が X の元を Y の元から区別する．交わりのない合併に $\dot{\cup}$ なる記号を使うこともある．交わりのない合併が実際に **Sets** における余積であることの確認は，読者に任せる．もちろん，本質的な点は $X \dot{\cup} Y$ 上の写像は，X の上での値と Y の上での値により一意的に決まることである．

引き戻しの定義が積の定義を一般化するのと同様に，余積の定義も一般化できる．そうして得られる構造は押し出しとよばれる．恐らく読者には構成法は明らかであろうが，このことを詳しく述べよう．そこで，次の添え字圏

166 第8章 圏

$\mathbf{I}^* = \{1, 2, 3\}$ を考えよう.

$$
\begin{array}{ccc}
3 & \longrightarrow & 1 \\
\downarrow & & \\
2 & &
\end{array}
\tag{8.2.48}
$$

対応する図式

$$
\begin{array}{ccc}
D_3 & \xrightarrow{d_\alpha} & D_1 \\
\downarrow{\scriptstyle d_\beta} & & \\
D_2 & &
\end{array}
\tag{8.2.49}
$$

の極限は d_α, d_β の押し出し (pushforward) とよばれる. それは次の形の図式の中で普遍的なものである.

$$
\begin{array}{ccc}
D_3 & \xrightarrow{\quad d_\alpha \quad} & D_1 \\
\downarrow{\scriptstyle d_\beta} & & \downarrow \\
D_2 & \longrightarrow \underset{cocone(D)}{\varinjlim} & C_{cocone(D)}
\end{array}
\tag{8.2.50}
$$

集合の圏では,$\phi: Z \to X$, $\gamma: Z \to Y$ の押し出し P^* として,X と Y の交わりのない合併をとり,任意の $z \in Z$ について $\phi(z) \in X$ と $\gamma(z) \in Y$ を同一視して,そこへの X と Y からの包含射 i_X, i_Y を考える.したがって,次の図式を得る.

$$
\begin{array}{ccc}
Z & \xrightarrow{\quad \phi \quad} & X \\
\downarrow{\scriptstyle \gamma} & & \downarrow{\scriptstyle i_X} \\
Y & \xrightarrow{\quad i_Y \quad} & P^*
\end{array}
\tag{8.2.51}
$$

$\phi(z)$ と $\gamma(z)$ を同一視したので,

$$
i_X \circ \phi = i_Y \circ \gamma
\tag{8.2.52}
$$

が成り立ち,図式 (8.2.51) は可換である.引き戻しについても,図式 (8.2.51) は普遍的である.

とくに，包含写像 $X \cap Y \to X$, $X \cap Y \to Y$, $X \to X \cup Y$, $Y \to X \cup Y$ について，図式

$$
\begin{array}{ccc}
X \cap Y & \longrightarrow & X \\
\downarrow & & \downarrow \\
Y & \longrightarrow & X \cup Y
\end{array}
\tag{8.2.53}
$$

を得る．ここで，$X \cap Y$ は引き戻しで，$X \cup Y$ は押し出しである．

半順序集合の結びと交わりについても同様のことがいえる．

さて，極限でも余極限でも与えられない構成法について述べよう．

定義 8.2.5 圏 **C** が積を持つとする．対象 B と C の**指数冪** (exponential)[4] とは，

$$
対象 C^B と矢 \epsilon : B \times C^B \to C
\tag{8.2.54}
$$

からなり（ϵ は取値射 (evaluation) とよばれる），次の性質を持つことを要請する．すなわち，任意の対象 P と矢 $f : B \times P \to C$ に対して，ただ一つの矢

$$
F : P \to C^B
\tag{8.2.55}
$$

であって，次の等式を満たすものが存在する．

$$
\epsilon \circ (1_B \times F) = f
\tag{8.2.56}
$$

条件を図式で表すと次の可換性である．

$$
\begin{array}{ccc}
B \times C^B & \overset{\epsilon}{\longrightarrow} & C \\
& & \\
{\scriptstyle 1_B \times F} \nwarrow & & \nearrow {\scriptstyle f} \\
& B \times P &
\end{array}
\tag{8.2.57}
$$

再び，心に留めておくべき基本例は集合の圏 **Sets** である．B と C を集

---

[4] 「指数冪」という名称は記法に由来すると思われる．それは解析学の指数関数やリーマン幾何学とリー群論における指数写像とはほとんど関係ない．たぶん，次のことで少し正当化される．B と C が有限集合で n 個と m 個の元を持つとき，集合 C^B は m^n 個の元を持つ．

168 第 8 章　圏

合とするとき，C^B の元は単に写像 $f\colon B \to C$ であり，取値射はこのような f を B の元に単に適用する．

$$\epsilon(x, f) = f(x) \tag{8.2.58}$$

Hom 集合 (8.1.9) の言葉では，

$$\mathrm{Hom}_{\mathbf{Sets}}(A \times B, C) = \mathrm{Hom}_{\mathbf{Sets}}(A, C^B) \tag{8.2.59}$$

となる．これは，$A \times B$ から C への写像を A（の元）をパラメータとする B から C への写像の族として見ることを意味する．もちろん，A と B の役割を入れ替えると，(8.2.59) から次を得る．

$$\mathrm{Hom}_{\mathbf{Sets}}(A, C^B) = \mathrm{Hom}_{\mathbf{Sets}}(B, C^A) \tag{8.2.60}$$

この例に基づくと，C^B を B から C への射の集合と見て，取値射をそのような射を B の元に単に適用するものと見るべきである．$f\colon B \times P \to C$ は P（の元）をパラメータとする B から C への射の族と考えられる．C^B は B から C への射の普遍的パラメータ空間であって，他のどのようなパラメータ空間 P も，B の元において射の値をとることで，C^B の中に写され得る．

単純だが重要な例が次のものである．集合の圏 **Sets** で，対象 $\mathbf{2} := \{0, 1\}$ を考える．すると，任意の $X \in \mathbf{Sets}$ に対して，指数冪 2^X は X の冪集合 $\mathcal{P}(X)$，すなわち，その部分集合のなす集合にすぎない．実際，任意の部分集合 $A \subset X$ は次の射で特徴づけられる．

$$\chi_A\colon X \to \mathbf{2},\ \chi_A(x) := \begin{cases} 1 & (x \in A \text{ のとき}) \\ 0 & (x \notin A \text{ のとき}) \end{cases} \tag{8.2.61}$$

逆に，冪集合 $\mathcal{P}(X)$ における含意 (4.1.4)

$$(A, B) \mapsto A \Rightarrow B := (X \setminus A) \cup B \tag{8.2.62}$$

は，指数冪 B^A である．これは，$C \cap A \subset B$ が $C \subset (A \Rightarrow B)$ を意味するという観察からわかる．（半順序集合 $\mathcal{P}(X)$ における積は共通部分 $\cap$ で与えられることに注意する．(8.2.26) 参照．）

8.3 図式の圏　　***169***

定義 8.2.6　圏が積と指数冪を持つとき，**デカルト閉** (Cartesian closed) であるという．

　小さい圏と関手のなす圏 **Cat** はデカルト閉であることが示せる．二つの圏 **C**, **D** の指数冪はそれらの間の関手たちで与えられる．

$$\mathbf{D}^{\mathbf{C}} = \mathbf{Fun}(\mathbf{C}, \mathbf{D}) \tag{8.2.63}$$

証明は略すが，難しくはない．

8.3　図式の圏

　先に考察したグラフの圏 $\mathbf{Sets}^{\Gamma}$ を一般化して，局所的に小さな圏 **C** に対して，

$$\mathbf{Sets}^{\mathbf{C}} \tag{8.3.1}$$

という形の関手のなす圏を見てみよう．その対象は集合に値をとる図式，すなわち，関手

$$F, G \colon \mathbf{C} \to \mathbf{Sets} \tag{8.3.2}$$

で，矢は自然変換

$$\phi, \psi \colon F \to G \tag{8.3.3}$$

である．(8.1.10)–(8.1.12) 参照．任意の対象 $C \in \mathbf{C}$ に対して，取値

$$\epsilon_C \colon \mathbf{Sets}^{\mathbf{C}} \to \mathbf{Sets} \tag{8.3.4}$$

が次により与えられる．

$$\epsilon_C(F) = FC, \ \epsilon_C(\phi)(F) = (\phi \circ F)I \tag{8.3.5}$$

　対象 $C \in \mathbf{C}$ に対して，関手

$$\mathrm{Hom}_{\mathbf{C}}(C, -) \colon \mathbf{C} \to \mathbf{Sets} \tag{8.3.6}$$

170 第8章 圏

が次のようなものとして決まる. 対象 $D \in \mathbf{C}$ を C から D への射の集合 $\mathrm{Hom}_{\mathbf{C}}(C, D)$ に写し, 射 $g: D \rightarrow D'$ を集合の圏 **Sets** における射 $\mathrm{Hom}_{\mathbf{C}}(C, D) \rightarrow \mathrm{Hom}_{\mathbf{C}}(C, D')$ に写す. この射は写像 $h: C \rightarrow D$ を $g \circ h: C \rightarrow D'$ に写すものである. したがって,

$$\mathrm{Hom}_{\mathbf{C}}(C, -) \in \mathbf{Sets}^{\mathbf{C}} \tag{8.3.7}$$

が定まる. このような関手は**表現可能** (representable) とよばれる.

しかしながら, $f: C \rightarrow C'$ を $\mathbf{C}$ の射として, 逆向きに行く自然変換

$$\mathrm{Hom}_{\mathbf{C}}(f, -): \mathrm{Hom}_{\mathbf{C}}(C', -) \rightarrow \mathrm{Hom}_{\mathbf{C}}(C, -) \tag{8.3.8}$$

を得る. ここで, 射 $h': C' \rightarrow D$ は射 $h' \circ f: C \rightarrow D$ に写る. このような振る舞いを**反変的** (contravariant) という. したがって,

$$xC := \mathrm{Hom}_{\mathbf{C}}(C, -) \tag{8.3.9}$$

により, 圏 $\mathbf{C}^{\mathrm{op}}$ からの反変関手

$$x: \mathbf{C}^{\mathrm{op}} \rightarrow \mathbf{Sets}^{\mathbf{C}}$$
$$C \mapsto \mathrm{Hom}_{\mathbf{C}}(C, -) \tag{8.3.10}$$

が定義される. この $\mathbf{C}^{\mathrm{op}}$ は, $\mathbf{C}$ と同じ対象を持つ一方, すべての矢の向きを反転して得られる圏である. 定義8.1.4 参照. 矢の向きを反転しているので, x は, 矢を反対向きにせずに, 矢を (同じ向きの) 矢に写す. したがって, x は関手である.

いま一度, ここで行ったことを分析しよう. 局所的に小さな圏 $\mathbf{C}$ の対象 C, D について, 射 $f: C \rightarrow D$ すべての集合 $\mathrm{Hom}_{\mathbf{C}}(C, D)$ を考えることができる. C は固定して D を動かすとき, C をその圏の他の対象との関係において調べていることになる. 射は圏における関係をコード化しているので, D を動かすときのこの射の集合の集まりは C のよい特徴づけを与えていることになる. また, これを変わり得る D の関数と見るとき, $\mathbf{C}$ から **Sets** への関手を得る. すなわち, 各対象 D に集合 $\mathrm{Hom}_{\mathbf{C}}(C, D)$ を対応させ, 射 $g: D \rightarrow D'$ にはこれらの集合の間の写像で, 射 $f: C \rightarrow D$ に g を単に合成することで $f' := g \circ f: C \rightarrow D'$ を得るというものを対応させ

る．さらに C を動かして，$\mathbf{C}$ から $\mathbf{Sets}$ への関手の族，つまり，$\mathbf{Sets}^{\mathbf{C}}$ の元を得る．射 $f\colon C \to C'$ は反対向きの写像を誘導するので，最終的に，関手 $\mathbf{C}^{\mathrm{op}} \to \mathbf{Sets}$ を得る．

このようにして得られた

$$\mathrm{Hom}_{\mathbf{C}}(-, C)\colon \mathbf{C}^{\mathrm{op}} \to \mathbf{Sets} \tag{8.3.11}$$

は，$D \in \mathbf{C}^{\mathrm{op}}$ を D から C への射の集合に写し，$\mathbf{C}^{\mathrm{op}}$ の射 $g\colon D \to D'$，つまり，射 $D' \to D$ は $\mathbf{Sets}$ における射に写される．今度は，射 $f\colon C \to C'$ は同じ向きの

$$\mathrm{Hom}_{\mathbf{C}}(-, f)\colon \mathrm{Hom}_{\mathbf{C}}(-, C) \to \mathrm{Hom}_{\mathbf{C}}(-, C') \tag{8.3.12}$$

に写される．この振る舞いは**共変的** (covariant) といわれる．

以上により，関手

$$y\colon \mathbf{C} \to \mathbf{Sets}^{\mathbf{C}^{\mathrm{op}}}$$

$$C \mapsto \mathrm{Hom}_{\mathbf{C}}(-, C) \tag{8.3.13}$$

が得られ，米田関手とよばれる．したがって，y は $C \in \mathbf{C}$ を $D \in \mathbf{C}$ に集合 $\mathrm{Hom}_{\mathbf{C}}(D, C)$ を対応させる関手に写す．

ゆえに，y は圏 $\mathbf{C}$ から関手のなす圏 $\mathbf{Sets}^{\mathbf{C}^{\mathrm{op}}}$ への対応を与える．各 $\mathbf{C}$ の対象 C の像は関手である．下記の米田の補題は，関手 yC をこの圏の他の関手 F と比較する．より詳しくは，関手 yC と F の間の射を特徴づける．関手 $F \in \mathbf{Sets}^{\mathbf{C}^{\mathrm{op}}}$ は前層とよばれる．8.4 節参照．

さて自明な例を考えてみよう．（飛ばしても構わない．）$\mathbf{C} = \{0\}$ がただ一つの元 0 からなり，恒等射 1_0 がただ一つの射であるとき，y は 0 を 1 元集合に写す．とくに，F が $\{0\}$ 上の（以下で一般的に定義される）前層，すなわち，一つの集合 $F0$ のとき，0 をこの集合のどの元にも写すことができる．これは $\mathrm{Hom}_{\mathbf{C}}(-, 0) = \{1_0\}$ から F への自然変換である．米田の構成法は，これを関手的な仕方で，すなわち，一般の圏 $\mathbf{C}$ の射を保つように一般化する．

定義 8.3.1 関手 $F \in \mathbf{Sets}^{\mathbf{C}^{\mathrm{op}}}$ は，ある $C \in \mathbf{C}$ について $\mathrm{Hom}_{\mathbf{C}}(-, C)$ とい

172 第 8 章 圏

う形であるとき，**表現可能**という．

ここでの主結果は米田の補題である．

定理 8.3.1 **C** を局所的に小さな圏とする．すると，任意の関手 $F \in$ **Sets**$^{\mathbf{C}^{\mathrm{op}}}$ について，

$$\mathrm{Hom}_{\mathbf{Sets}^{\mathbf{C}^{\mathrm{op}}}}(yC, F) \cong FC \qquad (8.3.14)$$

が成り立つ．すなわち，$\mathrm{Hom}_{\mathbf{C}}(-, C)$ から F への自然変換は，集合 FC の元と一対一に対応する．

さらに，米田関手は定義 8.1.3 の意味で埋め込みである．

この結果には次の重要な系があり，それは埋め込みの定義から従う．

系 8.3.1 もし **C** の二つの対象 C，C' に対して関手 $\mathrm{Hom}_{\mathbf{C}}(-, C)$ と $\mathrm{Hom}_{\mathbf{C}}(-, C')$ が同型であるならば，C と C' はそれら自身同型である．より一般に，関手 $\mathrm{Hom}_{\mathbf{C}}(-, C)$ と $\mathrm{Hom}_{\mathbf{C}}(-, C')$ の間の射は C と C' の間の射と対応する．

（局所的に小さな）圏の二つの対象の間の射の同型性をチェックするのに役立つ方法を，この系は与えてくれる．

定理 8.3.1 の証明の方針は難しくない．元 $\theta \in \mathrm{Hom}_{\mathbf{Sets}^{\mathbf{C}^{\mathrm{op}}}}(yC, F)$ は射 $\theta : \mathrm{Hom}_{\mathbf{C}}(-, C) \to F$ のことである．これを $D \in \mathbf{C}$ に適用して写像 $\mathrm{Hom}_{\mathbf{C}}(D, C) \to FD$ を得る．したがって，$\mathrm{Hom}_{\mathbf{C}}(D, C)$ の元，すなわち D から C への射は集合 FD の元に写される．したがって，$1_C \in \mathrm{Hom}_{\mathbf{C}}(C, C)$ を C の恒等射として，θ を $\theta(1_C)$ に送ることにより，対応 (8.3.14) の片方向きが得られる．逆向きについては，$\xi \in FC$ を射 $\theta_\xi \in \mathrm{Hom}_{\mathbf{Sets}^{\mathbf{C}^{\mathrm{op}}}}(yC, F)$ であって，$f \in \mathrm{Hom}_{\mathbf{C}}(D, C)$ を $Ff(\xi) \in FD$ に写すものに対応させる．（反変性により，$f : D \to C$ に対して $Ff : FC \to FD$ となることに注意する．）埋め込みに関しては，最初の部分を $F = \mathrm{Hom}_{\mathbf{C}}(-, C')$ に適用すればよい．少しだけ詳しくいうと，

$$\mathrm{Hom}_{\mathbf{Sets}^{\mathbf{C}^{\mathrm{op}}}}(yC, yC') \cong yC'(C) \quad (最初の部分により)$$

$$\cong \mathrm{Hom}_{\mathbf{C}}(C, C') \quad (y \text{ の定義により}) \qquad (8.3.15)$$

となり，埋め込みであることが従う．実際，(8.3.15) は米田の補題において鍵となる等式で，系の結果を直接的に説明する．

証明の細部をチェックするために，次の構成をする[5]．本質的には，それは米田の補題に通底する階層的な，あるいは繰り返しの構成を使いこなすことである．（関手は圏の間の射であり，自然変換は関手の間の射であり，y は $\mathbf{C}$ の各対象を関手に写す，などなど．）したがって，以下の細部を追うことよりも，証明の上記の原則について深く考えることの方が，おそらくより洞察に富むであろう．

関手 $F \in \mathbf{Sets}^{\mathbf{C}^{\mathrm{op}}}$ に対し，関手 yC から F への射の全体 $\mathrm{Hom}_{\mathbf{Sets}^{\mathbf{C}^{\mathrm{op}}}}(yC, F)$ を念頭に，yC も F も $\mathbf{C}$ から $\mathbf{Sets}$ への関手であることに注意する．yC はその像が Hom 集合であるがゆえに，特別な関手と考えられる．$\mathrm{Hom}(yC, F)$（記号を簡単にするため，圏を示す添え字の $\mathbf{Sets}^{\mathbf{C}^{\mathrm{op}}}$ を落としたことに注意せよ）の元が与えられたとき，すなわち，射

$$\theta\colon \mathrm{Hom}_{\mathbf{C}}(-, C) \to F \qquad (8.3.16)$$

に対して，それを $D \in \mathbf{C}$ に働かせると

$$\theta_D\colon \mathrm{Hom}_{\mathbf{C}}(D, C) \to FD \qquad (8.3.17)$$

を得る．ここで，$\mathrm{Hom}_{\mathbf{C}}(D, C)$ と FD は単に集合である．

とくに，

$$x_\theta := \eta_{C,F}(\theta) := \theta_C(1_C) \in FC \qquad (8.3.18)$$

を作ることができる．したがって，射

$$\eta_{C,F}\colon \mathrm{Hom}(yC, F) \to FC \qquad (8.3.19)$$

が構成された．これが同型であることを示したい．

---

[5] 圏論で用いられる抽象的な言葉に不慣れな人が読み進めるのを容易にするために，細部のすべてを書き下す．したがって，もっと進んだ読者は以下の続きの多くを飛ばして構わない．

174 第8章 圏

そのために，いまから反対向きの射を構成して，それが $\eta_{C,F}$ の逆である
と同定しよう．そこで，$\xi \in FC$ に対して，射 $\theta_\xi : yC \to F$ を構成したい．
もちろん，対象 $D \in \mathbf{C}^{\mathrm{op}}$ ごとに定義する必要がある．つまり，

$$(\theta_\xi)_D : \mathrm{Hom}_{\mathbf{C}}(D, C) \to FD \tag{8.3.20}$$

を定義する必要がある．そして

$$(\theta_\xi)_D(f) := Ff(\xi) \tag{8.3.21}$$

とおいてそれを行う．F が圏 $\mathbf{C}^{\mathrm{op}}$ から **Sets** へ写すものだから，$f : D \to C$
に対して $Ff : FC \to FD$ が得られることに注意する．とくに，圏 $\mathbf{C}$ のこ
のような射 $f : D \to C$ が与えられたとき，集合間の写像 $Ff : FC \to FD$
が得られる．このようにして F は定まっている．したがって，どのような
$\xi \in FC$ に対しても，射 $f : D \to C$ についての $Ff : FC \to FD$ を $\xi \in FC$
で値をとらせることにより，関手 $yC = \mathrm{Hom}_{\mathbf{C}}(-, C)$ から関手 F への自然
変換（これは以下で確かめるべき性質だが）を構成する．

θ_ξ が関手 yC と F の間の射であることを示すために，それが自然である
ことを確かめる必要がある．これは，各 $g : D' \to D$ に対して

$$\begin{array}{ccc}
\mathrm{Hom}(D, C) & \xrightarrow{(\theta_\xi)_D} & FD \\
{\scriptstyle \mathrm{Hom}(g, C)} \Big\downarrow & & \Big\downarrow {\scriptstyle Fg} \\
\mathrm{Hom}(D', C) & \xrightarrow{(\theta_\xi)_{D'}} & FD'
\end{array} \tag{8.3.22}$$

が可換であることを意味する．これは F の関手性のみを使う次の計算から
従う．$h \in yC(D)$ すなわち $h : D \to C$ について

$$\begin{aligned}
(\theta_\xi)_{D'} \circ \mathrm{Hom}(g, C)(h) &= (\theta_\xi)_{D'}(h \circ g) \\
&= F(h \circ g)(\xi) \quad (\text{(8.3.21) により}) \\
&= F(h) \circ F(g)(\xi) \quad (F \text{ は関手だから}) \\
&= F(h)(\theta_\xi)_D(g) \quad (\text{再び (8.3.21) により})
\end{aligned}$$

さて，二つの射が互いに他の逆であることを示すことができる．そのため

8.3 図式の圏 **175**

に，θ_{x_θ} を計算する．(8.3.21) と (8.3.18) 参照．したがって，$f\colon D \to C$ に対して

$$(\theta_{x_\theta})_D(f) = Ff(\theta_C(1_C)) \tag{8.3.23}$$

を得る．(8.3.22) のとおり θ は自然だから，

$$
\begin{array}{ccc}
yC(C) & \xrightarrow{\ \theta_C\ } & FC \\
{\scriptstyle yC(f)}\big\downarrow & & \big\downarrow{\scriptstyle Ff} \\
yC(D) & \xrightarrow{\ \theta_D\ } & FD
\end{array}
\tag{8.3.24}
$$

は可換となる．したがって，

$$
\begin{aligned}
(\theta_{x_\theta})_D(f) &= Ff(\theta_C(1_C)) \quad (\text{(8.3.23) により)} \\
&= \theta_D \circ yC(f)(1_C) \quad (\text{(8.3.24) により)} \\
&= \theta_D(f) \quad (yC \text{ の定義により)}
\end{aligned}
$$

これは次を意味する．

$$\theta_{x_\theta} = \theta \tag{8.3.25}$$

反対向きについては，$\xi \in FC$ について

$$
\begin{aligned}
x_{\theta_\xi} &= (\theta_\xi)_C(1_C) \quad (\text{再び (8.3.18) により)} \\
&= F(1_C)(\xi) \quad (\text{再び (8.3.21) により)} \\
&= 1_{FC}(\xi) \quad (F \text{ は恒等射を恒等射に写すから)} \\
&= \xi
\end{aligned}
$$

となる．したがって，

$$x_{\theta_\xi} = \xi \tag{8.3.26}$$

であり，

$$\mathrm{Hom}(yC, F) \cong FC \tag{8.3.27}$$

176　第 8 章　圏

を確かめた．これは前半部分の証明で，証明の鍵となる部分である．二つめ
の主張に移る前に，関連する対象と射の任意の矢から可換図式が導かれると
いう意味で，構成された同型は自然であることに注意しよう．まず最初に，
(8.3.16) における関手の間の射

$$\theta \colon \mathrm{Hom}_{\mathbf{C}}(-, C) \to F \tag{8.3.28}$$

を考えてみよう．このような射は，どのような射 $f \colon D \to C$ に対しても
(8.3.24) の図式

$$
\begin{array}{ccc}
(yC)C & \xrightarrow{\ \theta_C\ } & FC \\
{\scriptstyle (yC)f}\downarrow & & \downarrow{\scriptstyle Ff} \\
(yC)D & \xrightarrow{\ \theta_D\ } & FD
\end{array}
\tag{8.3.29}
$$

が可換であるという意味で自然である．（ここで反変性により矢の方向が反
転することに注意.）詳細のチェックは読者に任せるとして，以上から可換
図式

$$
\begin{array}{ccc}
\mathrm{Hom}(yC, F) & \xrightarrow{\ \eta_{C,F}\ } & FC \\
{\scriptstyle \mathrm{Hom}(yf, F)}\downarrow & & \downarrow{\scriptstyle Ff} \\
\mathrm{Hom}(yD, F) & \xrightarrow{\ \eta_{D,F}\ } & FD
\end{array}
\tag{8.3.30}
$$

を得る．同様に，射 $\chi \colon F \to G$ に対して図式

$$
\begin{array}{ccc}
\mathrm{Hom}(yC, F) & \xrightarrow{\ \eta_{C,F}\ } & FC \\
{\scriptstyle \mathrm{Hom}(yC, \chi)}\downarrow & & \downarrow{\scriptstyle \chi_C} \\
\mathrm{Hom}(yC, G) & \xrightarrow{\ \eta_{C,G}\ } & GC
\end{array}
\tag{8.3.31}
$$

は可換である．
　埋め込みの部分は証明は素直にできる．対象 $C, C' \in \mathbf{C}$ に対して，最初
の部分から，同型

$$\operatorname{Hom}_{\mathbf{C}}(C, C') = yC'(C) \cong \operatorname{Hom}(yC, yC') \tag{8.3.32}$$

を得る. この同型はもちろん y により誘導される. 実際, $f\colon C \to C'$ は自然変換 $\theta_f\colon yC \to yC'$ に移り, それは $h\colon D \to C$ に

$$(\theta_f)_D h = (yC')h(f) = \operatorname{Hom}_{\mathbf{C}}(h, C')(f) = f \circ h = (yf)_D h \tag{8.3.33}$$

と働く. すなわち $\theta_f = yf$ である. したがって, y は忠実で充満である. 最後に, 単射性に関しては, $yC = yC'$ とすると,

$$\operatorname{Hom}_{\mathbf{C}}(C, C) = (yC)C = (yC')C = \operatorname{Hom}(C, C') \tag{8.3.34}$$

となり, 1_C がこの Hom 集合にあるので, C と C' との間の同型を得る.

これで定理 8.3.1 の証明が完了した.

8.4 前層

8.3 節で固定した小さな圏 $\mathbf{C}$ 上の集合値の反変関手のなす圏 $\mathbf{Sets}^{\mathbf{C}^{\mathrm{op}}}$ を調べた. 実際, この圏はすでに 4.5 節で登場した. 次を思い起こそう.

定義 8.4.1 $\mathbf{Sets}^{\mathbf{C}^{\mathrm{op}}}$ の要素 P は $\mathbf{C}$ 上の**前層** (presheaf) とよばれる.

$\mathbf{C}$ の矢 $f\colon V \to U$ と $x \in PU$ に対して, 値 $Pf(x)$ は x の f に沿っての**制限** (restriction) とよばれる. ここで, $Pf\colon PU \to PV$ は f の P による像である.

だから前層は $\mathbf{C}$ の各対象に集合を対応させ, 反変関手的になっているものである. すなわち, 対応する集合は $\mathbf{C}$ の矢に沿って引き戻しできる. したがって, 前層は $\mathbf{C}$ の対象で関手的な仕方で添え字づけられた集合の集まりと見ることができる. たとえば, 圏 $\mathbf{C}$ が単に集合 X である (対象は X の元で, 恒等射のみがあり, 異なる元の間の矢はない) とき, X の元で添え字づけられた集合の集まりを得る.

実際, 固定した集合 X に対して, 圏の同型を得る.

$$\mathbf{Sets}^X \cong \mathbf{Sets}/X \tag{8.4.1}$$

178 第 8 章 圏

ここで **Sets**$/X$ は 2.3 節で導入されたスライス圏である．(2.3.30) 参照．
(8.4.1) の左辺は，X で添え字づけられた集合の族 $\{Z_x : x \in X\}$ であり，右
辺には Z_x の交わりのない合併から底（集合）X への関数

$$\xi : Z := \coprod Z_x \to X$$

$$Z_x \to x \tag{8.4.2}$$

を得る．言い換えると，各 $x \in X$ に集合 Z_x を対応させる集合 X から圏
Sets への写像は，Z を Z_x の交わりのない合併とすると，Z から X への射
影による原像の集まりとして記述することができる．

対照的に関手的側面を強調すると，前層は対象の集まり，つまり，$\mathbf{C}$ の
各対象に対応づけられたおそらくは構造を持つ集合を，矢の原像に制限する
可能性を定式化する．

各対象 $U \in \mathbf{C}$ が $\mathbf{C}$ 上の前層 yU を生み出すことを 8.3 節から思い起こそ
う．それは対象 V 上で

$$yU(V) = \mathrm{Hom}_{\mathbf{C}}(V, U) \tag{8.4.3}$$

とおき，射 $f : W \to V$ を

$$yU(f) : \mathrm{Hom}_{\mathbf{C}}(V, U) \to \mathrm{Hom}_{\mathbf{C}}(W, U)$$

$$h \mapsto h \circ f \tag{8.4.4}$$

とすることで定義される反変 Hom 関手である．

定義 8.4.2 対象 $U \in \mathbf{C}$ について yU という形をした前層は**表現可能関手**
(representable functor) とよばれる．

$f : U_1 \to U_2$ が $\mathbf{C}$ の射のとき，f との合成により自然変換 $yU_1 \to yU_2$ が
得られ，米田埋め込み（定理 8.3.1）

$$y : \mathbf{C} \to \mathbf{Sets}^{\mathbf{C}^{\mathrm{op}}} \tag{8.4.5}$$

を得ることも思い出そう．

8.5 随伴とペアリング

随伴の概念は圏論にとって基本的であるが，ここでは簡単に考察するに留める．実際，後の節では本格的に使われはしないので，この節を飛ばしても構わない．

定義 8.5.1 圏 **C**, **D** の間の**随伴** (adjunction) とは，関手

$$L: \mathbf{C} \leftrightarrows \mathbf{D} : R \tag{8.5.1}$$

であって，どのような対象 $C \in \mathbf{C}$, $D \in \mathbf{D}$ に対しても同型

$$\lambda: \mathrm{Hom}_{\mathbf{D}}(LC, D) \cong \mathrm{Hom}_{\mathbf{C}}(C, RD) \tag{8.5.2}$$

が存在し C と D について自然だという性質を満たすものからなる．

このとき，L を R の**左随伴** (left adjoint) とよび，R を L の**右随伴** (right adjoint) とよぶ．

次の重要な例を考えてみよう．この例は，冪集合圏，すなわち集合 Y のすべての部分集合の圏 $\mathcal{P}(Y)$ に関するものである．もう一つ集合 X があると，射影

$$\pi: X \times Y \to Y \tag{8.5.3}$$

と誘導された引き戻し

$$\pi^*: \mathcal{P}(Y) \to \mathcal{P}(X \times Y) \tag{8.5.4}$$

が考えられる．さて $A \subset Y$, $B \subset X \times Y$ について，

$$\pi^*(A) = \{(x, y): x \in X, \ y \in A\} \subset B$$
$$\text{iff} \quad A \subset \{y: (x, y) \in B\} \ (\forall x \in X) \tag{8.5.5}$$

そこで次のようにおく．

$$\forall_\pi B := \{y \in Y: (x, y) \in B \ (\forall x \in X)\} \tag{8.5.6}$$

すると (8.5.5) は

180 第 8 章 圏

$$\pi^*(A) \subset B \quad \text{iff} \quad A \subset \forall_\pi B \tag{8.5.7}$$

となる．同様に，

$$\exists_\pi B := \{y \in Y : (x, y) \in B \ (\exists x \in X)\} \tag{8.5.8}$$

と定義して次を得る．

$$B \subset \pi^*(A) \quad \text{iff} \quad \exists_\pi B \subset A \tag{8.5.9}$$

圏 $\mathcal{P}(Z)$ において $\mathrm{Hom}(Z_1, Z_2)$ が唯一の元からなるのは，$Z_1 \subset Z_2$ のときのみで，その他の場合は空集合であることを思い出そう．したがって，次が結論される．

定理 8.5.1 関手 $\forall_\pi \colon \mathcal{P}(X \times Y) \to \mathcal{P}(Y)$ は $\pi^* \colon \mathcal{P}(Y) \to \mathcal{P}(X \times Y)$ の右随伴である．また，$\exists_\pi \colon \mathcal{P}(X \times Y) \to \mathcal{P}(Y)$ は π^* の左随伴である．

もちろん，この構成は射影の代わりに集合間の任意の写像に拡張される．

もう一つ例を挙げよう．群 G にその元のなす集合 $U(G)$ を対応させる忘却関手 (forgetful functor)

$$U \colon \mathbf{Groups} \to \mathbf{Sets} \tag{8.5.10}$$

が考えられる．その左随伴は次の関手である．

$$F \colon \mathbf{Sets} \to \mathbf{Groups}$$
$$X \mapsto G_X \tag{8.5.11}$$

ここで，G_X は X で生成される自由群である．G_X の元はすべて単項式 $x_1^{n_1} x_2^{n_2} \cdots$ である．ここで，$x_i \in X, n_i \in \mathbb{Z}$ であり，有限個の n_i のみ $\neq 0$ である．群の規則は，$x \in X, n, m \in \mathbb{Z}$ について $x^n x^m = x^{n+m}$ と各 $x \in X$ について $x^0 = 1$（群の単位元）のみである．すると $\mathbf{Groups}$ における射

$$FX \to G \tag{8.5.12}$$

は $\mathbf{Sets}$ における射

$$X \to U(G) \tag{8.5.13}$$

に対応する．なぜなら，自由群 F からもう一つの群 G への射は，F の生成元の像で決まるし，逆に F の生成元にその像を指定することで，F からの射が決まるからである．

同じように，アーベル群の圏を考え，各集合 X に自由アーベル群 A_X を対応させることができる．その元は形式和 $n_1 x_1 + n_2 x_2 + \cdots$ で有限個の n_i のみ $\neq 0$ で，今度は $n_1 x_1 + n_2 x_2 = n_2 x_2 + n_1 x_1$ でありこの群はアーベル群となる．

また，集合 X が生成する自由群の上記の構成法を修正して，集合 X 上の自由モノイド $X^* := M_X$ を生み出すことができる．それは，X の元の形式積 $x_1 x_2 \cdots$ からなる．ここで X は，X^* の「語」を作るときの「アルファベット」と考えられる．（これは，x^2 を xx と記すときにわかるように，自由群 G_X の構成と同じである．）X^* を自由とするために，やはり単項式間の非自明な関係式を許さない．

同じような文脈で，位相空間の圏から集合の圏への**忘却関手** (forgetful functor)

$$U\colon \mathbf{Top} \to \mathbf{Sets} \tag{8.5.14}$$

を考えることができる．これは単に位相空間に対して下部集合を対応させるものである．その左随伴 F は，すべての部分集合が開集合である離散位相 $\mathcal{O}_d(X)$ を集合 X に与える．4.1 節参照．すると，位相空間 $\mathcal{Y}$ について集合 X から $U(\mathcal{Y})$ への射は $(X, \mathcal{O}_d(X))$ から $\mathcal{Y}$ への連続写像に対応する．というのも，離散位相を持つ空間からのどのような写像も連続であるからだ．同様に，U は右随伴 G を持つ．それは，各集合 X に密着位相 $\mathcal{O}_i(X)$ を対応させるものである．もう一度，4.1 節を参照．右随伴性は，任意の位相空間から密着位相を持つ空間へのどのような写像も連続であることから従う．

極限も随伴として書き表すことができる．$\mathbf{C}$ 内の $\mathbf{I}$ 型の図式 $D_\mathbf{I}$ 上の錐とは，$\mathbf{C}$ の対象 C から図式 $D_\mathbf{I}$ への射

$$c\colon C \to D_\mathbf{I} \tag{8.5.15}$$

182 第 8 章 圏

のことである. とくに, $\mathbf{I}$ のすべての添え字 i について $c_\Delta(C)_i = C$ である
ような対角射 c_Δ ができる. したがって, 図式とは

$$\mathrm{Hom}(c_\Delta(C), D_{\mathbf{I}}) \tag{8.5.16}$$

の射であり, 図式の極限 $\varprojlim_{cone(D)} C_{cone(D)}$ が存在するとき, 各 C に対し
て一意的に射 $C \to \varprojlim_{cone(D)} C_{cone(D)}$ が存在する. これは

$$\mathrm{Hom}(c_\Delta(C), D_{\mathbf{I}}) = \mathrm{Hom}(C, \varprojlim_{cone(D)} C_{cone(D)}) \tag{8.5.17}$$

を意味し, したがって極限は対角射の右随伴である. 同様に, 余極限は対角
射の左随伴である.

随伴関係から自然変換

$$\eta: 1_{\mathbf{C}} \to R \circ L \tag{8.5.18}$$

が

$$\eta_C = \lambda(1_{LC}) \tag{8.5.19}$$

とおいて得られる. 逆に, このような η が与えられると,

$$\lambda(f) = Rf \circ \eta_C \tag{8.5.20}$$

とおける. この主張を詳しく確かめることは省く.

補題 8.5.1 右随伴関手は極限を保つ. したがって, 双対性により, 左随伴
関手は余極限を保つ.

証明 図式 $\Delta: \mathbf{I} \to \mathbf{D}$ と錐 K および図式上の射 $K \to D_i$ を考える. どの
$D \in \mathbf{D}$ に対しても, 誘導された図式 $\Delta_D: \mathbf{I} \to \mathrm{Hom}_{\mathbf{D}}(D, .)$ と錐
$\mathrm{Hom}(D, K)$ および射 $\mathrm{Hom}(D, K) \to \mathrm{Hom}(D, D_i)$ を得る. すると, $\mathbf{D}$ に
$\varprojlim_{cone(D)} C_{cone(D)}$ が存在すれば

$$\varprojlim_{cone(D)} \mathrm{Hom}(D, C_{cone(D)}) = \mathrm{Hom}(D, \varprojlim_{cone(D)} C_{cone(D)}) \tag{8.5.21}$$

を得る. その場合, 次のとおりとなる.

$$\mathrm{Hom}_{\mathbf{C}}(C, R(\varprojlim_{cone(D)} C_{cone(D)})) \cong \mathrm{Hom}_{\mathbf{D}}(LC, \varprojlim_{cone(D)} C_{cone(D)})$$

$$\cong \varprojlim_{cone(D)} \mathrm{Hom}_{\mathbf{D}}(LC, C_{cone(D)})$$

$$\cong \varprojlim_{cone(D)} \mathrm{Hom}_{\mathbf{C}}(C, RC_{cone(D)})$$

$$\cong \mathrm{Hom}_{\mathbf{C}}(C, \varprojlim_{cone(D)} RC_{cone(D)})$$

すると，米田の定理 8.3.1 は次の同型を導く.

$$R\left(\varprojlim_{cone(D)} C_{cone(D)}\right) \cong \varprojlim_{cone(D)} RC_{cone(D)} \tag{8.5.22}$$

$\square$

随伴の概念は，多くの数学上の構成の統一的な扱いを可能にする. [5, 82] 参照. ここでは，ヒルベルト空間の間の随伴作用素の場合に，それがどのように適用されるかを示してみよう.

実数体 $\mathbb{R}$ 上のベクトル空間 V から出発する. (あるいは他の基礎体 $\mathbb{K}$ 上で考え，以下の構成で $\mathbb{R}$ をそれに置き換える.) そして，V の向きづけられた 1 次元部分空間のなす圏 $\mathbb{P}^1 V$ で，射は

$$\mathrm{Hom}(l_1, l_2) \cong \mathbb{R} \tag{8.5.23}$$

とするものを考える. 内積[6]$\langle . , . \rangle$ を持つヒルベルト空間 H があるとき，同じ対象，つまり $\mathbb{P}^1 H$ の元たちに，l_1 と l_2 との間の射を今度は

$$\langle e_1, e_2 \rangle \tag{8.5.24}$$

とする圏を考える. ここで e_i は l_i の正の生成元で $\langle e_i, e_i \rangle = 1$ を満たすものとする.

---

[6] 内積 $\langle . , . \rangle \colon H \times H \to \mathbb{R}$ は正定値な対称双 1 次形式，すなわち，次を満たすものである.
$$\langle v, w \rangle = \langle w, v \rangle \quad (\forall v, w \in H)$$
$$\langle \alpha v_1 + \beta v_2, w \rangle = \alpha \langle v_1, w \rangle + \beta \langle v_2, w \rangle \quad (\forall \alpha, \beta \in \mathbb{R}, \ \forall v_1, v_2, w \in H)$$
$$\langle v, v \rangle > 0 \quad (\forall v \neq 0 \in H)$$

184 第8章 圏

この定義によれば，作用素 $L\colon H \to H'$ の随伴 L^* という標準的な概念

$$\langle Lx, y\rangle_{H'} = \langle x, L^*y\rangle_H \tag{8.5.25}$$

は，ヒルベルト空間のベクトルをそれが張る線形部分空間と同一視すると

$$\mathrm{Hom}_{H'}(Lx, y) = \mathrm{Hom}_H(x, L^*y) \tag{8.5.26}$$

という望ましい明白な表記となる．

さて，圏 $\mathbf{C}$ に対し，集合 $\mathbb{R}$ を圏と見て

$$\mathbf{C}^* := \mathbf{Fun}(\mathbf{C}, \mathbb{R}) \tag{8.5.27}$$

とおく．$\alpha \in \mathbf{C}^*$ と $C \in \mathbf{C}$ に対して

$$(C, \alpha) := \alpha(C) \in \mathbb{R} \tag{8.5.28}$$

とおく．すると

$$i\colon \mathbf{C} \to \mathbf{C}^* \tag{8.5.29}$$

があるとき，一般化された内積を

$$\langle C, D\rangle := (C, i(D)) = i(D)(C) \tag{8.5.30}$$

と定めることができる．$\mathbf{C}$ が群であるときは，

$$i(C)(C) > 0 \quad (C \neq 0) \tag{8.5.31}$$

ということを要請することができる．すなわち，$\langle .,. \rangle$ の正定値性である．

圏論は，アイレンベルグ–マクレーン [32] により，代数的トポロジーの基礎と形式的枠組みを作る目的で発明された [31]．圏論への重要な寄与は，米田の補題 [120] とカン [65] により発見された随伴の概念である．

本章では，[5] の扱い方をしばしば利用した．圏論の一般的参考書としては [82] がある．基本的考え方と構成のより初等的な解説としては [79] がある．

第9章 トポス

この（ほぼ）最後の章ではトポスの概念を記述し分析する．それは代数幾何学におけるグロタンディークの仕事（とくに [4] 参照），および論理学におけるローヴィアの仕事（たとえば [77], [78] や，[110] を参照）から現れてきた概念であり，それは幾何と論理の数学的構造の一般的枠組みを提供する．数学においていつもそうであるように，ある概念がそれまでは離れていた数学の分野を統合するとき，それは両方の分野に実質的かつ根本的な洞察をもたらす．その理由としては，もちろん，それぞれの分野で展開されてきた概念と方法をもう一つの分野でも利用できるようになるからである．

直観的な意味で——本章で精密化され修正されるのだが——トポスとは構造化された集合族の圏であり，その構造の型が問題となっているトポスを特徴づける．ローヴィアのアプローチにおいては，集合の圏のある種の基本的性質を抽象して，トポスの概念が現れた．そのような性質の一つに，集合 X についての X の部分集合 A と特性関数 $\chi\colon X \rightarrow \{0,1\}$ の間の対応がある．部分集合 A には，$x \in A$ のとき $\chi_A(x) = 1$ で，$x \notin A$ のとき $\chi_A(x) = 0$ となる χ_A が対応する．ここで 1 は真理値「真」と，0 は「偽」と解釈できる．したがって，$\chi_A(x) = 1$ であるのは $x \in A$ であるとき，かつそのときに限る．構造化された集合族 X_i では，すべての i について $x \in X_i$ となるかを問うことができるし，さらにまた，それぞれの i についての真理値を得ることができる．これが 9.1 節で展開される部分対象分類子の考え方である．

また，集合の圏において，$x \in X$ と写像 $F\colon X \rightarrow X$ について，$\eta(n) =$

$F^n(x)$ ($n \in \mathbb{N}$) で定義される写像 $\eta\colon \mathbb{N} \to X$ が存在する．（これは 2.5 節において記述された力学系である．）その意味で，自然数を X の上に作用させることができる．この性質は，同様に重要ではあるが本章では系統的は展開されない．

本章は，前章で展開された内容に大々的に基づいている．トポスに関するよい参考文献は [42, 84] であり，内容の多くがそこから採られている．参考文献 [10, 43] は幾何学的様相についての詳細を与えてくれる．トポス理論と論理学に関する他の参考文献としては [74, 86] がある．最後に便覧 [55] を挙げておく．

9.1 部分対象分類子

以後，射の集合を扱わなければならない．したがって，不要なこともしばしばあるだろうが，安全のため，扱う圏は以降すべて小さいと仮定する．

定義 9.1.1 圏 **C** の対象 B の**部分対象** (subobject) A とは，単射

$$i\colon A \rightarrowtail B \tag{9.1.1}$$

のことである．部分対象 $i'\colon A' \rightarrowtail B$ が部分対象 A に**含まれる** (included) とは，射 $j\colon A' \to A$ であって

$$i' = i \circ j \tag{9.1.2}$$

を満たすものが存在すること，すなわち，図式

が可換であることをいう．（j は自動的に単射であることに注意する．）

部分対象 $A_1, A_2 \rightarrowtail B$ は，互いに他に含まれるときに同値であるという．

$$\mathrm{Sub}_{\mathbf{C}}(B) \tag{9.1.4}$$

を B の $\mathbf{C}$ における部分対象の同値類の集合とする.

$\mathrm{Sub}_{\mathbf{C}}(B)$ は部分対象の包含から決まる順序による半順序集合である. 集合の圏 **Sets** において

$$\mathrm{Sub}_{\mathbf{Sets}}(X) = \mathcal{P}(X) \tag{9.1.5}$$

は X の冪集合である.（ここで注意深くなければならない. X の部分集合の間の任意の単射は許さず，集合論的包含のみを許す. つまり，X を特定の元の集まりと考え，上記のように集合それ自身を圏と見なすとき，射はすべてこれらの元を保たねばならない.）

同じことだが，X の部分集合 A はその特性関数

$$\chi_A(x) := \begin{cases} 1 & (x \in A \text{ のとき}) \\ 0 & (x \notin A \text{ のとき}) \end{cases} \tag{9.1.6}$$

で特徴づけられる. したがって，χ_A は $\mathbf{2} := \{0,1\}$ に値をとる. $\mathbf{2}$ を真理値の集合で，1 が「真」に対応する値と見なす. だから

$$\mathrm{true} \colon \mathbf{1} := \{1\} \rightarrowtail \mathbf{2}, \quad 1 \mapsto 1 \tag{9.1.7}$$

という単射がある.

したがって，単射 $i \colon A \rightarrowtail X$ の同値類で与えられる部分集合 A は χ_A に沿っての true の引き戻しとして得られる.

$$\begin{array}{ccc} A & \longrightarrow & \mathbf{1} \\ {\scriptstyle i}\downarrow & & \downarrow {\scriptstyle \mathrm{true}} \\ X & \xrightarrow{\ \chi_A\ } & \mathbf{2} \end{array} \tag{9.1.8}$$

これを一般化しよう.

定義 9.1.2　有限な極限が存在する圏 $\mathbf{C}$ において，**部分対象分類子** (subobject classifier) は，対象 Ω と単射

$$\text{true: } \mathbf{1} \rightarrowtail \Omega \tag{9.1.9}$$

からなり，次の性質を満たすもののことである．すなわち，$\mathbf{C}$ の任意の単射 $A \rightarrowtail X$ に対してただ一つの射 $\chi\colon X \to \Omega$ と引き戻しの可換図式

$$\begin{array}{ccc} A & \longrightarrow & \mathbf{1} \\ \big\uparrow & & \big\uparrow{\scriptstyle\text{true}} \\ X & \underset{\chi}{\longrightarrow} & \Omega \end{array} \tag{9.1.10}$$

が存在する．

部分対象分類子の存在が非自明な帰結をもたらすことを示すために，次を挙げよう．

補題 9.1.1 部分対象分類子が存在する圏 $\mathbf{C}$ において，すべての単射は等化子であり，単射かつ全射である射は同型である．

より短くいうと，部分対象分類子が存在する圏では，単射である全射は同型である．

証明 図式 (9.1.10) を次の形で考える．

$$\begin{array}{ccc} A & \longrightarrow & \mathbf{1} \\ \big\uparrow{\scriptstyle f} & \nearrow & \big\uparrow{\scriptstyle\text{true}} \\ X & \underset{\chi_f}{\longrightarrow} & \Omega \end{array} \tag{9.1.11}$$

ここで対角線の射はただ一つの射 $t_X\colon X \to \mathbf{1}$ である．単射 $f\colon A \to X$ は，したがって χ_f と $\text{true} \circ t_X$ を等化する．

さて，f が射 $h_1, h_2\colon X \to Y$ を等化する，すなわち，$h_1 \circ f = h_2 \circ f$ であり，f が全射であるとき，$h_1 = h_2 =: h$ を得る．したがって，f は h とそれ自身を等化する．さて，ある射とそれ自身を等化する射は同型でなければならない．なぜならば 1_X がそのような等化する射であるからだ．このことは (8.2.30) の普遍性からわかる．つまり，

9.1 部分対象分類子 **189**

$$
\begin{array}{ccc}
X & \xrightarrow{\ a\ } & A \\
{\scriptstyle 1_X}\big\downarrow & \swarrow {\scriptstyle f} & \\
X & \rightrightarrows & Y \\
& {\scriptstyle h,\ h} &
\end{array}
\tag{9.1.12}
$$

において等化子の普遍性から射 a の存在が導かれる．するとこれは，$f \circ a = 1_X,\, a \circ f = 1_A$ を意味する．すなわち，f は同型である． $\square$

Sets における部分対象分類子を確認したので，今度は部分対象分類子を持たない圏の例として，（小さな）アーベル群の圏 **Ab** を考えよう．**Ab** の終対象 $\mathbf{1}$ は e のみからなる自明な群である[1]．したがって，候補の部分対象分類子であるアーベル群 Ω への準同型 $t\colon \mathbf{1} \rightarrowtail \Omega$ は，e を $e \in \Omega$ に写さなければならない．したがって，t を群準同型 $\phi\colon A \to \Omega$ で引き戻すと，$S = \operatorname{Ker}\phi = \phi^{-1}(e)$ とおいて，次の図式を得る．

$$
\begin{array}{ccc}
S & \longrightarrow & \mathbf{1} \\
{\scriptstyle i}\big\downarrow & & \big\downarrow{\scriptstyle t} \\
A & \xrightarrow{\ \phi\ } & \Omega
\end{array}
\tag{9.1.13}
$$

図式の可換性から，e は準同型 $\phi \circ i$ による S の像であるので，この準同型は A を商群 A/S に写し，これは Ω の部分群となるはずである．したがって，Ω はこのような商群 A/S をいつも部分群として含まねばならない．このような小さなアーベル群 Ω は明らかに存在しない．これは圏 **Ab** が部分対象分類子を持てないことを示している．直観的には，この圏の構造はとても制約があること，つまり部分対象分類子が許容されないほど射について厳しい制限があるということを意味する．

より簡単な反例は，ある固定した集合 Y の部分集合の集合 $\mathcal{P}(Y)$ で，包含 $A \subset B$ のみを射とする半順序集合に付随する圏である．これは部分対象分類子を持たない．$\mathcal{P}(Y)$ の終対象 $\mathbf{1}$ は Y 自身である．なぜなら，Y はす

---

[1] 圏の終対象 $\mathbf{1}$ がただ一つの元を持つとき，その元を 0 でなく 1 と記すわれわれの規約との食い違いを避けるため，ここではアーベル群の中立元を 0 の代わりに e と書く．

べての A に対してただ一つの射 $A \subset Y$ が存在する唯一の対象であるからだ. しかし, その候補 Ω もまた Y 自身でなければならない. というのも, それ以外のどの対象も要請されている矢 true: $\mathbf{1} \to \Omega$ に当たる Y からの射が存在し得ないからである. するとしかし, χ は必ず包含 $X \subset Y$ なので (9.1.10) は X それ自身に対してのみ引き戻しの図式であり得る. すると X 自身だけが対応する図式の引き戻しであり, $\mathcal{P}(Y)$ の中では X の非自明な任意の部分対象 $A \subset X$ に対しては引き戻しの条件が満たされない. 引き戻しの条件に関して問題が生じない唯一の例外は, 高々一元を持つ集合 Y である. この状況を次の図式で説明できる.

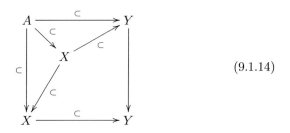

(9.1.14)

これは, A, X, Y の間の包含によるすべての図式は X を通して分解するという事実を表している. その理由は本質的には, 底辺の矢 $X \subset Y$ が A に依存しないことである. (9.1.8) との対比に注目しておく. そこでは, 矢 χ_A が部分集合 A に依存し, したがって $A \neq X$ のとき X を通して分解することができない.

さて今度は, 部分対象分類子を持つ圏を記述するという, より積極的な問題に取り組もう. そのようなすべての圏は, 基本的な圏 **Sets** から導かれて, 集合の添え字づけられた族で, もちろん適切な関手性を持ったもののなす圏に対応する. このことは偶然の一致ではまったくない. というのも, その本質的な特徴の一つが部分対象分類子の存在である, 後述のトポスの概念はまさに, 集合の添え字づけられた族のなす圏のための形式的枠組みとして展開されてきたからである.

いずれにせよ, **Sets** 以外の圏において, 部分対象分類子は, 存在するとしても, より複雑であり得る. 有向グラフの圏 (8.2.10) と (8.2.11) を思い

起こそう．それはすなわち，集合の対 (G_0, G_1)（頂点と有向な辺）および（恒等矢を除く）矢の対

$$g_\alpha, g_\omega : G_1 \rightrightarrows G_0 \qquad (9.1.15)$$

からなる．

したがって，G_1 の各元 e に対して，つまり有向な各辺に対して，G_0 の元 $g_\alpha(e)$, $g_\omega(e)$（始点と終点）を対応させる．グラフの圏なのだから，部分対象分類子はグラフそのものでなければならない．このグラフ Ω は図式 (9.1.16) に描かれている．射 true: $\mathbf{1} \rightarrowtail \Omega$ は $\mathbf{1}$ の点 1 を $1 \in \Omega$（Ω の元は存在する頂点に対応している）に写し，$\mathbf{1}$ の恒等矢を +++ とラベルづけられた矢に写す．これは G_1 の辺が部分グラフ (Γ_0, Γ_1) の辺でもある状況に対応している．Ω の矢 ++− は，辺の始点も終点も Γ_0 に含まれるが，辺そのものは Γ_1 から欠けている場合に対応する．始点だけが Γ_0 に含まれるときは，矢 +−− が得られる一方，終点だけがあるときは，−+− が得られる．最後に，どちらの頂点もないときは，（頂点がないことに対応する）0 からそれ自身への矢 −−− が得られる．

(9.1.16)

次に，自己射つきの集合（同値なことだが，オートマトン，あるいは離散力学系，2.5 節参照）のなす圏 $\mathbf{Sets}^{\circlearrowleft}$ を考察しよう．したがって，$\mathbf{Sets}^{\circlearrowleft}$ の対象は集合 A と自己射，すなわち

$$\alpha : A \to A \qquad (9.1.17)$$

であり，二つの対象 (A, α), (B, β) の間の射は写像

$$f : A \to B, \quad f \circ \alpha = \beta \circ f \qquad (9.1.18)$$

で与えられる．このような自己射 α は繰り返せる，つまり何度も合成できるので，実際，オートマトン，あるいは離散力学系が得られる．

192 第9章 トポス

このようなオートマトンの部分オートマトンは, 部分集合 $A' \subset A$ と α' を α の A' への制限として, (A', α') で与えられる. ただし, A' は力学系で閉じている, すなわち $a \in A'$ ならば $\alpha(a) \in A'$ であると仮定する. 他方, $a \notin A'$ であっても, $\alpha^n(a) \in A'$ となる $n \in \mathbb{N}$ が存在するかもしれない. すると, 次の特別な自己射つきの集合である部分対象分類子が得られる.

$$\overset{\circlearrowleft}{\bullet_1} \longleftarrow \bullet_{\frac{1}{2}} \longleftarrow \bullet_{\frac{1}{3}} \longleftarrow \cdots \qquad \overset{\circlearrowleft}{\bullet_0} \tag{9.1.19}$$

ここで $\frac{1}{n+1} \in \mathbb{N}$ でラベルづけられた黒丸は $\alpha^n(a) \in A'$ となる最小の $n \in \mathbb{N}$ に対応し, 0 でラベルづけられた黒丸は α の繰り返しでは決して A' に移らない $a \in A$ に対応する. 1 でのループ型の矢は $a \in A'$ ならば $\alpha(a) \in A'$ であることを表す. より噛み砕いていうと, n は「真実までの時間」, つまり, 元 a を部分集合 A' に送るのに必要なステップ数である.

より一般に, 集合の射のなす圏 $\mathbf{Sets}^{\rightarrow}$ を考える. この圏の対象は写像 $f\colon A \to B$ であり, 射は可換図式である.

$$\begin{array}{ccc} C & \overset{g}{\longrightarrow} & D \\ \downarrow & & \downarrow \\ A & \underset{f}{\longrightarrow} & B \end{array} \tag{9.1.20}$$

とくに, $f\colon A \to B$ の部分対象 $f'\colon A' \to B'$ は単射 $i\colon A' \to A$, $j\colon B' \to B$ と次の可換図式からなる.

$$\begin{array}{ccc} A' & \overset{f'}{\longrightarrow} & B' \\ {\scriptstyle i}\uparrow & & \uparrow{\scriptstyle j} \\ A & \underset{f}{\longrightarrow} & B \end{array} \tag{9.1.21}$$

$x \in A$ について, 次の三つの可能性がある.

(0) $x \in A'$ (「そこにある」)
($\frac{1}{2}$) $x \notin A'$ だが $f(x) \in B'$ (「そこに着くだろう」)

(1) $x \notin A'$ かつ $f(x) \notin B'$（「決してそこに着かない」）

すると，部分対象分類子は集合 $\mathbf{3} := \{1, \frac{1}{2}, 0\}$, $\mathbf{2} := \{1, 0\}$ と $t(1) = t(\frac{1}{2}) = 1$, $t(0) = 0$ で決まる写像 $t: \mathbf{3} \to \mathbf{2}$ で与えられる．ここで $\mathbf{3}$ の元は上記の三つの場合に対応し，$\mathbf{2}$ の元は $y \in B'$ か $y \notin B'$ に対応する．部分対象分類子の可換図式は，$\mathbf{1} = \{1\}$, $i_t(1) = 1$, $j_t(1) = 1$ として次のものとなる．

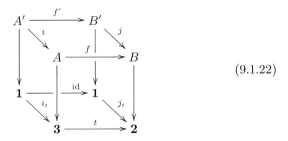
(9.1.22)

次に，モノイド M の表現の圏 $M\text{-}\mathbf{Sets}$ を考える．(2.3.10) 参照．この圏の終対象は，1元集合 $\mathbf{1} = \{e\}$ に M の自明な演算 $\mu_e(m, e) = e$ ($\forall m \in M$) を備えたものである．Λ_M を M の左イデアルのなす集合として $\Omega = (\Lambda_M, \omega)$ を考える．ここで演算は

$$\omega: M \times \Lambda_M \to \Lambda_M$$
$$(m, L) \mapsto \{n: nm \in L\} =: L_m \qquad (9.1.23)$$

とする．L_m は実際，イデアルである．なぜなら，L はイデアルなので $nm \in L$ ならば $k(nm) \in L$ であり，$kL_m = \{kn: nm \in L\} \subset L_m$ となるからである．最大のイデアルである M 自身は ω により固定される，つまり $\omega(m, M) = M$ ($\forall m \in M$) にも注意しておく．

したがって，Ω は M 集合である．さて Ω が $M\text{-}\mathbf{Sets}$ における部分対象分類子であることを確認しよう．最初に，$t: \mathbf{1} \to \Omega$ を $t(e) = M$ と定める．同変条件 (2.3.12) が満たされることに注意する．すなわち，$t(\mu_e(m, e)) = \omega(m, t(e)) = \omega(m, M) = M$.

$i: (X, \mu) \to (Y, \lambda)$ を包含写像とする．（同変条件 (2.3.12) により $i(x) = x$, $\lambda(m, x) = \mu(m, x)$ ($x \in X$, $m \in M$) となる．）そして

194　第9章　トポス

$$\chi_i \colon (Y, \lambda) \to \Omega = (\Lambda_M, \omega)$$

$$y \mapsto \{m \colon \lambda(m, y) \in X\} \tag{9.1.24}$$

とおく. すると, $k\chi_i(y) = \{km \colon \lambda(m, y) \in X\} \subset \chi_i(y)$ となり, $\chi_i(y)$ はイデアルである. この包含の理由だが, M の X への作用で X はそれ自身に写るので $\lambda(km, y) = \lambda(k, \lambda(m, y))$ は X に属し, $k \in M$ は元 $\lambda(m, y) \in X$ を X の別の元に写すからである. 最後に, $\chi_i(y) = M$ であるのは, 任意の $m \in M$ について $\lambda(m, y) \in X$, すなわち $\lambda(e, y) \in X$, つまり $y \in X$ であるとき, かつそのときに限る. したがって, Ω は確かに, 部分対象分類子である.

　この例を俯瞰するために, M が自明なモノイド $\{e\}$ で, 任意の集合への M の作用も自明な場合を観察してみよう. ゆえにこの場合, M-**Sets** = **Sets** である. この場合, M は $\emptyset$ と M 自身の二つだけイデアルを持つので, Ω は 2 元を持ち, **Sets** の部分対象分類子 **2** となる. より一般に, モノイド M が群 G であるとき, 二つだけのイデアル $\emptyset$ と G 自身を持ち, Ω は自明な G 作用を備えた **2** に帰着される. 実際, ここでの部分対象分類子が **Sets** のものと同じである理由は次のとおりである. Y の部分集合 X が G の作用で不変なら, その補集合も同様に不変である. $y \in Y \setminus X$ について, もしある $g \in G$ に対して $gy \in X$ とすると, $y = g^{-1}gy \in X$ となり, 矛盾する. だから **Sets** と同じように議論を進められる. Y へのモノイド作用で $X \subset Y$ を不変にするものについて, 一般には $Y \setminus X$ は不変ではなく, $y \in Y$ を $my \in X$ となるようなすべての $m \in M$ の集合 (実際, イデアルでもある) L_y に写す. L_y が極大イデアルであるのは $y \in X$ のときで, このとき部分対象分類子となる. 逆に, y が M の作用で X には決して写らないとき, $L_y = \emptyset$ である.

　上記の自己射つきの集合のなす圏 **Sets**$^{\circlearrowright}$ は, 加法を備えた非負整数のモノイド $M = \mathbb{N}_0$ での M-**Sets** の特別な場合となっている.

　さて今度は $\mathbf{C}$ 上の前層の圏 **Sets**$^{\mathbf{C}^{\mathrm{op}}}$ を見てみる. 8.4 節参照. 次の定義が必要となる.

定義 9.1.3　$\mathbf{C}$ の対象 C 上のふるい (sieve) とは, ($\mathbf{C}$ の任意の対象からの)

矢 $f: . \to C$ の集合であって，次の性質を持つもののことである．すなわち，$f: D \to C \in S$ ならば，どのような矢 $g: D' \to D$ についても $f \circ g \in S$.

したがって，ふるいは前合成で閉じている．たとえば，圏が集合 B の冪集合 $\mathcal{P}(B)$，すなわち B の部分集合の集まりで，包含 $A' \subset A$ を射とする場合，A のふるい S は，$A_2 \subset A_1 \in S$ ならば $A_2 \in S$ となる性質を持った A の部分集合の集まりと考えられる．より一般に，圏が半順序集合 $(\mathbf{P}, \leq)$ のとき，$p \in \mathbf{P}$ 上のふるい S は，元 $q \leq p$ の集まりで $r \leq q \in S$ ならば $r \in S$ を満たすものと同定される．圏がモノイドであるならば，ふるいは単に右イデアルである．

次の重要な関手性が成り立つ．S が C 上のふるいで $\phi: D \to C$ が射であるとき，$\phi^* S = \{g: D' \to D: \phi \circ g \in S\}$ は D 上のふるいである．すなわち，ふるいは射によって引き戻せる．したがって，ふるいは前層の関手性を満たす．

$\mathbf{C}$ の各対象 C に，C へのすべての射のなすいわゆる**全ふるい** (total sieve) $\overline{S}(C) := \{f: . \to C\}$ を対応させると，$\mathbf{C}$ 上の前層を得る．実際，これは $\mathbf{C}$ 上の前層のなす圏 $\mathbf{Sets}^{\mathbf{C}^{\mathrm{op}}}$ の終対象 1 である．その理由は単に，どの $\mathbf{C}$ 上の前層も $\mathbf{C}$ 上の任意の矢を被覆しなければならないからである．また，

$$\Omega(C) := \{S: C \text{ 上のふるい }\} \tag{9.1.25}$$

とおくと $\mathbf{C}$ 上の前層 Ω を得られ，自然な単射

$$1 \rightarrowtail \Omega \tag{9.1.26}$$

が得られる．これは実際，圏 $\mathbf{Sets}^{\mathbf{C}^{\mathrm{op}}}$ の部分対象分類子を与える．このことは次のようにしてわかる．任意の $\mathbf{C}$ 上の前層 F と任意の部分対象 $U \rightarrowtail F$ に対して，$u: F \to \Omega$ を定義する必要がある．$C \in \mathbf{C}$ と $x \in FC$ に対して，

$$u_C(x) := \{f: D \to C: \ Uf(x) \in UD\} \tag{9.1.27}$$

とおく．したがって，$u_C(x)$ は集合 FC の元 x を FD の部分集合 UD に引き戻すような C への矢のなすふるいである．言い換えると，すべての引き

196 第 9 章 トポス

戻し $Uf(x)$ の集まりを考え，どの矢に対しても部分前層により定義された集合にそれらが入るかをチェックする．これがすべての f について成立するなら，x（より詳しくは $Uf(x)$ の集まり）は部分前層 U に属する．このことが部分対象分類子の条件を生み出す．言い換えると，各矢 $f: D \to C$ に対して $Uf(x)$ が FD の部分集合 UD に含まれるかを問う．したがって，各矢 f に対して，二つの真理値「はい」か「いいえ」，もしくは「真」か「偽」を得る．異なる矢のこれらの値は独立ではない．というのも，$y \in UD$ のとき，各矢 $g: E \to D$ に対して，U の前層の条件により必ず $g^*(y) \in UE$ である．全ふるいは，答えが「いつも真」である状況に対応する．空のふるいは，「いつも偽」である状況に対応する．他のふるいは「いつもではないが時々は真」である状況を意味する．

　実際，先の例はこれの特別な場合である．たとえば，圏 **Sets**$^\rightarrow$ は，二つの対象 i_0 と i_1 に射 $i_0 \to i_0$, $i_0 \to i_1$, $i_1 \to i_1$ を持つ圏 $\to$ の上の前層の圏である．すると前層 F は集合 $F(i_0)$, $F(i_1)$ と射 $F(i_1) \to F(i_0)$ で記述される．対象 i_0 上には，射 $i_0 \to i_0$ を持つ全ふるいと空のふるいの二つがある．対象 i_1 上には，射 $i_1 \to i_1$, $i_0 \to i_1$ を持つ全ふるい，射 $i_0 \to i_1$ を持つふるい，そして空のふるいの三つがある．その例は，上記での議論での三つの場合 (1), ($\frac{1}{2}$), (0) にそれぞれ対応する．**Sets** の場合は自明である．これは，ただ一つの対象 i_0 とただ一つの射 $i_0 \to i_0$ を持つ圏 **1** の上の前層の圏である．そこには i_0 上に二つのふるい，射 $i_0 \to i_0$ を持つものと空のふるいがある．

　もちろん，上での構成法は米田の補題の具体化であり，少し違った形で説明してきたことを繰り返させる．（繰り返しを好まないなら，次節まで飛ばして頂きたい．）その結果により，前層 Ω に対して $\Omega(C)$ の元は $\mathrm{Hom}_\mathbf{C}(-, C)$ から Ω への射（自然変換）に対応する．Ω は部分対象分類子だと仮定したから，それらは $\mathrm{Hom}_\mathbf{C}(-, C)$ の部分対象に対応しなければならない．$\mathrm{Hom}_\mathbf{C}(-, C)$ の部分関手 F は次の形の集合で与えられる．

$$S = \{f \in \mathrm{Hom}_\mathbf{C}(D, C): f \in FD\} \quad （D \text{はいろいろ動く}） \qquad (9.1.28)$$

前層の性質により，S はふるいである．これは (9.1.25) を導く．$\mathrm{Hom}_\mathbf{C}(-, C)$ から Ω への自然変換は $\phi \in \mathrm{Hom}_\mathbf{C}(D, C)$ にふるい $\phi^* S$ を対

応させる.

同様に，$\mathbf{1}(C)$ の元は $\mathrm{Hom}_{\mathbf{C}}(-, C)$ から $\mathbf{1}$ への射（自然変換）に対応する.
$\mathbf{1}(C)$ の構造から，$\phi \in \mathrm{Hom}_{\mathbf{C}}(D, C)$ に全ふるい $\overline{S}(C) = \mathrm{Hom}_{\mathbf{C}}(\,.\,, C)$ の
ϕ による引き戻しを対応させることを意味する．その引き戻しは，ϕ の定義
域 D の上の全ふるいである．C に全ふるい $\mathrm{Hom}_{\mathbf{C}}(\,.\,, C)$ を対応させること
は，これが前層 $D \mapsto \mathrm{Hom}_{\mathbf{C}}(D, C)$ を生み出すという意味で，まさに米田
の関手 y のすることにほかならない．さらに，$\mathbf{C}$ 上の前層 F に対して，各
C に全ふるい $\mathbf{1}(C)$ を対応させるただ一つの射 $F \to \mathbf{1}$ が存在する．また,
射 $m: F \to \Omega$ に対して（Ω の部分前層としての）$\mathbf{1}$ の原像は，C において
すべての射 $f: D \to C$ に対して $Ff(x) \in m^{-1}\mathbf{1}(D)$ であるような $x \in FC$
の全体，つまり，どの矢でも引き戻しできる $x \in FC$ の全体からなる．す
るとこれが (9.1.27) に記されているとおり F の部分前層となる．

9.2　トポス

さて，われわれは本章の鍵となる概念へとたどり着いた．この概念は前層
のような集合の添え字づけられた族のなす圏の基本的性質を取り込んでい
る．トポスの概念は幾何学と論理学においてとても重要であることがわかる
が，その威力を指し示してみよう．実際，二つの同値な定義を与えよう．最
初のものは一般的で退屈である．

定義 9.2.1　トポス (topos)[2]とは次のものを持つ圏 **E** のことである.

1. あらゆる有限の極限
2. あらゆる有限の余極限
3. 部分対象分類子
4. あらゆる指数幂

しかしながら，この定義には若干の無駄がある．たとえば，余極限の存在
は他の性質から従う．そこで，最小限の要請をする代わりの定義を与えよ

---

[2]　この単語の語源はギリシャ語の $\tau\acute{o}\pi o\varsigma$ で「場所，位置」を意味し，複数形はトポイ $\tau\acute{o}\pi o\iota$ と
なる.

198 第9章 トポス

う.

定義 9.2.2 トポスとは次のものを持つ圏 **E** のことである.

1. 終対象 **1**
2. 図式 $A \to C \leftarrow B$ の引き戻し
3. 部分対象分類子, すなわち, ある対象 Ω と単射である矢 true: $1 \rightarrowtail \Omega$ であって, **E** の任意の単射 $A \rightarrowtail X$ に対してただ一つの射 $\chi_A: X \to \Omega$ が存在して, 次の図式が可換であるもの

$$
\begin{array}{ccc}
A & \longrightarrow & I \\
\downarrow & & \downarrow{\scriptstyle\text{true}} \\
X & \xrightarrow{\chi_A} & \Omega
\end{array}
\tag{9.2.1}
$$

4. 各対象 X に対する**冪対象** (power object) とよばれる対象 PX と射 $\epsilon_X: X \times PX \to \Omega$ であって次の性質を持つもの, すなわち, 各射 $f: X \times B \to \Omega$ に対してただ一つの射 $F: B \to PX$ が存在して, 次の図式が可換である.

$$
\begin{array}{ccc}
& X \times B & \\
{\scriptstyle 1_X \times F}\downarrow & \searrow{\scriptstyle f} & \\
X \times PX & \xrightarrow{\epsilon_X} & \Omega
\end{array}
\tag{9.2.2}
$$

まず最初に, 条件1と2により, とくにトポスは積を持つことを注意しておく. (8.2.34) の後の議論参照. したがって, 最後の条件4は意味がある.

任意のトポスで成り立つ補題 9.1.1 の構造に関する性質を思い起こそう. さらに, トポスにおいては, 任意の矢は全射と単射の合成に分解できる. これを説明するために, 次の2条件が満たされるとき, 矢 $f: X \to Y$ は単射 $m = \operatorname{Im} f: Z \to Y$ を像として持つという. (1) f は $m: Z \to Y$ により分解する, すなわち, ある $e: X \to Z$ について $f = m \circ e$ となる. (2) f が m' に

より分解するときは，m によっても同じく分解するという意味で，m は普遍的である．図式で表すと，次の図式となる．

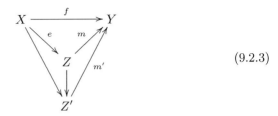
(9.2.3)

補題 9.2.1 トポスにおいては，各矢は像 m を持ち，全射 e により $f = m \circ e$ と分解する．

条件 4 は，もちろん指数冪の特別な場合である．つまり，

$$PX = \Omega^X \tag{9.2.4}$$

である．とくに，

$$P\mathbf{1} = \Omega \tag{9.2.5}$$

指数冪についての上の議論 (8.2.61) を思い起こして，この最後の条件を圏 **Sets** において考えよう．この圏においては $\Omega = \mathbf{2} = \{0, 1\}$ だった．

$$\epsilon_X(x, A) := \begin{cases} 1 & (x \in A) \\ 0 & （それ以外）\end{cases} \tag{9.2.6}$$

とおき，$f: X \times B \to \Omega$ に対して

$$F(b) := \{x \in X : f(x, b) = 1\} \tag{9.2.7}$$

とおく．すると $\epsilon_X \circ (1_X \times F)(x, b) = 1$ を言い換えると，$x \in F(b) = \{\xi \in X : f(\xi, b) = 1\}$ となる．つまり，$f(x, b) = 1$ であることが必要十分であり，図式 (9.2.2) は可換となる．

また最後の二つの要請は

200　第 9 章　トポス

$$\mathrm{Sub}_{\mathbf{E}}\, X \cong \mathrm{Hom}_{\mathbf{E}}(X, \Omega) \tag{9.2.8}$$

と

$$\mathrm{Hom}_{\mathbf{E}}(X \times B, \Omega) \cong \mathrm{Hom}_{\mathbf{E}}(B, PX) \tag{9.2.9}$$

によっても表せる．したがって，部分対象関手と関手 $\mathrm{Hom}_{\mathbf{E}}(X \times \cdot, \Omega)$ は両方とも表現可能である．とくに，これら二つの同型を組み合わせて，$B = \mathbf{1}$ に対して

$$\mathrm{Sub}_{\mathbf{E}}\, X \cong \mathrm{Hom}_{\mathbf{E}}(X, \Omega) \cong \mathrm{Hom}_{\mathbf{E}}(\mathbf{1}, PX) \tag{9.2.10}$$

を得る．それゆえ，X の部分対象 A は次のいずれでも記述できる．

$$単射 \quad A \rightarrowtail X \tag{9.2.11}$$

$$射 \ \chi\colon X \to \Omega \tag{9.2.12}$$

$$射 \ a\colon \mathbf{1} \to PX \tag{9.2.13}$$

圏 **Sets** においては，(9.2.5) によれば

$$\mathrm{Hom}_{\mathbf{Sets}}(\mathbf{1}, \Omega) = \Omega^1 = P\mathbf{1} \tag{9.2.14}$$

である．しかしながら，この関係は一般には真ではない．モノイド M_2 と圏 M_2-**Sets** を考える．すでに見たとおり，この圏の部分対象分類子 Ω は M_2 の左イデアルの集合である，すなわち

$$\Lambda_{M_2} = \{\emptyset, \{0\}, \{0, 1\}\} \tag{9.2.15}$$

に (9.1.23) の自然な M_2 作用 ω を込めたものである．また，終対象 $\mathbf{1}$ は自明な M_2 作用 λ_0 を備えた集合 $\{0\}$ である[3]．したがって，$h\colon \mathbf{1} \to \Omega$ を射とするとき，$h\colon \{0\} \to \Lambda_{M_2}$ は λ_0 および ω に関して共変的である．ゆえに $\omega(0, h(0)) = h(\lambda_0(0), 0) = h(0)$ となる．すると，鍵となる点は，$\omega(0, \{0\}) = \{0, 1\} \neq \{0\}$ ゆえ，$h(0) = \{0\}$ という値は可能でないということである．そこで，可能な値は $h(0) = \{0, 1\}$ か $h(0) = \emptyset$ の 2 通りのみである．ゆえに

---

[3] ここで，$\mathbf{1}$ のただ一つの元を 0 で表すことは避けられない．というのは，それが M_2 の中立元を表すからである．

次を得る.

$$\mathrm{Hom}_{M_2\text{-}\mathbf{Sets}}(\mathbf{1}, \Omega) = \{\emptyset, \{0,1\}\} \neq \Omega = \{\emptyset, \{0\}, \{0,1\}\} \tag{9.2.16}$$

この不一致の理由だが, 一般には X の部分対象の集合 $\mathrm{Sub}_{\mathbf{C}}(X) = \mathrm{Hom}_{\mathbf{C}}(X, \Omega)$ は単に集合であり, $PX = \Omega^X$ とは対照的にそれ自身は $\mathbf{C}$ の対象ではないことである. このことを, $\mathrm{Hom}_{\mathbf{C}}(X, \Omega)$ は外部のものである一方, PX は圏 $\mathbf{C}$ の内部にあると言い表すことができる. この二つのものは一致せず, 圏の外部的な見方と内部的な見方は異なる結果へと導くことがある.

しばしば, この先よくそうするように, 次の記号を用いる.

$$\top := \mathrm{true} \tag{9.2.17}$$

すでに注意したとおり, トポスは有限の余極限を持ち, とくに始対象 $\mathbf{0}$ を持つ. すると, 唯一の射

$$!\colon \mathbf{0} \to \mathbf{1} \tag{9.2.18}$$

が存在する. すると, 矢

$$\bot := \mathrm{false}\colon \mathbf{1} \to \Omega \tag{9.2.19}$$

を図式

$$\begin{array}{ccc}
\mathbf{0} & \xrightarrow{\ !\ } & \mathbf{1} \\
{\scriptstyle !}\downarrow & & \downarrow{\scriptstyle \top} \\
\mathbf{1} & \xrightarrow{\ \bot\ } & \Omega
\end{array} \tag{9.2.20}$$

が引き戻しとなるような唯一の矢として定めることができる. すなわち, $\bot$ は $!$ の特性矢, つまり $\bot = \chi_!$ である. トポス $\mathbf{Sets}$ において, $\Omega = \{0,1\}$, $\mathbf{0} = \emptyset$, $\mathbf{1} = \{1\}$, そして

$$\top 1 = 1, \quad \bot 1 = 0 \tag{9.2.21}$$

202 第9章 トポス

である. なぜかというと, この場合, $\mathbf{0}$ 以外の $\mathbf{Sets}$ の対象 A に対しては可換図式

$$
\begin{array}{ccc}
A & \longrightarrow & \mathbf{1} \\
\downarrow & & \downarrow{\scriptstyle\top} \\
\mathbf{1} & \underset{\bot}{\longrightarrow} & \Omega
\end{array}
\tag{9.2.22}
$$

は存在せず, (9.2.19) は自明に引き戻しの条件を満たすからである. もし $\bot 1$ の値を 1 にすると, このような図式は存在するが, 引き戻しの条件は満たされないことになる. なぜなら, 射 $A \to \mathbf{0} = \emptyset$ は存在しないからである.

さて一般の場合に戻る. 次の重要な結果が成り立つ.

定理 9.2.1

(a) トポス $\mathbf{E}$ の任意の対象 X に対して, 冪対象 PX はハイティング代数の構造を持つ. とくに, トポスの部分対象分類子 $\Omega = P\mathbf{1}$ はハイティング代数である.

(b) トポス $\mathbf{E}$ の任意の対象 X に対して, 部分対象の集合 $\mathrm{Sub}_{\mathbf{E}}(X) = \mathrm{Hom}_{\mathbf{E}}(X, \Omega)$ はハイティング代数の構造を持つ. とくに, $\mathbf{1}$ をトポス $\mathbf{E}$ の終対象とするとき, $\mathrm{Hom}_{\mathbf{E}}(\mathbf{1}, \Omega)$ はハイティング代数である.

したがって, (a) 内部的に, あるいは (b) 外部的に考えるかにかかわらず, ハイティング代数が得られるが, 上記の例が示すように, この二つのハイティング代数は互いに異なるかもしれない. また, そのどちらもブール代数でないかもしれない. これは後の 9.3 節で重要となる. いずれにせよ, 定理 9.2.1 の鍵となる点は, 部分対象分類子, あるいは部分対象の集合の上にハイティング代数という代数的構造が得られることである.

定理 9.2.1 の証明に関連する構成法をスケッチしてみよう. 鍵となる点は, 適当な引き戻し図式の言葉で, 交わり, 結び, そして含意の操作を定義することである. これを部分対象分類子 $\top \colon \mathbf{1} \to \Omega$ に対して行ってみよう. まず最初に, $\neg$ を「偽」の特性射 $\chi_{\bot}$ とする. つまり,

$$
\begin{array}{ccc}
\mathbf{1} & \longrightarrow & \mathbf{1} \\
{\scriptstyle \perp}\big\downarrow & & \big\downarrow{\scriptstyle \top} \\
\Omega & \xrightarrow[\;\neg=\chi_\perp\;]{} & \Omega
\end{array}
\tag{9.2.23}
$$

は引き戻し図式である．次に，$\cap = \chi_{(\top,\top)}$ を積の射 $(\top,\top)\colon \mathbf{1} \to \Omega \times \Omega$ の特性射とする．対応する図式は次のものである．

$$
\begin{array}{ccc}
\mathbf{1} & \longrightarrow & \mathbf{1} \\
{\scriptstyle (\top,\top)}\big\downarrow & & \big\downarrow{\scriptstyle \top} \\
\Omega \times \Omega & \xrightarrow[\;\cap=\chi_{(\top,\top)}\;]{} & \Omega
\end{array}
\tag{9.2.24}
$$

$\cup$ については，Ω とそれ自身の余積 $\Omega + \Omega$ が必要となる．（**Sets** において，二つの集合の余積は単に交わりのない合併である．一般的な定義については (8.2.47) を思い起こそう．）Ω から $\Omega \times \Omega$ への二つの矢 $(\top, 1_\Omega)$ と $(1_\Omega, \top)$ は矢 $u\colon \Omega + \Omega \to \Omega \times \Omega$ を次のように定める．

$$
\begin{array}{ccccc}
\Omega & \longrightarrow & \Omega + \Omega & \longleftarrow & \Omega \\
& {\scriptstyle (\top,1_\Omega)}\searrow & {\scriptstyle u}\big\downarrow & \swarrow{\scriptstyle (1_\Omega,\top)} & \\
& & \Omega \times \Omega & &
\end{array}
\tag{9.2.25}
$$

そして，次のように $\cup = \chi_u$ と定める．

$$
\begin{array}{ccc}
\Omega + \Omega & \longrightarrow & \mathbf{1} \\
{\scriptstyle u}\big\downarrow & & \big\downarrow{\scriptstyle \top} \\
\Omega \times \Omega & \xrightarrow[\;\cup=\chi_u\;]{} & \Omega
\end{array}
\tag{9.2.26}
$$

最後に，含意 $\Rightarrow$ を他の操作の言葉で定義する必要がある．そして，これらの操作がハイティング代数に要求される性質を満たすことを確かめる必要がある．(2.1.67), (2.1.75)–(2.1.78) と補題 (2.1.7) を参照されたい．

Ω 上にハイティング代数の操作を構成したら，それらを $\mathrm{Hom}_{\mathbf{E}}(X, \Omega)$ に拡張できる．矢 $f, g\colon X \to \Omega$ があるとき，$\Omega \times \Omega$ の普遍性により矢 $(f, g)\colon X \to \Omega \times \Omega$ が定まる．（8.2 節の (8.2.21) 辺りの議論と積の定義を参照．）

204 第9章 トポス

これを $\cap, \cup$ または $\Rightarrow$ と合成できる. そしてもちろん, 矢 f に $\neg$ を合成して矢 $\neg f\colon X \to \Omega$ を得る.

より詳しくは, 9.1 節の終わりを思い起こすと, 前層の圏 $\mathbf{Sets}^{\mathbf{C}^{\mathrm{op}}}$ の部分対象分類子は $\mathbf{C}$ の対象上のふるいの前層 Ω である. すると次を直接確認できる.

補題 9.2.2 圏 $\mathbf{C}$ の各対象 C 上のふるいの集合 $\Omega(C)$ はハイティング代数であり, ふるいの前層 Ω 自身も, 各対象 C 上のハイティング代数の操作によりハイティング代数となる.

証明 各ふるいは (射の) 集合だから, ふるいの合併と共通部分を定義できる. ふるいの合併と共通部分が再びふるいとなることは明らかである. 含意操作については, $g\colon D' \to D$ に対して $f \circ g \in S(C)$ ならば $f \circ g \in S'(C)$ となるときに,

$$(f\colon D \to C) \in (S \Rightarrow S')(C) \tag{9.2.27}$$

であるとすることにより, $S \Rightarrow S'$ が定義される.

これが実際にふるいであることを示すために次を確かめねばならない. すなわち, $f \in S \Rightarrow S'$ と $h\colon D'' \to D$ に対して $f \circ h \in S \Rightarrow S'$ となる. これを確かめるため, この状況で $k\colon D' \to D''$ に対して $(f \circ h) \circ k \in S(C)$ とする. すると (9.2.27) で $g = h \circ k$ とすると $(f \circ h) \circ k \in S'(C)$ となる. この含意の操作はすべてのふるい S_0 に対して

$$S_0 \subset (S \Rightarrow S') \quad \text{iff} \quad S_0 \cap S \subset S' \tag{9.2.28}$$

を満たす. これは含意操作について (2.1.59) で要請されているとおりである. $\square$

たくさんのトポスが存在することは, トポスの対象上のスライス圏 (2.3 節で導入, (2.3.10) 参照) は再びトポスであるという, 次の結果により保証される.

定理 9.2.2 トポス $\mathbf{E}$ とその対象 E に対して, E 上の対象のなすスライス圏 $\mathbf{E}/E$ もトポスである.

この結果は (8.4.1) の一般化と考えられる．完全な証明は与えない．（それは難しくないが，冪対象の構成は少々長い．）しかし，$\mathbf{E}/E$ の部分対象分類子は単純に $\Omega \times E \to E$ で与えられる．ここで，Ω はもちろん $\mathbf{E}$ の部分対象分類子で，この矢は第二因子への射影である．

この結果は，トポスの概念の背後にある本質的な考えについて考える機会を与えてくれる．それは非常に発見的に行われるが，うまくいけば先行する形式的な考察は，読者が理解すると同時にこれを精密にすることを可能にするだろう．X が集合で，$A \subset X$ が部分集合であるとき，$x \in X$ に対して $x \in A$ であるかないかを確かめることができる．言い換えると，性質 A が x に対して正しいかそうでないかを確かめられる．形式的には，真に対する値 1 と偽に対する値 0 の二つの値からなる部分対象分類子 Ω がそれをできるようにする．より一般に，ある E の元で添え字づけられた集合 X_e，部分集合 $A_e \subset X_e$，そして断面 $x_e \in X_e$ の族に注目するとき，どの $e \in E$ について $x_e \in A_e$ となるか，つまり，どの $e \in E$ について性質 A が真であるかをチェックできる．対応する部分対象分類子 Ω_E は個別の部分対象分類子 Ω_e からなるであろうが，一つの性質がおそらくすべてではないがいくつかの e で成り立つという観点を定式化することを可能にする．そして，E が射の集まりで表現されるような付加的な関係の構造を持つとき，対応する部分対象分類子もその構造を組み込むことになる．その目的のために，ふるいのような概念を利用した．それゆえ，ある種の条件あるいは状況の下で，時々しか真でないような主張を扱える論理にとって，トポスは適切な道具である．それでは，そのことに取り掛かろう．

9.3 トポスと論理

最初に，本節以降の主なアイデアを記述しよう．古典命題論理の論理結合子 $\wedge$（積），$\vee$（和），$\sim$（否定），$\supset$（含意[4]）はブール代数の規則に従うが，これは集合 X の冪集合 $\mathcal{P}(X)$ における集合論的操作である $\cap$（共通部分），$\cup$（合併），$\neg$（補集合），$\Rightarrow$（含意）と同じである．とくに，最も簡単

---

[4] 記号 $\supset$（含意）は記号 $\subset$（部分）の逆ではない．それはむしろ同じ方向に行く．$A \subset B$ ならば $(x \in A) \supset (x \in B)$ である．これが混乱を招かないことを望む．

206 第 9 章 トポス

なブール代数 $\{0, 1\}$ を考えられるが，これは 1 元集合の冪集合と同一視できる．したがって，文字と上記の論理操作により作られた論理命題の集まりがあると，論理操作とブール代数の操作との対応を保ち，文にこのようなブール代数の元を対応させるいわゆる付値が考えられる．論理操作がブール代数を構成していると考えると，このような付値は 2.1.4 節の意味でのブール代数の準同型であろう．論理式の全体は，しかしながら典型的には無限であるが，他方で付値がとる値の範囲は通常 $\{0, 1\}$ のような有限ブール代数である．それにもかかわらず，古典命題論理で関心がある問題は，論理式が真である（つまり公理から導ける）か否か，つまり単純な 2 項的区別である．古典命題論理の枠組み内で導ける文は，このような付値で上記のブール代数の 1 に写る文に対応する．実際，ここのブール代数として，たとえば $\{0, 1\}$ や集合 X の冪集合 $\mathcal{P}(X)$ などをとってもよい．とくに後者の場合，任意の α について，排中律 $\alpha \vee \sim\alpha$ は，集合 X の部分集合 A に対する $A \cup X \setminus A = X$ に対応する．同様に，同値な定式化 $\sim\sim\alpha = \alpha$ は，各 $A \subset X$ はその補集合の補集合に一致すること，すなわち $X \setminus (X \setminus A) = A$ に対応する．

さて，直観主義論理では，排中律はもはや許容されない．したがって，直観主義論理の論理操作はハイティング代数の操作に対応するのみである．再度，この位相的な言い換えがある．すなわち位相空間 X の開集合の集まり $\mathcal{O}(X)$ である．ハイティング代数では，補元の代わりに擬補元があるのみであり，$\mathcal{O}(X)$ では集合論的補集合 $X \setminus A$ の内部 $(X \setminus A)^\circ$ がそれに相当する．とくに，一般には $A \cup (X \setminus A)^\circ$ は X 全体とは限らず，真の開部分集合かもしれない．したがって，直観主義論理に対しては，ハイティング代数の付値を考えるのが自然である．古典的ブール代数の場合とは対照的に，直観主義論理においてある文が導けるかどうかを付値を用いて確認するためには，ただ一つのハイティング代数を取り上げるだけでは不十分で，むしろあらゆるハイティング代数を考える必要がある．（本質的に昔のライプニッツのアイデアを復活させた）クリプキに従い，いわゆる可能世界のなす半順序集合 $\mathbf{P}$ を考える．そこでは $p \leq q$ は，世界 q は p からアクセスできる，あるいは p の可能な後続となっていると解釈される．そして，主張が p で成立するためには，$p \leq q$ であるすべての q でも成立し続けなければならないと要

請する. 同様に, $\sim\alpha$ が p で成立するためには, $p \leq q$ であるどの q でも成立しなければならない. とくに, ここでは排中律は成立せず, 直観主義論理の領域にいる.

その半順序集合は, 位相空間 X に対する冪集合 $\mathcal{P}(X)$ あるいは $\mathcal{O}(X)$ でよいが, 役割はだいぶ異なる. $p \in \mathbf{P}$ に対しては, 集合 $A_p := \{r \in \mathbf{P} : r \leq p\}$ を自然に対応させられるが, これは $\mathbf{P}$ 上の前層を定めない. というのも, それは反変的ではなく, むしろ共変的, つまり $p \leq q$ のとき $A_p \subset A_q$ である. したがって, それはむしろ $\mathbf{P}^{\mathrm{op}}$ 上の前層を定める. しかしながら, これは, 代わりに $F_p := \{q \in \mathbf{P} : p \leq q\}$ を採用して容易に改善される. これは確かに $\mathbf{P}$ 上の前層を与える. (ここに米田の補題に関係した混乱の危険があるかもしれない. 米田は A_p から $r \mapsto \mathrm{Hom}(r, p)$ を通じて前層を構成することを教える. すなわち, 半順序集合の特別な場合に r に対して $r \leq p$ の場合は $A_p(r)$ のただ一つの元 $r \to p$ を対応させ, その他の場合は $\emptyset$ を対応させる. 逆に, 各 q に対する米田の関手 $p \mapsto \mathrm{Hom}(p, q)$ から $p \mapsto \bigcup_q \mathrm{Hom}(p, q)$ として F_p は登場する.)

さて, これからが大事な点である. われわれの半順序集合 $\mathbf{P}$ の要素で添え字づけられるような値域を持つ変数を考える. すなわち, 変数の値域 (型とよばれる) は $\mathbf{P}$ 上の前層である. (これは実は層であるが, その点には後で触れる.) つまり, 変数のとり得る値の範囲は可能世界 p に関手的な仕方で依存する. とくに, 論理式に対して, 型は真理値からなる. つまり, それは部分対象分類子の前層 Ω である. とくに, 論理式はある可能世界 p で真であったら, p の後のすべての世界でも真であり続けるが, 他の世界では偽かもしれない. 再びこの設定では, 排中律は成り立つ必要はなく, これは直観主義論理の領域である. そして, 論理式 $\phi(.)$ に変数 x を挿入するような操作は, X が型 x であるとき, 前層の射 $X \to \Omega$ となる. 同様に, 変数 x に特定の値 a を代入することは, 射 $\mathbf{1} \to X$ で記述される. 重要な点は, 可能世界 p ごとに, 射 $p \leq q$ を保つような仕方で, これがなされるのである.

本節では, あらすじを与えるのみにして, 証明は大方省く. より詳しい扱いは [42] に見つけることができ, それを多くのところで参考にする. 論理学のよい参考書に [26] がある.

古典命題論理 (PL) から始めよう. まず, 命題変数 (文字) からなるアル

208 第 9 章 トポス

ファベット $\Pi_0 = \{\pi_0, \pi_1, \dots\}$，記号 $\sim, \wedge, \vee, \supset$ と括弧 (,) を用意する．これらから，文字を使い，上記の演算を適用して文を作る．文の集まりは Π と記される．古典論理 (CL) にはいくつかの公理，つまり普遍的に妥当と考えられる文の集まりと，一つの推論規則がある．異なる文献では公理は異なるかもしれないが，それらの異なる集まりはすべて同値であることが望ましい．ここでは次の（公理の）集まりを挙げる．

1. $\beta \supset (\alpha \supset \beta)$
2. $(\alpha \supset (\beta \supset \gamma)) \supset ((\alpha \supset \beta) \supset (\alpha \supset \gamma))$
3. $(\alpha \wedge \beta) \supset \alpha$
4. $(\alpha \wedge \beta) \supset \beta$
5. $(\alpha \supset \beta) \supset ((\alpha \supset \gamma) \supset (\alpha \supset (\beta \wedge \gamma))$
6. $\alpha \supset (\alpha \vee \beta)$
7. $\beta \supset (\alpha \vee \beta)$
8. $(\alpha \supset \gamma) \supset ((\beta \supset \gamma) \supset ((\alpha \vee \beta) \supset \gamma))$
9. $(\alpha \supset \beta) \supset (\sim\beta \supset \sim\alpha)$
10. $\alpha \supset \sim\sim\alpha$
11. $\sim\sim\alpha \supset \alpha$

推論規則は，次の肯定式（modus ponendo ponens，通常単にモーダスポネンスとよばれる）である．

　「文 α と $\alpha \supset \beta$ から，文 β を導くことができる．」

　この推論規則は，公理 $(\alpha \wedge (\alpha \supset \beta)) \supset \beta$ と同じ内容を持つわけではないことに注意すべきである．推論規則は，われわれの定式化の中で α と $\alpha \supset \beta$ を導けるならば β もただで得られることをいっているにすぎない．言い換えると，推論規則は公理とは異なる位置を占める．

　記号で

$$\vdash_{\mathrm{CL}} \alpha \qquad\qquad (9.3.1)$$

と表す CL の定理は，公理から推論規則の適用と代入を通じて得られる文 α

のことである[5]. 代入または挿入は，文中の文字 α を何らかの文で置き換えることにその本質がある. したがって推論規則は，代入の助けで公理から定理を導くことを可能にする.

この記法で，モーダスポネンスは

$$\vdash_{\mathrm{CL}} \alpha \text{ と } \vdash_{\mathrm{CL}} (\alpha \supset \beta) \text{ は} \vdash_{\mathrm{CL}} \beta \text{ を導く}$$

ということをいっていて，これは

$$\vdash_{\mathrm{CL}} (\alpha \wedge (\alpha \supset \beta)) \supset \beta$$

という公理とは異なる.

直観主義論理 (IL) は最初の 10 個の公理と推論規則を認めるが，11 番めの公理は認めない. すなわち，排中律 $\alpha \vee \sim\alpha$ を拒否する. IL の定理は次のように表示される.

$$\vdash_{\mathrm{IL}} \alpha \tag{9.3.2}$$

次に，意味論は文に真理値を割り当てることからなる. トポス論理では，真理値はトポス $\mathbf{E}$ の部分対象分類子 Ω または $H = \mathrm{Hom}_{\mathbf{E}}(\mathbf{1}, \Omega)$ の元である. 最も簡単な場合は **Sets** で，Ω はブール代数 $\mathbf{2} = \{0, 1\}$ である. 一般の場合の本質的な点は定理 9.2.1 で与えられ，それはこのようなどの部分対象分類子もハイティング代数の構造を持つということをいっている. そこで，$(H, \sqsubseteq)$ をハイティング代数として，交わり，結び，含意と擬補元の演算は $\sqcap, \sqcup, \Rightarrow, \neg$ と表して，上記の論理操作から区別する.

これから探索するトポス論理の説明に関係するハイティング代数は

$$H = \mathrm{Hom}_{\mathbf{E}}(\mathbf{1}, \Omega) \tag{9.3.3}$$

である. 定理 9.2.1 参照.

定義 9.3.1 H をハイティング代数とするとき，**H 付値** (H-valuation) とは関数 $V: \Pi_0 \to H$ であって次の規則で関数 $V: \Pi \to H$ に拡張されるもので

---

[5] 記号 $\vdash$ はしばしば「証明する」と読む. その形はまた「ターンスタイル（回り木戸）」と読むことを示唆する.

210　第 9 章　トポス

ある.

1. $V(\sim\alpha) = \neg V(\alpha)$
2. $V(\alpha \wedge \beta) = V(\alpha) \sqcap V(\beta)$
3. $V(\alpha \vee \beta) = V(\alpha) \sqcup V(\beta)$
4. $V(\alpha \supset \beta) = \neg V(\alpha) \sqcup V(\beta) = V(\alpha) \Rightarrow V(\beta)$

文 $\alpha \in \Pi$ は

$$\text{すべての } H \text{ 付値について } V(\alpha) = 1 \text{ が成り立つ} \tag{9.3.4}$$

とき，**H 妥当** (*H*-valid) または **H トートロジー** (*H*-tautology) であるといい,

$$H \models \alpha \tag{9.3.5}$$

と記号で表す. とくに，ブール代数 $\{0, 1\}$ について妥当であれば，α は**古典的に妥当** (classically valid) といわれる.

すると，次の基本的な結果が成立する.

定理 9.3.1　次の四つの主張は同値である.

1.
$$\vdash_{\mathrm{CL}} \alpha \tag{9.3.6}$$

2. α は古典的に妥当である.
3. α はあるブール代数 $(B, \sqsubset)$ について B 妥当である.
4. α はどのようなブール代数 $(B, \sqsubset)$ についても B 妥当である.

　CL 定理が古典的に妥当なこと，つまり $1 \Rightarrow 2$ なる含意は**健全性** (soundness) とよばれ，逆の含意 $2 \Rightarrow 1$ は上記の古典的公理系の**完全性** (completeness) とよばれる. 完全性に比して，健全性は証明するのがかなり容易である. 反対に，完全性はこの結果のより有益な部分である. 式が導かれるかどうか確かめるために，何らかの巧妙さを要するかもしれない導出を思いつかねばならない. それに対して，古典的な妥当性は真理値表の助けで確認され得るが，その表は原理的には（しかし実際のところ通常は非常に

長ったらしい）機械的な手続きで求められる.

同様に，**直観主義論理** (intuitionnistic logic) に関して次が成立する.

定理 9.3.2 次の主張は同値である.

1.
$$\vdash_{\mathrm{IL}} \alpha \tag{9.3.7}$$

2. α はどのようなハイティング代数 H についても H 妥当である.

定理 9.3.2 は定理 9.3.1 ほど強力ではない. というのも，古典的ブール代数 $\{0,1\}$ といった，ただ一つの代数で妥当性を確かめるのでは不十分で，むしろすべてのハイティング代数で妥当性を確かめなければならない. 実際，これは直観主義論理についてのクリプキの仕事から現れてきた鍵となる洞察である.

量化子 $\exists, \forall$ を導入すると，**1 階論理** (first-order logic) へと導かれる. 詳細には立ち入らず，むしろトポスと論理の間のつながりへと移ろう. そのために，直観主義論理および様相論理へのクリプキのアプローチを論ずれば洞察に富むことになろう. いわゆる**可能世界** (possible worlds) のなす圏 $\mathbf{P}$ から出発する. $\mathbf{P}$ の対象 p, q に対して，$p \to q$ は，世界 q が世界 p から到達可能，すなわち p の後継となり得る世界であることを意味する.（この解釈には，$\mathbf{P}$ が半順序集合である，あるいは少なくとも，二つの対象の間の射は高々一つ存在すると仮定するのが助けとなるであろう.）次に，$\mathbf{P}^{\mathrm{op}}$ 上の前層 F，つまり $\mathbf{Sets}^{\mathbf{P}}$ の元を考察する. その解釈は，各世界 p に，可能な変数の値域または可能な状態の集合 F_p を対応させるということである. すると，$p \to q$ から矢 $F_{pq} \colon F_p \to F_q$ が得られ，$F_{pp} = 1_{F_p}$ と $p \to q \to r$ に対して $F_{pr} = F_{qr} \circ F_{pq}$ を満たす. さらに，各 p に対する変数間の可能な関係の集合が矢の下で保たれると仮定する. すなわち，たとえば R_p を 2 項関係とするとき，

$$x \, R_p \, y \text{ ならば } p \to q \text{ について } F_{pq}(x) \, R_q \, F_{pq}(y) \tag{9.3.8}$$

が成り立つ. また，各 p に対して変数 $x^1, \dots, x^m$ のどの値 $v^1, \dots, v^m \in F_p$ についても式 $\phi(x^1, \dots, x^m)$ が真であるかが確かめられることを仮定す

212 第9章 トポス

る．この問題に戻る必要はあるが，当面はこの（真である）ことを単に

$$\mathcal{M}_p \models \phi(v^1, \ldots, v^m) \tag{9.3.9}$$

と記す．たとえば，このような論理式は関係 $v^1 R_p v^2$ を表せる．実際，このような関係や等式 $v \approx u$ はいわゆる原子論理式を含んでいる．言い換えると，原子論理式は論理記号 $\wedge$, $\vee$, $\supset$, $\sim$ や量化子 $\exists$, $\forall$ を含んではいけない．

次に，$\mathbf{P}$ の p における論理式の**妥当性** (validity) を妥当性 $\mathcal{M}_p \models \phi(v^1, \ldots, v^m)$ の言葉によりそれぞれの段階で定めて，

$$\mathcal{M} \models_p \phi(v^1, \ldots, v^m) \tag{9.3.10}$$

と記す．（ここでの添え字 p と (9.3.9) の添え字の異なる位置に注意．）$v_q := F_{pq}v$ なる省略を用い，上付き文字 i のつく変数は論理式の i 番めのところに挿入するという規約を採用することにする．

1. 原子論理式について，$\mathcal{M} \models_p \phi(v^1, \ldots, v^m)$ iff $\mathcal{M}_p \models \phi(v^1, \ldots, v^m)$

2. $\mathcal{M} \models_p \phi \wedge \psi(v^1, \ldots, v^m)$ iff $\mathcal{M} \models_p \phi(v^1, \ldots, v^m)$ かつ $\mathcal{M} \models_p \psi(v^1, \ldots, v^m)$

3. $\mathcal{M} \models_p \phi \vee \psi(v^1, \ldots, v^m)$ iff $\mathcal{M} \models_p \phi(v^1, \ldots, v^m)$ または $\mathcal{M} \models_p \psi(v^1, \ldots, v^m)$

4. $\mathcal{M} \models_p \sim\phi(v^1, \ldots, v^m)$ iff $p \to q$ であるとき $\mathcal{M} \models_q \phi(v_q^1, \ldots, v_q^m)$ でない．

5. $\mathcal{M} \models_p \phi \supset \psi(v^1, \ldots, v^m)$ iff $p \to q$ であるとき $\mathcal{M} \models_q \phi(v_q^1, \ldots, v_q^m)$ ならば $\mathcal{M} \models_q \psi(v_q^1, \ldots, v_q^m)$．

6. $\mathcal{M} \models_p \exists w^i \phi(v^1, \ldots, v^{i-1}, w^i, v^{i+1}, \ldots, v^m)$ iff ある $v^i \in F_p$ について $\mathcal{M} \models_p \phi(v^1, \ldots, v^i, \ldots, v^m)$ である．

7. $\mathcal{M} \models_p \forall w^i \phi(v^1, \ldots, w^i, \ldots, v^m)$ iff $p \to q$ であるとき任意の $v \in F_q$ について $\mathcal{M} \models_q \phi(v_q^1, \ldots, v_q^{i-1}, v, v_q^{i+1}, \ldots, v_q^m)$ である．

ここでの重要な項目は，否定，含意，全称量化子である．これらについては，インスタンス（世界）p での妥当性のみでなく，後続のインスタンス（到達可能な世界）q での妥当性も要請する．

さて，(9.3.10) で採用された妥当性 $\mathcal{M}_p$ に戻ろう．$\mathbf{P}$ の遺伝的部分集合のなす集合 $\mathbf{P}^+$ を考える．ここで，遺伝的部分集合 S は条件

$$p \in S \text{ かつ } p \to q \text{ ならば } q \in S \text{ でもある} \tag{9.3.11}$$

を満たさねばならない．ふるいの定義 9.1.3 との類似性が観察される．つまり遺伝的部分集合 S は $\mathbf{P}^{\mathrm{op}}$ 上のふるいである．補題 9.2.2 の証明におけるように，$\mathbf{P}^+$ はハイティング代数であり，付値 $V : \Pi \to \mathbf{P}^+$ の値域となり得る．このような付値および文 $\phi \in \Pi$ について $V(\phi)$ は ϕ が妥当な世界の集合と考えられ，ハイティング代数 $\mathbf{P}^+$ の元は (9.3.11) を満たすから，ϕ が p で妥当なとき，$p \to q$ すなわち世界 p から到達できるすべての世界 q においてもそれは妥当である．これが直観主義論理についてのクリプキの可能世界意味論の鍵となる点である．$V : \Pi \to \mathbf{P}^+$ を付値として，このような対 $(\mathbf{P}, V)$ をモデル $\mathcal{M}$ と定義する．

簡単な例を考えよう．$\mathbf{P}$ は二つの対象 i_0, i_1 と三つの射 $i_0 \to i_0$, $i_0 \to i_1$, $i_1 \to i_1$ からなる圏 $\to$ とする．ある文 ϕ は $V(\phi) = \{i_1\}$ である，つまり，ϕ は i_1 で妥当だが i_0 では妥当でないと仮定する．後者は記号で $\mathcal{M} \not\models_{i_0} \phi$ と表される．$\mathcal{M} \models_{i_1} \phi$ であり，矢 $i_0 \to i_1$ があるので $\mathcal{M} \not\models_{i_0} \sim\phi$ である．したがって，

$$\mathcal{M} \not\models_{i_0} (\phi \vee \sim\phi) \tag{9.3.12}$$

すなわち**排中律** (law of excluded middle) がここでは成り立たない．われわれは直観主義論理の領域にいる．しかし $\mathcal{M} \models_{i_0} \sim\sim\phi$ である．というのも $\mathcal{M} \not\models_{i_0} \sim\phi$ かつ $\mathcal{M} \not\models_{i_1} \sim\phi$ であるからだ．ゆえにまた

$$\mathcal{M} \not\models_{i_0} (\sim\sim\phi \Rightarrow \phi) \tag{9.3.13}$$

である．

定義 9.3.2 文 $\phi \in \Pi$ が付値 $V : \Pi \to \mathbf{P}^+$ について**妥当** (valid) とは，すべての $p \in \mathbf{P}$ について妥当であること，つまり，$V(\phi)$ が最大の遺伝的集合 $\mathbf{P}$ 自身であることをいう．

ϕ があらゆる付値 V について妥当であるとき，それはクリプキの意味で妥

214　第9章　トポス

当であるという.

定義 9.1.3 の用語でいうと, $V(\phi)$ が $\mathbf{P}$ のすべての元からなる全ふるいであるとき, 文 $\phi \in \Pi$ が付値 $V: \Pi \to \mathbf{P}^+$ について妥当である.

命題文 (つまり量化子 $\exists, \forall$ を含まない文) については次が成立する.

定理 9.3.3 $\mathbf{P}$ を半順序集合とする. 命題文 $\alpha \in \Pi$ について,

$$\mathbf{Sets}^{\mathbf{P}} \models \alpha \quad \text{iff} \quad \mathbf{P} \models \alpha \tag{9.3.14}$$

ここで左はトポス $\mathbf{Sets}^{\mathbf{P}}$ の意味での妥当性 ((9.3.5) 参照)[6]をいうのに対して, 右はクリプキの意味での妥当性をいっている.

後の 9.6 節において, この結果をより一般的な文脈に拡張し, 視点を移し変えよう. トポスでの妥当性が主な関心事になるだろうし, いまの場合の $\mathbf{Sets}^{\mathbf{P}}$ という特別なトポスでの妥当性を記述する一例としてクリプキの規則が現れるだろう. より一般のトポス, とくに (以下の節で定義される) 景上の層のなすトポスで, 論理式の局所的融合が存在するようなトポスを考察する.

9.4　トポス位相と様相論理

定義 9.4.1 部分対象分類子 Ω を持つトポス $\mathbf{E}$ 上の**ローヴィア–ティエルニー位相** (Lawvere–Tierney topology) (または**局所作用素** (local operator) ともよばれるもの) は射 $j: \Omega \to \Omega$ であって次を満たすもののことである.

(i)
$$j \circ \mathrm{true} = \mathrm{true} \tag{9.4.1}$$

(ii)
$$j \circ j = j \tag{9.4.2}$$

(iii)
$$j \circ \wedge = \wedge \circ (j \times j) \tag{9.4.3}$$

---

[6] ［訳注］トポス ϵ の意味での妥当性は, ϵ の部分対象分類子 Ω を使って (9.3.3) で定義されたハイティング代数 H について (9.3.5) が成り立つことをいう.

ここで $\wedge$ はハイティング代数 Ω における交わり作用素である（定理9.2.1 参照）．

射 $j\colon \Omega \to \Omega$ は Ω のある部分対象 J を分類する，すなわち，次の可換図式を得る．

$$\begin{array}{ccc} J & \longrightarrow & 1 \\ \downarrow & & \downarrow{\scriptstyle \mathrm{true}} \\ \Omega & \xrightarrow{\ j\ } & \Omega \end{array} \qquad (9.4.4)$$

このような j のよい例に二重否定作用素 $\neg\neg$ がある．もちろん，自明な例もある．

この定義を理解するために，位相空間 $(X, \mathcal{O}(X))$ を考えることから始めよう．$\mathcal{U} := (U_i)_{i \in I}$ を X の開集合の集まりとし，$j_0(\mathcal{U})$ を $\bigcup_i U_i$ に含まれる X の開集合の集まり，つまり $\mathcal{U}$ で覆われるすべての開集合とする．すると，

$$j_0(\mathcal{O}(X)) = \mathcal{O}(X) \qquad (9.4.5)$$

かつ

$$j_0(j_0(\mathcal{U})) = j_0(\mathcal{U}) \qquad (9.4.6)$$

が成り立つ．また，このような二つの集まりに対して

$$j_0(\mathcal{U}_1 \cap \mathcal{U}_2) \subset j_0(\mathcal{U}_1) \cap j_0(\mathcal{U}_2) \qquad (9.4.7)$$

である．ここで $\mathcal{U}_1 \cap \mathcal{U}_2$ は $\mathcal{U}_1$ と $\mathcal{U}_2$ の両方に含まれる開集合からなり，それはごく少数かもしれない．実際，$\mathcal{U}_1 \cap \mathcal{U}_2$ は空かもしれないし，たとえば，$\bigcup_{V \in \mathcal{U}_1} V$ は $\bigcup_{V \in \mathcal{U}_2} V$ に一致するかもしれない．つまり，二つの集まりは異なる集合を使って，同一の開集合を覆っているかもしれない．とくに，(9.4.7) の包含は一般には真に含まれるかもしれない．しかしながら，もし $\mathcal{U}_\alpha$ $(\alpha = 1, 2)$ がふるい（$\mathcal{U}$ がふるいであるのは，ある $V \in \mathcal{O}(X)$ が $U \in \mathcal{U}$ について $V \subset U$ なら，$V \in \mathcal{U}$ となるときであることを思い起こそう）であ

216 第9章 トポス

るとすると，(9.4.7) は等式となる．

この準備をしたところで，$\mathbf{Sets}^{\mathcal{O}(X)^{\mathrm{op}}}$ というトポスを見てみよう．このトポスにおける部分対象分類子は，各 $U \in \mathcal{O}(X)$ に U 上のすべてのふるいからなる集合 $\Omega(U)$ を対応させる前層である．(9.1.26) 参照．終対象 **1** は U のすべての開集合からなる全ふるい $\widetilde{S}(U)$ を U に対応させるもので，すると true: $\mathbf{1} \rightarrowtail \Omega$ は包含である．(9.1.27) へ導く構成法参照．さて Ω の部分対象 J を定義する．

$$J(U) := \{S : U \text{ 上のふるいで } U = \bigcup_{V \in S} V\} \tag{9.4.8}$$

また，U_0 が U の開部分集合のとき，S_0 を $V \cap U_0, V \in S$ からなるふるいとすると $U_0 = \bigcup_{V \in S_0} V$ が成り立つ．したがって，(9.4.8) の被覆性は開集合への制限で保存され，J はしたがって Ω の部分関手である．それに対応する分類射 $j : \Omega \to \Omega$ は開部分集合 U 上のふるい S_U に，それで覆われるすべての開集合からなる全ふるい

$$j(S_U) := \overline{S}(U') \quad \text{ここで } U' = \bigcup_{V \in S_U} V \tag{9.4.9}$$

を対応させる．j は全ふるいを全ふるいに写すので，性質 (9.4.1) は満たされ，(9.4.2) も同じ理由で成立する．(9.4.7) の等式の議論を思い起こせば，(9.4.3) も容易に確かめられる．したがって，j はトポス $\mathbf{Sets}^{\mathcal{O}(X)^{\mathrm{op}}}$ 上に位相を定義する．

トポス **E** 上のこのような位相 j と対象 X の部分対象 A で特性射 χ_A なるものが与えられたとき，閉包 $\overline{A}^j$ を X の部分対象で特性射 $j \circ \chi_A$ なるものとして定める．すなわち，

$$\chi_{\overline{A}^j} = j \circ \chi_A \tag{9.4.10}$$

である．（ここの上付き文字 j は使われた特定の位相を示すだけでなく，この閉包を通常の閉包作用素（定義 4.1.9 と定理 4.1.2 参照）と区別する意味で重要で，実際異なる状況で定義されている．）実際のところ，位相を定めるとは限らない任意の矢 j でもこの構成は行える．j が位相を定めるのは，この閉包作用素が任意の部分対象 A に対して次を満たすとき，かつそのときに限る．

$$A \subset \overline{A}^j, \quad \overline{\overline{A}^j}^j = \overline{A}^j, \quad \overline{A \cap B}^j = \overline{A}^j \cap \overline{B}^j \qquad (9.4.11)$$

ここで定理 4.1.2 の位相的閉包作用素との違いが認められる. そこでは, 閉包は合併と交換したが, ここのトポス位相による閉包作用素は代わりに共通部分と交換する.

さて**様相論理** (modal logic) に移ろう. 様相論理では, 通常の論理 (古典的であれ直観主義的であれ) に**様相作用素** (modal operator) が加わる. この作用素は, たとえば, 知識 (認識的様相, epistemic modality), 信念 (doxastic), 義務 (deontic), 必然性と可能性 (真理の様相, alethic modality) を表現する. このような様相作用素を ∇ と記す. それゆえ, たとえば, 認識的様相において, $\nabla\alpha$ は「文 α は知られている」を表す. 設定がエージェントに関わるものであるとき, $\nabla_i\alpha$ で「エージェント i は α を知っている」を表現できる. しかしここでは, 異なる様相作用素を扱い, $\nabla\alpha$ を「α は局所的に成り立つ」と読もう. ここで「局所的に」はじきに説明するように位相を参照している. 以下で探究する様相は, 「幾何学的様相」ともよばれている.

定義 9.4.2 Π をわれわれの論理における文の集まりとする. **様相作用素**とは作用素

$$\nabla : \Pi \to \Pi \qquad (9.4.12)$$

であって, 次の条件を満たすもののことである.

$$\nabla(\alpha \supset \beta) \supset (\nabla\alpha \supset \nabla\beta) \qquad (9.4.13)$$

$$\alpha \supset \nabla\alpha \qquad (9.4.14)$$

$$\nabla\nabla\alpha \supset \nabla\alpha \qquad (9.4.15)$$

これらの公理は知識などの作用素に対する古典的様相論理の公理とは異なる. たとえば, $\nabla_i\alpha$ が「エージェントは α を知っている」を意味するとき, (9.4.13) の意味するところは, 含意 $\alpha \supset \beta$ が知られているとき, エージェントが α を知っているならばそのエージェントは β も知っているということである. また (9.4.14) により, エージェントは真であることすべて

218　第9章　トポス

を知っている．エージェントが α を知っていることを自身が知っているな
らば，(9.4.15) によりそのエージェントは α を知っている．これらの性質は
しかしながら知識作用にとってそれほど望ましくなく，様相論理（たとえば
[53] 参照）では，(9.4.14)，(9.4.15) よりむしろ逆の含意 $\nabla\alpha \supset \alpha$ と $\nabla\alpha \supset$
$\nabla\nabla\alpha$ を通常は要請する．すなわち，真である命題のみ知ることができて，
人が何かを知っているとき，人は自身がそれを知っていることを知っている
ということだ．

実際，条件 (9.4.13) と (9.4.14) は次で置き換え可能である．

$$(\alpha \supset \beta) \supset (\nabla\alpha \supset \nabla\beta) \tag{9.4.16}$$

$$\nabla(\alpha \supset \alpha) \tag{9.4.17}$$

知識作用素については，これが意味するのは，論理的含意は知識の間の含意
へと導き，すべてのトートロジーは知られるということだ．ここでも，これ
らの条件は知識作用素にとって望ましくない．

$\mathbf{E}$ を局所作用素 j を備えたトポスとする．$V \colon \Pi_0 \to \mathrm{Hom}_{\mathbf{E}}(\mathbf{1}, \Omega)$ を付値
とすると，定義 9.3.1 の意味論的規則と任意の文 α についての次を使って Π
全体に拡張できる．

$$V(\nabla\alpha) = j \circ V(\alpha) \tag{9.4.18}$$

9.5　位相と層

前の節の内容をよりよく理解するために，定義 9.4.1 の代わりとなる位相
へのアプローチを議論する．

定義 9.5.1　$\mathbf{C}$ を圏とする．$\mathbf{C}$ 上の（グロタンディーク）位相とは，各対
象 C にふるいの集まり $J(C)$ であって次の性質を持つものを対応させるも
ののことである．

(i) 各 C に対してすべての矢 $f \colon D \to C$ からなる全ふるい $\overline{S}(C)$ は $J(C)$
に属する．

(ii) $S \in J(C)$ と矢 $h \colon D \to C$ について，$h^*(S) \in J(D)$ である．

(iii) $S \in J(C)$ であり，C 上のふるい S' が S に属するすべての $h: D \to C$ について $h^*(S) \in J(D)$ となっているとき，$S' \in J(C)$ である.

ふるい S が $J(C)$ に属するとき，S は C を覆う (cover) という. また，C 上のふるい S と矢 $f: D \to C$ について，$f^*(S) \in J(D)$ であるとき，S は f を覆うという. C 上のふるい S について，それが覆うすべての矢を含むとき，すなわち $f: D \to C$ が S で覆われるならば $f \in S$ であるとき，S は閉じている (closed)[7]という.

景 (site) とは位相 J を備えた小さい圏のことである.

この定義は，やはり位相空間 X の開部分集合のなす圏 $\mathcal{O}(X)$ の例により動機づけされている. 矢は $V \subset U$ のときの包含写像 $V \to U$ としている. U 上のふるい S は U の開部分集合であって $W \subset V \in S$ ならば，$W \in S$ であるようなものの集まりであった. ふるい S は

$$U \subset \bigcup_{V \in S} V \tag{9.5.1}$$

のとき U を覆うという. すると，$J(U)$ を U 上のふるいで U を覆うものの集まりとして，グロタンディーク位相が得られる.（U のすべての被覆，つまり U の部分集合 V で $U \subset \bigcup_{V \in R} V$ を満たすものの集まり R がすべてふるいであるわけではないが，それは $V' \subset V$ となる $V \in R$ が存在する V' すべてからなるふるいを生成することに注意する.）条件 (i) は自明である. すなわち，すべての U の開部分集合の集まりは自明に U を覆う. 条件 (ii) は，ふるい S が U を覆うとき，任意の開集合 $U' \subset U$ は $V \cap U'$, $V \in S$ の集まりで覆われることを意味する. 最後に (iii) は，U を覆うふるい S に属する V をふるい S' が覆うならば，$U \subset \bigcup_{V \in S} V$ だから S' も U を覆うことをいっている. S が閉じていることは，$U' \subset \bigcup_{V \in S} V$ であるとき $U' \in S$ であることを，単に意味している. 後者は，次の層の概念と根本的につながる. すなわち，すべての $V \in S$ 上で両立する仕方で成り立つ，つまり，$V_1, V_2 \in S$ の共通部分 $V_1 \cap V_2$ で一致するなら，任意の $U' \subset \bigcup_{V \in S} V$ 上でも成立する.

---

[7] この条件はトポロジーの閉集合の条件とは異なり，それと混同することがないとよい.

220 第9章 トポス

いつものとおり，自明な位相は存在する．ここでは，ふるい S が C を覆うのがちょうど $1_C \in S$ であるような位相である．言い換えると，C を覆うふるいは全ふるい $\overline{S}(C)$ のみである．明らかに，このような位相はどの圏にも，とくにどの位相空間 X に対する $\mathcal{O}(X)$ にも存在する．混乱を避けるために，トポロジーにおける自明な位相空間とよばれるべきものとは同じでないことを注意しておく．このような自明な位相空間では $\mathcal{O}(X)$ は X と $\emptyset$ のみからなる．（これは集合 X 上の密着位相ともよばれる．4.1 参照.）

定義 9.4.1 と 9.5.1 は次の状況で，同値である．

定理 9.5.1 **C** を小さい圏とする．このとき，**C** 上のグロタンディーク位相 J は $\mathbf{Sets}^{\mathbf{C}^{\mathrm{op}}}$ 上のローヴィア–ティエルニー位相に対応する．

証明 概略を示そう．9.1 節の終わりで，トポス $\mathbf{Sets}^{\mathbf{C}^{\mathrm{op}}}$ の部分対象分類子が

$$\Omega(C) = \{S : S \text{ は } C \text{ 上のふるい}\} \tag{9.5.2}$$

で与えられることを見た．したがって，C 上のグロタンディーク位相 J が与えられたとき

$$j_C(S) := \{g : D \to C : g^*(S) \in J(D)\} \tag{9.5.3}$$

と定義する．すると，$j_C(S)$ は再び C 上のふるいとなり，容易に確かめられるとおり，作用素 $j : \Omega \to \Omega$ は定義 9.4.1 の条件を満たす．

逆に，ローヴィア–ティエルニー作用素 $j : \Omega \to \Omega$ は (9.4.4) におけるように Ω の部分対象 J を分類する．実際，

$$S \in J(C) \quad \text{iff} \quad j_C(S) = \overline{S}(C) \ (C \text{ 上の全ふるい}) \tag{9.5.4}$$

であり，これがグロタンディーク位相を定めることが確かめられる．

この二つの構成は互いに逆となっている．実際，グロタンディーク位相 J と $S \in J(C)$ に対して，条件 (ii) により (9.5.3) の $j_C(S)$ は全ふるいである．逆に，(9.5.4) においてふるい S に対して，$j_C(S)$ が全ふるいであるならば，条件 (iii) により S は $J(C)$ に属する． $\square$

さて，J を $\mathbf{C}$ 上のグロタンディーク位相とする．対象 C に対して，矢 $g_1\colon D_1 \to C$, $g_2\colon D_2 \to C \in S \in J(C)$ を考える．$D_1 \times_C D_2$ をこの二つの射の引き戻しとする．すなわち，

$$
\begin{array}{ccc}
D_1 \times_C D_2 & \xrightarrow{\ g_1^2\ } & D_1 \\
\Big\downarrow{\scriptstyle g_2^1} & & \Big\downarrow{\scriptstyle g_1} \\
D_2 & \xrightarrow{\ g_2\ } & C
\end{array}
\tag{9.5.5}
$$

は可換で普遍的とする．

定義 9.5.2 $F \in \mathbf{Sets}^{\mathbf{C}^{\mathrm{op}}}$ を前層とする．F は次の条件を満たすとき，景 $(\mathbf{C}, J)$ 上の**層** (sheaf) という．すなわち，$S \in J(C)$ とし，S の矢 $g_i\colon D_i \to C$ ごとの元 $x_i \in FD_i$ の集まりについて

$$
Fg_i^j(x_i) = Fg_j^i(x_j)
\tag{9.5.6}
$$

であるとき，$x \in FC$ であって

$$
Fg_i(x) = x_i
\tag{9.5.7}
$$

を満たすものがちょうど一つ存在する．このときの x は x_i の**融合** (amalgamation) とよばれ，また，矢 g_i と元 x_i は両立するといわれる．

4.5 節での位相空間上の層の議論を思い起こそう．もちろん，ここの定義はそこで導入された概念を一般化している．位相空間 $(X, \mathcal{O}(X))$ 上の連続関数の層の例を考えよう．$U \in \mathcal{O}(X)$ と開部分集合 $U_i \subset U$ および連続関数 $\phi_i\colon U_i \to \mathbb{R}$ で

$$
\phi_i = \phi_j \quad (\text{任意の } i,\, j \text{ について } U_i \cap U_j \text{ 上で})
\tag{9.5.8}
$$

を満たすものの集まりが与えられたとき，連続関数

$$
\phi\colon U \to \mathbb{R} \text{ であって } \phi = \phi_i \quad (\text{各 } U_i \text{ 上で})
\tag{9.5.9}
$$

となるものが存在する．先の定義はこの状況を抽象化したものである．

対象 C を覆うふるいが全ふるい $\overline{S}(C)$ のみである自明なグロタンディー

222　第9章　トポス

ク位相についてはすべての前層は層であることを観察しておく．それは自明
といってもよい．というのも，全ふるいが 1_C を含むから，このふるいに関
しては，元は C 自体の上で存在するので，元を融合する必要はないからで
ある．

定理 9.5.2　景 $(\mathbf{C}, J)$ 上の層はトポスをなし，グロタンディークトポスと
よばれ，$\mathbf{Sh}(\mathbf{C})$ と記される．（J は暗黙のうちに了解され記号は省かれてい
る．）部分対象分類子は前層に対する分類子 Ω（9.5.2 参照）と同様で

$$\Omega_J = \{S : S \text{ は } C \text{ 上の閉じたふるい}\} \tag{9.5.10}$$

と与えられ，$I_J(C) = I(C)$ はやはり C 上の極大なふるいであり，明らかに
閉じている．

証明　詳細はそこまで難しくないが退屈なので，細部をすべて与えることは
せず，主要な点の概略を与えることにする．もちろん，一番最初にこの Ω_J が
前層を定めることを確かめる必要がある．その肝心な点は閉じているという
条件が引き戻しで保たれること，つまり，C 上のふるい S が閉じていると
き，任意の矢 $f : D \to C$ に対して引き戻し $f^*(S)$ も閉じていることである．
　次に確かめるべき点は，Ω_J が層でもあること，すなわち，融合の一意性
と存在を確かめねばならない．最後に，Ω_J が部分対象分類子であることを
示すために，次のことを確かめる．すなわち，層 F に対して，F の部分前
層 F' 自体が層であるときにちょうど限り，特性射 $\chi_{F'} : F \to \Omega$ が Ω_J を経
由すること．これが肝心な点であり，(9.1.27) での前層に対する部分対象分
類子 Ω の構成法を思い起こそう．$C \in \mathbf{C}$ と $x \in FC$ に対して，

$$S_C(x) := \{f : D \to C : f^*(x) \in F'D\} \tag{9.5.11}$$

とおく．したがって，C への矢であって，集合 FC の元 x を FD の部分集
合 $F'D$ の元に写すような矢からなるふるいが $S_C(x)$ である．さて F' 自身
が層であるとしよう．各 x に対してふるい $S_C(x)$ が閉じていることを確か
めねばならない．F' が層であるという条件は，C を覆うすべてのふるい S
の S の任意の射 $f : D \to C$ に対して $f^*(x) \in F'D$ であるとき，$x \in F'C$ で
あることを意味する．実際，矢 $g_i : D_i \to C$ と元 $x_i \in FD_i$ の両立する族が

あるとき，F が層であることから，この族に融合 $x \in FC$ が存在する．F' が層でもあるなら，$x \in F'C$ も従う．$S_C(x)$ が恒等矢 $1_C : C \to C$ を覆うならば，$1_C \in S_C(x)$ であることをこの考察は示している．より一般に任意の矢 $f : D \to C$ と x の代わりに $f^*(x)$ にこの議論を適用すると，F' が層であるとき $S_C(x)$ が閉じていることがわかる．

もちろん，トポスであること示すために，冪対象の存在などの条件をさらに確かめる必要がある．しかし，ここではそうせず，文献を参照したり，読者の粘り強さに任せることにする． □

9.6 トポス意味論

先行する概念を用いて，より深くトポス意味論を見てみよう．とくに，9.3 節の考察をより一般的な見通しの下に置くことができる．

一つの要請から始めよう．トポス論理においては，各変数 x に対して**型** (type)（**種類** (sort) ともよばれることがある）を割り当てる必要がある．それはトポス **E** の対象 X であり，この扱うことになるトポスは言語とよばれる．型 X の変数 x の解釈は恒等矢 $1_X : X \to X$ であるともいう．（**E** の対象が集合であるときは，X を変数 x のとる値の範囲と考えよう．）より一般に，矢 $f : U \to X$ を型 X の**項** (term) の解釈ともよぶ．しかしながら，項とその解釈を注意深く区別することはせず，矢 $f : U \to X$ を単に項という．とくに，合成といった矢に対する操作は項に適用できる．またとくに，型 X の項 σ と型 Y の項 τ に対して型 $X \times Y$ の項 (σ, τ) を得る．矢 $c : 1 \to X$ は型 X の**定数** (constant) とよばれる．（**E** の部分対象分類子 Ω を型とする項 ϕ は（**論理**）**式** (formula) とよばれる．このような式 $\phi : X \to \Omega$ は X の部分対象 $\{x : \phi(x)\}$ を，次の図式にしたがって分類する．

$$
\begin{array}{ccc}
\{x : \phi(x)\} & \longrightarrow & \mathbf{1} \\
\downarrow & & \downarrow {\scriptstyle \text{true}} \\
X & \xrightarrow{\ \phi\ } & \Omega
\end{array}
\tag{9.6.1}
$$

（もし X が集合なら，$\{x : \phi(x)\}$ は $\phi(x)$ が真であるような元 x のなす部分

224　第9章　トポス

集合と考えられる.)

定義 9.6.1　射 $a: U \to X$（X の一般化された元ともよばれる）と（論理）式 $\phi: X \to \Omega$ に対して，a が X の部分対象 $\{x: \phi(x)\}$ を経由するとき，U は $\phi(a)$ を**強制する** (force) といい，

$$U \models \phi(a) \qquad (9.6.2)$$

と記号で表す.

　この条件は X の部分対象のなすハイティング代数 $\mathrm{Sub}(X)$ の中で

$$\mathrm{Im}\, a \leq \{x: \phi(x)\} \qquad (9.6.3)$$

となることと同値である. ここで，$\mathrm{Im}\, a$ は補題 9.2.1 のときと同じく a の像である.

　ここでのアプローチを見通しよくするために，9.3 節の定理 9.3.3 を思い出そう. そこでクリプキ妥当性を定義し，それを前層のトポス **E** の意味の妥当性，つまりハイティング代数 $\mathrm{Hom}_{\mathbf{E}}(\mathbf{1}, \Omega)$ に対する妥当性と同定した. さてここで，定義 9.6.1 の強制関係を通じて妥当性を定義する. ハイティング代数 $\mathrm{Hom}_{\mathbf{E}}(\mathbf{1}, \Omega)$ の規則の下，この妥当性がどのように振る舞うかを書き記す必要がある. これは，ジョヤルが一般のトポス **E** の場合を扱ったため，クリプキ–ジョヤル (Kripke–Joyal) 意味論とよばれる.（時々ベス (Beth) の名前も含められる.）しかしながら，ここではグロタンディークトポスの場合，すなわち景 $(\mathbf{C}, J)$ 上の層のなすトポス $\mathbf{Sh}(\mathbf{C})$ のみを考える. 定理 9.5.2 参照. 一般のトポスの場合，そしてここの扱いの参考文献として [84] を参照する.

　枠組みを設定するために，**C** 上の前層 X を考える. **C** の対象 C についての強制関係を定義したい. 米田の補題により，C は $\mathrm{Hom}_{\mathbf{C}}(-, C)$ で与えられる前層 yC を定め，

$$\mathrm{Hom}_{\mathbf{Sets}^{\mathrm{cop}}}(yC, X) \cong XC \qquad (9.6.4)$$

が成立することを思い出そう. すなわち，$\mathrm{Hom}_{\mathbf{C}}(-, C)$ から X への自然変換は集合 XC の元と自然に対応する. したがって XC の元を定義 9.6.1 の

意味で X の一般化された元と見なす. 本質的には, これは単に $a \in XC$ は下部にある圏の対象 C 上の変数 x に代入できることを意味する.

これ以降, 前層 X は層であると仮定する. (しかしながら, 層とそれを前層と見たものを区別しない. したがって, われわれの扱いでは精密さをいくらか諦めるが, 鍵となるアイデアのより容易な理解の一助となることを希望している.) したがって, $a: yC \to X$ に対する強制関係は

$$C \models \phi(a) \tag{9.6.5}$$

であるが, これは

$$a \in \{x: \phi(x)\}(C) \tag{9.6.6}$$

つまり,

$$a \text{ は } X \text{ の部分対象 } \{x: \phi(x)\} \text{ を経由する} \tag{9.6.7}$$

ときの関係である. すると強制関係は, 明らかに次の意味で単調 (monotonic) である.

$$C \models \phi(a) \text{ かつ } f: D \to C \text{ ならば } D \models \phi(af) \tag{9.6.8}$$

位相 J と X が層である事実を使おう. すると, 強制関係は次の意味で局所的である.

$$J \text{ に関する被覆 } \{f_i: C_i \to C\} \text{ について } C_i \models \phi(af_i) \text{ であるとき}$$
$$C \models \phi(a) \text{ である} \tag{9.6.9}$$

定理 9.6.1 $(\mathbf{C}, J)$ を景として, $\mathbf{E} = \mathbf{Sh}(\mathbf{C})$ をこの景上の層のなすトポスとする. $\phi(x), \psi(x)$ を言語 $\mathbf{E}$ における論理式, x を型 $X \in \mathbf{E}$ の自由変数, $a \in XC$ を元とする. $\sigma(x, y)$ を型 X と Y の自由変数 x, y の論理式とする. このとき, 以下はそれぞれ同値な条件である.

1. $C \models \phi(a) \wedge \psi(a)$ iff $C \models \phi(a)$ かつ $C \models \psi(a)$
2. $C \models \phi(a) \vee \psi(a)$ iff 適当な被覆 $\{f_i: C_i \to C\}$ と各 i について $C_i \models \phi(a)$ または $C_i \models \psi(a)$ である

226 第9章 トポス

3. $C \models \phi(a) \Rightarrow \psi(a)$ iff 任意の $f\colon D \to C$ について $D \models \phi(af)$ ならば $D \models \psi(af)$

4. $C \models \neg\phi(a)$ iff $f\colon D \to C$ について $D \models \phi(af)$ ならば空な族が D の被覆である

5. $C \models \exists y\sigma(a,y)$ iff 被覆 $\{f_i\colon C_i \to C\}$ と $b_i \in YC_i$ であって各 i について $C_i \models \sigma(af_i, b_i)$ であるものが存在する

6. $C \models \forall y\sigma(a,y)$ iff すべての $f\colon D \to C$ と $b \in YD$ について $D \models \sigma(af, b)$ である

この結果の証明はしないで，むしろ [84] を参照する．$\mathbf{C}$ 上の自明なグロタンディーク位相を選んだとき，すべての前層は層となり，われわれのトポスは前層のトポス $\mathbf{Sets}^{\mathbf{C}^{\mathrm{op}}}$ に帰着される．この場合，上記の条件のいくつかは簡単になる．

$2'$. $C \models \phi(a) \vee \psi(a)$ iff $C \models \phi(a)$ または $C \models \psi(a)$ である

$4'$. $C \models \neg\phi(a)$ iff $D \models \phi(af)$ となる $f\colon D \to C$ は存在しない

$5'$. $C \models \exists y\sigma(a,y)$ iff $C \models \sigma(a,b)$ となる $b \in YC$ が存在する

簡単化の理由は明らかである．たとえば，$2'$ を得るためには，自明な位相では2における被覆として $1_C\colon C \to C$ をとればよい．

実際のところ，クリプキのもともとの設定は，9.3 節で記述したように，半順序集合 $\mathbf{P}$ と自明な位相からなる景の場合であった．

第10章　諸例の復習

　本章では，本文中で議論された構造の最も単純な例を系統的に記述する．ゆえに，本章は拍子抜けなもので，前の章がここを読むのに必須というわけではない．むしろこの本を学ぶ中でどこからでも本章に向かうことができる．

10.1　∅（無）

　空集合 $\emptyset$ は

- 集合である．
- モノイドでも群でもない．なぜなら，それは単位元 e を持たないからだ．
- 対象も射も持たない圏である．
- どのような空間の冪集合でもない．
- 点を持たない距離空間である．
- グラフ，頂点を持たない単体複体，点のない多様体である．とくに，すべてのベッチ数 b_p もオイラー標数 χ も消える（0 である）．
- 位相空間であり，その冪集合が $\{\emptyset\}$，すなわち，1 元集合であるもの．

この最後のものが次の例へとつながる．というのも，冪集合の操作を通じて無から何か有のものを作り出したからだ．

228 第 10 章 諸例の復習

10.2 {1}（有）

{1} はただ一つの元 1 を持つ集合である．それはほぼ完璧に自明であるにもかかわらず，本書で議論したほとんどすべての構造の例となっている．それは以下の構造を持ち得る．

- 集合．
- 頂点一つで辺のないグラフ

  •

- したがって，ただ一つの頂点を持ち，他に単体を持たない単体複体．ゆえに，$b_0 = 1$ で他のベッチ数はすべて消え $\chi = 1$.
- $\emptyset$ 上，またはより一般に任意の集合 E 上のマトロイドで，$\{\emptyset\}$ をただ一つの $\emptyset$（または E）の独立部分集合として，かつ頂点はないもの．
- 0 次元の連結な多様体．
- $F(1,1) = 1$ を満たす同値関係．
- 半順序集合 (poset) であり，実際，$1 \leq 1$ で全順序集合でもある．
- $1 \vee 1 = 1$ かつ $1 \wedge 1 = 1$ である束．
- 0 と 1 を持つ束で，$0 = 1$ を許すとハイティング代数かつブール代数．（前に見たとおり，任意のブール代数と同様にこれは冪集合で，$\emptyset$ の冪集合である．）
- $d(1,1) = 0$ である距離空間．
- 1 を単位元とする，つまり $1 \cdot 1 = 1$ なる演算のモノイドかつ群．
- 体ではない．なぜなら，そのためには単位元 $0 \neq 1$ なる可換群構造が必要だからである．
- 任意の体のスペクトル．（F が体なら，そのただ一つの素イデアルは (0).）
- ただ一つの対象とその対象の恒等射を持ち，望むなら他の射 $1 \to 1$ も持つ圏．
- 位相空間であり，その冪集合が $\{\emptyset, \{1\}\}$，すなわち，2 元集合であるもの．（これはまた σ 代数でもある．）

10.3 {0, 1}（選択） **229**

この最後のものが次の例へとつながる．というのも，冪集合の操作を通じて，ただ存在するだけということから選択すべきものを作り出したからだ．

10.3 {0, 1}（選択）

{0, 1} は二つの元 0, 1 を持つ集合である．これらの元は真 (1) と偽 (0)，存在と不在などの間の選択肢を表す．前の例 {1} ではただ一つの存在があり，不在はなかった．不在の可能性を冪集合の構成を通じて含めることにより，選択肢を作り出した．{0, 1} は本書で議論した本質的にすべての構造の例となっている．それは以下の構造を持ち得る．

- 集合.
- 二つの対象とその対象の恒等射を持ち，望むなら他の射，たとえば $0 \to 1$ も持つ圏.
- ただ一つの元を持つ空間の冪集合 $\mathcal{P}(\{1\})$，したがって $\emptyset$ に 0 を，{1} に 1 を対応させると一つ前の項目で記述された射 $0 \to 0, 0 \to 1, 1 \to 1$ を持つ圏になる.
- ただ一つの元を持つ集合の冪集合として，それは部分対象分類子 {1} を持ち，ゆえにトポスとなる.
- 同値関係で $F(0,0) = F(1,1) = 1$ を満たし，自明に $F(0,1) = F(1,0) = 1$ を満たすか，または非自明に $F(0,1) = F(1,0) = 0$ を満たすかのいずれかである．（前者の場合，ただ一つの同値類 {0, 1} が存在し，後者の場合は，二つの同値類 {0} と {1} がある.）
- 半順序集合 (poset) であり，実際，$0 \le 1$ で全順序集合でもある.
- 0 と 1 を持つ束で，そうであるべきとおり $0 \wedge 1 = 0$ かつ $0 \vee 1 = 1$ を満たし，ハイティング代数かつブール代数である.

230 第10章 諸例の復習

（そこで見たとおり，任意のブール代数と同様にこれは冪集合で，$\{1\}$ の冪集合である．）

- アルファベット $\Pi_0 = \{1, 0\}$（「真」と「偽」）を持つ命題論理．
- $d(0,1) = d(1,0) > 0$ である距離空間．
- モノイド $M_2 = (\{0,1\}, \cdot)$ で $0 \cdot 0 = 0 \cdot 1 = 1 \cdot 0 = 0,\ 1 \cdot 1 = 1$ なる演算を持ち，群ではない．（0 が逆元を持たないからだ．）
- もう一つのモノイド構造，アーベル群 $\mathbb{Z}_2 = (\{0,1\}, +)$ で $0 + 0 = 0 = 1 + 1,\ 0 + 1 = 1 + 0 = 1$ である．
- 前の二つの構造を組み合わせた，1 を持つ可換環かつ体 $\mathbb{Z}_2 = (\{0,1\}, +, \cdot)$．（$\mathbb{Z}_2$ はもともとは群のみであったが，環構造も持つという記号の濫用に注意．）
- 環 $\mathbb{Z}_4$ のスペクトル $\mathrm{Spec}\,\mathbb{Z}_4$，この環は二つの素イデアル，自明なもの $\{0\}$（これを自然に 0 と同一視する）と自明でないもの $\{0,2\}$（これを 1 と同一視する）を持つ．任意の環についてと同様に，構造層は $\mathcal{O}(\mathrm{Spec}\,\mathbb{Z}_4) = \mathbb{Z}_4$ である．この構造層を合わせて，スペクトルはアフィンスキームとなる．
- 位相空間．実際，開集合族にはいくつかの可能性がある．
  - 密着位相 $\mathcal{O} = \{\emptyset, \{0,1\}\}$（すなわち二つの元のみ持つ集合で，それ以上の区別は可能でない）
  - 離散位相 $\mathcal{O} = \{\emptyset, \{0\}, \{1\}, \{0,1\}\}$（すなわち冪集合 $\mathcal{P}(\{0,1\})$ に一致）
  - ただ一つの非自明な開集合を持つ位相，たとえば $\mathcal{O} = \{\emptyset, \{0\}, \{0,1\}\}$（これはスペクトル $\mathrm{Spec}\,\mathbb{Z}_4$ の位相である．なぜなら，自明なイデアルは閉でなく，非自明なイデアルは閉であるからだ．）
- σ 代数．自明な $\{\emptyset, \{0,1\}\}$ または全体の $\{\emptyset, \{0\}, \{1\}, \{0,1\}\}$．
- （0 次元の）多様体でない．なぜなら，連結でないからだ．
- $\{1\}$ 上のマトロイドで二つの独立集合 $\emptyset$ と $\{1\}$ を持つもの．

そして，これを用いて次を生成できる．

- 頂点二つのグラフ

• 0   • 1

これは辺で結ぶことができるし，

•—————•
0   1

または向きのついた辺，たとえば $0 \to 1$ で結べる．

•————▶•
0   1

これから次へ導かれる．

- 1次元単体で結べる2頂点を持つ単体複体．結んであるとき，$\chi = 2 - 1 = 1$ で，ベッチ数は $b_0 = 1, b_1 = 0$ であり，もちろん高次のベッチ数は消え，これからも $\chi = 1 - 0 = 1$ である．頂点が結ばれていないとき，$b_0 = 2, \chi = 2$ となる．
- 2頂点が辺で結ばれた単体複体として，それは（たとえばユークリッド空間の距離から誘導された）$\mathbb{R}$ の単位区間の位相を持つ位相空間である．各頂点はこの空間の強変形レトラクトである．
- 辺で結ばれた2頂点からなる単体複体として，それは単位区間上のユークリッドの距離を備えられる．するとそれは2頂点の凸包である．
- 2頂点が辺で結ばれた単体複体として，連結であるにもかかわらず，それは（1次元）多様体ではない．なぜなら，頂点は $\mathbb{R}$ の開部分集合に同相な近傍を持たないからである．
- 最後に，$\{0,1\}$ は体 $\mathbb{Z}_2$ 上のベクトル空間 $(\mathbb{Z}_2)^2 = \mathbb{Z}_2 \times \mathbb{Z}_2$ の基底ベクトル $e_1 = (1,0), e_2 = (0,1)$ の集合である．（もちろん，0と1はいまは異なる意味を持つ．たとえば，$(0,1)$ は $\mathbb{Z}_2 \times \mathbb{Z}_2$ のベクトルの座標を与える．）得られるマトロイドは独立集合 $\emptyset, \{e_1\}, \{e_2\}, \{e_1, e_2\}$ を持ち，再び2頂点が辺で結ばれた単体複体となる．

参考文献はいくつかの原論文，専門書と教科書を挙げていて，すべてが本文で触れられてはいない．参考文献は決して網羅していないし完全でもなく，そうあるように意図されていなかった．挙げられた教科書はまったく的確な参考文献を載せていて，すでに存在している参考文献をコピーする利点

232   第 10 章   諸例の復習

もほとんどない．しかしながら，直接参考にした原典はこの参考文献に含め
てある．

注意   参考文献には，上付き添え字で版の番号を記す．たとえば，^{2}1999 は
"2nd edition, 1999" を意味する．

参考文献

[1] Aleksandrov, A.D. (1957) Über eine Verallgemeinerung der Riemannschen Geometrie. Schriften Forschungsinst Math. 1:33–84

[2] Aliprantis, C., Border, K. (^{3}2006) Infinite dimensional analysis, Springer, Berlin

[3] Amari, S-I., Nagaoka, H. (2000) Methods of information geometry. Am. Math. Soc. (translated from the Japanese)

[4] Artin, M., Grothendieck, A., Verdier, J-L. (1972) Théorie des topos et cohomologie étale des schémas. Séminaire de Géométrie Algébrique 4. Springer LNM 269, 270

[5] Awodey, S. (2006) Category theory. Oxford University Press, Oxford 邦訳：Steve Awodey 著，前原和寿訳，『圏論』，共立出版，2015 年

[6] Ay, N., Jost, J., Lê, H.V., Schwachhöfer, L. Information geometry. (to appear)

[7] Bačák, M., Hua, B., Jost, J., Kell, M., Schikorra, A. A notion of non-positive curvature for general metric spaces. Diff. Geom. Appl. (to appear)

[8] Baez, J., Frits, T., Leinster, T. (2011) A characterization of entropy in terms of information loss. Entropy 13:1945–1957

[9] Bauer, F., Hua, B.B., Jost, J., Liu, S.P., Wang, G.F. The geometric meaning of curvature. Local and nonlocal aspects of Ricci curvature

[10] Bell, J.L. (2008) Toposes and local set theories. Dover, Mineola

[11] Benecke, A., Lesne, A. (2008) Feature context-dependency and complexity-reduction in probability landscapes for integrative genomics. Theor. Biol. Med. Model 5:21

[12] Berestovskij, V.N., Nikolaev, I.G. (1933) Multidimensional generalized

234 参考文献

Riemannian spaces. In: Reshetnyak, Yu.G. (ed.), Geometry IV, Encyclopedia of Mathematics Sciences 70. Springer, Berlin, pp.165–250 (translated from the Russian, original edn. VINITI, Moskva, 1989)

[13] Berger, M., Gostiaux, B. (1988) Differential geometry: manifolds, curves, and surfaces, GTM vol.115. Springer, New York

[14] Bollobás, B. (1998) Modern graph theory. Springer, Berlin

[15] Boothby, W. (1975) An introduction to differentiable manifolds and Riemannian geometry. Academic Press, New York

[16] Breidbach, O., Jost, J., (2006) On the gestalt concept. Theory Biosci. 125:19–36

[17] Bröcker, T., tom Dieck, T. (1985) Representations of compact Lie groups, GTM vol.98. Springer, New York

[18] Burago, D., Burago, Yu., Ivanov, S. (2001) A course in metric geometry. American Mathematical Society, Providence

[19] Busemann, H. (1955) The geometry of geodesics. Academic Press, New York

[20] Cantor, G. (1932) In: Zermelo, E. (ed.) Gesammelte Abhandlungen mathematischen und philosophischen Inhalts. Springer, Berlin (Reprint 1980)

[21] Cantor, M. (1908) Vorlesungen über Geschichte der Mathematik, 4 vols., Teubner, Leipzig, ^{3}1907, ^{2}1900, ^{2}1901; Reprint 1965

[22] Chaitin, G.J. (1966) On the length of programs for computing finite binary sequences. J. ACM 13(4):547–569

[23] Čech, E. (1966) Topological spaces. Wiley, New York

[24] Connes, A. (1995) Noncommutative geometry. Academic Press, San Diego

[25] Corry, L. (^{2}2004) Modern algebra and the rise of mathematical structures. Birkhäuser, Basel

[26] van Dalen, D. (^{4}2004) Logic and structure. Springer, Berlin

[27] Dieudonné, J. (ed.) (1978) Abrégé d'histoire des mathématiques, 2 vols. Hermann, Paris, pp.1700–1900; German translation: Dieudonné, J. (1985) Geschichte der Mathematik, Vieweg, Braunschweig/Wiesbaden, pp.1700–1900

[28] Dold, A. (1972) Lectures on algebraic topology. Springer, Berlin

[29] Dubrovin, B.A., Fomenko, A.T., Novikov, S.P. (1985) Modern geometry—Methods and applications. Part II: The geometry and topology of manifolds. GTM vol.104. Springer, Berlin

[30] Dubrovin, B.A., Fomenko, A.T., Novikov, S.P. (1990) Modern geometry—Methods and applications. Part III: Introduction to homology theory. GTM vol.124. Springer, Berlin

[31] Eilenberg, S., Steenrod, N. (1952) Foundation of algebraic topology. Princeton University Press, Princeton

[32] Eilenberg, S. MacLane, S. (1945) General theory of natural equivalences. Trans. AMS 58:231–294

[33] Eisenbud, D., Harris, J. (2000) The geometry of schemes. Springer, Berlin

[34] Erdős, P., Rényi, A. (1959) On random graphs I. Publ. Math. Debrecen 6:290–291

[35] Eschenburg, J., Jost, J. (^{3}2014) Differential geometrie und Minimalflächen. Springer, Berlin

[36] Fedorchuk, V.V. (1990) The fundamentals of dimension theory. In: Arkhangel'skiĭ, A.V., Pontryagin, L.S. (eds.), General topology I. Encyclopaedia of Mathematical Sciences, vol.17. Springer, Berlin (translated from the Russian)

[37] Ferreirós, J. (^{2}2007) Labyrinth of thought. A history of set theory and its role in modern mathematics. Birkhäuser, Boston

[38] Forman, R. (1998) Morse theory for cell complexes. Adv. Math. 134:90–145

[39] Forman, R. (1998) Combinatorial vector fields and dynamical systems. Math. Zeit 228:629–681

[40] Fulton, W., Harris, J. (1991) Representation theory. Springer, Berlin

[41] Gitchoff, P., Wagner, G. (1996) Recombination induced hypergraphs: a new approach to mutation-recombination isomorphism. Complexity 2:37–43

[42] Goldblatt, R. (2006) Topoi. Dover, Mineola

[43] Goldblatt, R. (1981) Grothendieck topology as geometric modality. Zeitschr. f. Math. Logik und Grundlagen d. Math. 27: 495–529

[44] Gould, S.J. (2002) The structure of evolutionary theory. Harvard University Press, Cambridge

[45] Harris, J. (1992) Algebraic geometry. GTM vol.133. Springer, Berlin

[46] Hartshorne, R. (1977) Algebraic geometry. Springer, Berlin
邦訳：R. ハーツホーン著，高橋宣能・松下大介訳，『代数幾何学 1, 2, 3』，丸善出版，2012 年

[47] Hatcher, A. (2001) Algebraic topology. Cambridge University Press,

Cambridge

[48] Hausdorff, F. (2002) Grundzüge der Mengenlehre, Von Veit, Leipzig, 1914; reprinted. In: Werke, G., Bd II, Brieskorn, E. et al. (eds.) Hausdorff, F. Springer, Berlin

[49] Heyting, A. (1934) Mathematische Grundlagenforschung: Intuitionismus. Springer, Beweistheorie

[50] Hilbert, D. (2015) Grundlagen der Geometrie, Göttingen 1899; Stuttgart [11]1972; the first edition has been edited with a commentary by K. Volkert, Springer, Berlin
邦訳：D. ヒルベルト著，中村幸四郎訳，『幾何学基礎論』，筑摩書房，2005 年

[51] Hirsch, M. (1976) Differential topology. Springer, Berlin
邦訳：M.W. ハーシュ著，松本堯生訳，『微分トポロジー』，丸善出版，2012 年

[52] Horak, D., Jost, J. (2013) Spectra of combinatorial Laplace operators on simplicial complexes. Adv. Math. 244:303–336

[53] Hughes, G., Cresswell, M. (1996) A new introduction to modal logic. Routledge, London

[54] Humphreys, J. (1972) Introduction to Lie algebras and representation theory. Springer, Berlin

[55] Johnstone, P. (2002) Sketches of an elephant. A topos theory compendium, 2 vols. Oxford University Press, Oxford

[56] Jonsson, J. (2008) Simplicial complexes of graphs. LNM vol.1928. Springer, Berlin

[57] Jost, J. (1997) Nonpositive curvature: geometric and analytic aspects. Birkhäuser, Basel

[58] Jost, J. ([6]2011) Riemannian geometry and geometric analysis. Springer, Berlin

[59] Jost, J. ([3]2005) Postmodern analysis. Springer, Berlin
邦訳：J. ヨスト著，小谷元子訳，『ポストモダン解析学』，丸善出版，2012 年

[60] Jost, J. (2005) Dynamical systems. Springer, Berlin

[61] Jost, J. ([3]2006) Compact Riemann surfaces. Springer, Berlin

[62] Jost, J. (2009) Geometry and physics. Springer, Berlin

[63] Jost, J. (2014) Mathematical methods in biology and neurobiology. Springer, Berlin

[64] Jost, J., Li-Jost, X. (1998) Calculus of variations. Cambridge University

Press, Cambridge

[65] Kan, D. (1958) Adjoint functors. Trans. AMS 87, 294–329

[66] Kelley, J. (1955) General topology. Springer, (reprint of original edition, van Nostrand)

邦訳：ケリー著，児玉之宏訳，『位相空間論』，吉岡書店，1968 年

[67] Klein, F. (1974) Vorlesungen über die Entwicklung der Mathematik im 19. Jahrhundert, Reprint in 1 vol., Springer, Berlin

邦訳：Felix Klein 著，石井省吾・渡辺弘訳，『クライン：19 世紀の数学』，共立出版，1995 年

[68] Kline, M. (1972) Mathematical thought from ancient to modern times. Oxford University Press, Oxford; 3 vol., paperback edition 1990

[69] Knapp, A. (1986) Representation theory of semisimple groups. Princeton University Press, Princeton; reprinted 2001

[70] Koch, H. (1986) Einführung in die klassische Mathematik I. Akademieverlag and Springer, Berlin

[71] Kolmogorov, A.N. (1965) Three approaches to the quantitative definition of information. Publ. Inf. Trans. 1(1):1–7

[72] Kripke, S. (1962) Semantical analysis of intuitionistic logic I. In: Crossley, J., Dummett, M. (eds.) Formal systems and recursive functions. North-Holland, Amsterdam, pp.92–130

[73] Kunz, E. (1980) Einführung in die kommutative Algebra und analytische Geometrie. Vieweg, Braunschweig

[74] Lambek, J., Scott, P.J. (1988) Introduction to higher order categorical logic. Cambridge University Press, Cambridge

[75] Lang, S. (^{3}2002) Algebra. Springer, Berlin

[76] Lawvere, F. (1964) An elementary theory of the category of sets. Proc. Nat. Acad. Sci. 52:1506–1511

[77] Lawvere, F. (1971) Quantifiers as sheaves. Proceedings of the International Congress of Mathematicians 1970 Nice, vol.1, pp.329–334. Gauthiers-Villars, Paris 1971

[78] Lawvere, F. (1975) Continuously variable sets: algebraic geometry = geometric logic. Studies in Logic and the Foundations of Mathematics, vol.80, (Proc. Logic Coll. Bristol, 1973) North-Holland, Amsterdam, pp.135–156

[79] Lawvere, F., Rosebrugh, R. (2003) Sets for mathematics. Cambridge University Press, Cambridge

[80] Leinster, T. (2004) Higher operads, higher categories. Cambridge Uni-

238 参考文献

versity Press, Cambridge

[81] Li, M., Vitanyi, P.M.B. (^{2}1997) An introduction to Kolmogorov complexity and its applications. Springer, Berlin

[82] MacLane, S. (^{2}1998) Categories for the working mathematician. Springer, Berlin
邦訳：S. マックレーン著，三好博之・高木理訳，『圏論の基礎』，丸善出版，2012 年

[83] MacLane, S. (1986) Mathematics: form and function. Springer, Berlin
邦訳：S. マックレーン著，赤尾和男・岡本周一訳，『数学：その形式と機能』，森北出版，1992 年

[84] MacLane, S., Moerdijk, I. (1992) Sheaves in geometry and logic, Springer

[85] Massey, W. (1991) A basic course in algebraic topology. GTM vol.127. Springer, Berlin

[86] McLarty, C. (1995) Elementary categories, elementary toposes. Oxford University Press, Oxford

[87] May, J.P. (1999) A concise course in algebraic topology. University of Chicago Press, Chicago

[88] Moise, E. (1977) Geometric topology in dimensions 2 and 3. Springer, Berlin

[89] Mumford, D. (^{2}1999) The red book of varieties and schemes. LNM vol.1358. Springer, Berlin
邦訳：D. マンフォード著，前田博信訳，『代数幾何学講義』，丸善出版，2012 年

[90] Novikov, P.S. (1973) Grundzüge der mathematischen Logik. VEB Deutscher Verlag der Wissenschaften, Berlin (translated from the Russian, original edn. Fizmatgiz, Moskva, 1959)

[91] Oxley, J. (1992) Matroid theory. Oxford University Press, Oxford

[92] Papadimitriou, C. (1994) Computational complexity. Addison-Wesley, Reading

[93] Peter, F., Weyl, H. (1927) Die Vollständigkeit der primitiven Darstellungen einer geschlossenen kontinuierlichen Gruppe. Math. Ann. 97:737–755

[94] Pfante, O., Bertschinger, N., Olbrich, E., Ay, N., Jost, J. (2014) Comparison between different methods of level identification. Adv. Complex Syst. 17:1450007

[95] Querenburg, B. (1973) Mengentheoretische Topologie. Springer, Berlin

239

[96] Riemann, B. (2013) Ueber die Hypothesen, welche der Geometrie zu Grunde liegen, Abh. Ges. Math. Kl. Gött. 13, 133–152 (1868) edited with a commentary by J. Jost, Springer

[97] de Risi, V. (2007) Geometry and monadology: Leibniz's analysis situs and philosophy of space. Birkhäuser, Basel

[98] Schubert, W., Bonnekoh, B., Pommer, A., Philipsen, L., Bockelmann, R., Malykh, Y., Gollnick, H., Friedenberger, M., Bode, M., Dress, A. (2006) Analyzing proteome topology and function by automated multidimensional fluorescence microscopy. Nature Biotech. 24:1270–1278

[99] Schur, I. (1905) Neue Begründung der Theorie der Gruppencharacktere. Sitzungsber. Preuss. Akad. Wiss. pp.406–432

[100] Schwarz, M. (1993) Morse homology. Birkhäuser, Boston

[101] Serre, J-P. (^{2}1955) Local fields. Springer, Berlin

[102] Shafarevich, I.R. (1994) Basic algebraic geometry, 2 vols. Springer, Berlin

[103] Solomonoff, R.J. (1964) A formal theory of inductive inference: parts 1 and 2. Inf. Control 7, 1–22 and 224–254

[104] Spanier, E. (1966) Algebraic topology. McGraw Hill, New York

[105] Stadler, B., Stadler, P. (2002) Generalized topological spaces in evolutionary theory and combinatorial chemistry. J. Chem. Inf. Comput. Sci. 42:577–585

[106] Stadler, B., Stadler, P. (2003) Higher separation axioms in generalized closure spaces, Annales Societatis Mathematicae Polonae, Seria 1: Commentationes Mathematicae, pp.257–273

[107] Stadler, P., Stadler, B. (2006) Genotype-phenotype maps. Biol. Theory 1:268–279

[108] Stöcker, R., Zieschang, H. (^{2}1994) Algebraische Topologie. Teubner, Stuttgart

[109] Takeuti, G., Zaring, W. (^{2}1982) Introduction to axiomatic set theory. GTM vol.1, Springer, Berlin

[110] Tierney, M. (1972) Sheaf theory and the continuum hypothesis. LNM vol.274, Springer, Berlin, pp.13–42

[111] van der Waerden, B. (^{9}1993) Algebra I, II. Springer, Berlin
邦訳：ファン・デル・ヴェルデン著，銀林浩訳，『現代代数学 1, 2, 3』，東京図書，1959–1960 年

[112] Wald, A. (1935) Begründung einer koordinatenlosen Geometrie der Flächen. Ergeb. Math. Koll. 7:24–46

240   参考文献

[113] Welsh D. (1995) Matroids: fundamental concepts. In: Graham, R., Grötschel, M., Lovasz, L. (eds.) Handbook of combinatorics. Elsevier and MIT Press, Cambridge, pp.481–526

[114] Weyl, H. (^{7}1988) In: Ehlers, J. (ed.) Raum, Zeit, Materie. Springer, Berlin. (English translation of the 4th ed.: Space-time-matter, Dover, 1952)
邦訳：ヘルマン・ワイル著，内山龍雄訳，『空間・時間・物質 上・下』，筑摩書房，2007 年

[115] Weyl, H. (^{6}1990) Philosophie der Mathematik und Naturwissenschaft, München, Oldenbourg
邦訳：ヘルマン・ワイル，菅原正夫・下村寅太郎・森繁雄訳，『数学と自然科学の哲学』，岩波書店，1959 年

[116] Weyl, H. (^{2}1946) The classical groups, their invariants and representations. Princeton University Press, Princeton
邦訳：H. ワイル著，蟹江幸博訳，『古典群：不変式と表現』，丸善出版，2012 年

[117] Whitney, H. (1935) On the abstract properties of linear dependence. Am. J. Math. 57:509–533

[118] Wilson, R. (2009) The finite simple groups. Graduate Texts in Mathematics, vol.251. Springer, Berlin

[119] Wußing, H. (2008/9) 6000 Jahre Mathematik, 2 vols., Springer, Berlin

[120] Yoneda, N. (1954) On the homology theory of modules. J. Fac. Sci. Tokyo Sec. I 7:193–227

[121] Zariski, O., Samuel, P. (1975) Commutative algebra, 2 vols. Springer, Berlin

[122] Zeidler, E. (2013) Springer-Handbuch der Mathematik, 4 vols., Springer, Berlin

[123] Zermelo, E. (1908) Untersuchungen über die Grundlagen der Mengenlehre. Math. Ann. 65:261–281

訳者あとがき

本書は

Jürgen Jost, *Mathematical Concepts*, Springer, 2015

の翻訳である．著者のユルゲン・ヨスト氏は，ライプチヒにある応用数学分野のマックス・プランク研究所 (MPI MiS) の教授であり，その所長も務めている．研究所ではリーマン幾何学・ニューラルネットワークの研究グループに属するヨスト氏は，非常に活発な研究活動を行っていて，本書は 17 冊めの著作にあたる．ヨスト氏の著作では『ポストモダン解析学 原著第 3 版』（小谷元子訳) [59] も邦訳されている．

さて本書はあまり類書を見ない内容の拡がりを持っている．すなわち，集合と代数系に加え，圏論の言葉が扱われ，また多様体といった空間を扱う幾何の言葉も取り上げられている．さらには，組み合わせ的トポロジー，トポスの概念とその論理学への応用をも含んでいる．一冊でこれだけ拡がりのある内容を扱う数学専門書を私は他に知らない．

一方で本書は初等的な入門書は意図せず，むしろより詳しい専門書につなぐ役割を意識している．そして諸概念を扱うときに，なるべく簡単で非自明な例を取り上げている．最終の第 10 章はほぼ自明な例を扱う一方で，そのような例の諸概念における位置づけが確認できて，一種の索引のようでもある．

本書の概要については原著の序文に詳しいが，ここでは本書の基調の一つをなす圏論について触れておこう．圏論が導入された 20 世紀半ばから 1970 年代までは，圏論自体はジェネラルナンセンス (general nonsense) といわれることが多かった．その後，論理学におけるトポス，代数幾何学，表現論

242　訳者あとがき

や，超弦理論において，圏論なしには導入できない概念が研究対象となった．近年はプログラミングの関係でも圏論についての関心が高まり，圏論の入門書，専門書の出版が相次いでいる．本書で扱われる圏論はマクレーンの教科書 [82] とは趣が異なり，トポスによる論理学の側面を紹介することに向けられている．

　トポスとは集合の圏 **Sets** をモデルとするものである．もともとはグロタンディークが合同ゼータ関数についてのヴェイユ予想を解決するためにエタール位相を考案した際に，その枠組みとしてグロタンディーク位相（9.5 節参照）を導入し，そのグロタンディーク位相を持つ圏上の層のなす圏をトポスとよんだ．そのトポスの内在的な特徴づけに基づき，ローヴィアは初等トポス (elementary topos) を導入したが，それが本書のトポスである．その特徴づけの一部が部分対象分類子 Ω の存在である．圏 **Sets** での Ω は 2 元集合であるが，一般のトポスでの Ω はハイティング代数の構造を持つもののブール代数とは限らない．トポスによる論理学が直観主義論理をも扱える所以である．他方，本書での層の概念の扱いは初等的である．とくに，層のコホモロジーにはチェック (Čech) コホモロジーが使われていて，ホモロジー代数の考え方は登場しない．

　本書の翻訳は，丸善出版の立澤正博氏が私に翻訳の可能性を尋ねたことに始まる．そのきっかけは，私が三鷹ネットワーク大学で一般の市民向けに行っている国際基督教大学寄付講座「数学の夕べ」で圏論を取り上げた回に立澤氏が参加された 2016 年に遡る．私が所属する国際基督教大学では卒業研究が必須であるが，近年，数理論理学に関心を持つ学生が継続的にいる．その彼らには，圏論を論理学に応用するテーマで卒論セミナーをすることが続いていた．この経緯もあって，本書の翻訳を引き受けることにした．

　本書を翻訳に際しては，いろいろな方にお世話になっているが，とくに遺伝学の用語に関する質問に答えてくれた同僚の小瀬博之博士，溝口剛博士両氏に感謝する．そして立澤氏は，本書の翻訳を勧めてくれただけでなく，校正の際に訳文が的確で読みやすくなるような多くの改良を提案してくれた．改めて同氏に感謝する．

2019 年 11 月

清水　勇二

例に関する索引

●英数字
2 単体　78
3 次元ユークリッド空間　1
K_2　143
K_3　143
K_4　143
q 単体　111
$\mathbb{R}$　4, 10
$\mathbb{R}^d$　19
$\mathfrak{S}_n$　138
$\mathbb{Z}$　59, 62, 65, 66, 136, 138
$\mathbb{Z}_2$　136
$\mathbb{Z}_2^n$　142
$\mathbb{Z}_4$　62
$\mathbb{Z}_q$　59, 65, 138

●あ行
アフィン n 次元空間　72
遺伝子組み換え　139, 144
円周 S^1　119

●か行
環 $\mathbb{Z}$　152
環 $\mathbb{Z}_2$　152
完全グラフ K_3　142

球面　19, 45, 47, 49
球面 S^{q-1}　112

●さ行
シリンダー　119, 120
双曲空間　20, 46, 47, 49

●た行
トーラス　20
凸多角形　144

●は行
半順序集合 $(\mathbb{Z}, \leq)$　152
ヒルベルト空間　183
ブール代数 $\{0,1\}$　153

●ま行
密着位相　11
メビウスの帯　130
モノイド M_2　200

●や行・ら行
ユークリッド平面　138
離散位相　11

事項索引

●英数字

1 階論理　211
1 形式　26
1 の分割　14, 15
CL（古典論理）　208
H
　　——妥当　210
　　——トートロジー　210
　　——付値　209
Hom
　　——関手　125, 178
　　——集合　149
IL（直観主義論理）　209
PL（古典命題論理）　207
q 単体
　　特異——　113
q チェイン
　　——のバウンダリー　78
　　特異——　113
Spec R　65
true　201

●あ行

アインシュタイン
　　——の一般相対性理論　5

　　——の和の規約　22
アトラス　17
アフィン
　　——空間　72
　　——スキーム　71
　　——接続　33
　　局所的に——　72
アリストテレス　3
アルファベット　208
アレクサンドロフの曲率上界　52
位相
　　グロタンディーク——　218
　　圏上の——　218
　　スペクトル——　65
　　トポス上の——　214
　　密着——　11
　　余有限——　10
　　離散——　11
　　ローヴィア–ティエルニー——
　　　214
位相空間　8, 12, 56, 219
　　——の圏　159
　　——の積　159
位相的
　　——境界　112

246 事項索引

——単体 111
一意分解整域 59
一般化された元 224
イデアル 57, 60
　　極大—— 61
　　主—— 60
　　素—— 62, 64
　　有限生成—— 60
遺伝的部分集合 213
意味論 209
　　可能世界—— 213
　　クリプキ–ジョヤル—— 224
　　クリプキの—— 213
　　トポス—— 223
ヴァルトの曲率 50
埋め込み 150
　　米田—— 172, 178
遠近法 3
オイラー（標）数 78, 131
大きい圏 149
オートマトン 191
押し出し 165, 166

●か行
階数 144
　　——関数 144
　　マトロイドの—— 141
外半径 54
開被覆 14
外部的 201
角度 1
型 223
カップ積 127
可能世界 211
　　——意味論 213
可能世界モデルにおける妥当性 212
環

——のスペクトル 65
　　局所—— 63
　　コホモロジー—— 128
　　商—— 60
　　乗法的部分集合 64
　　多項式—— 61, 62
　　連続関数の—— 57
関係 75, 135
関手 149
　　Hom—— 125, 178
　　共変—— 171
　　充満な—— 150
　　忠実な—— 150
　　反変—— 170
　　反変 Hom—— 178
　　左随伴—— 182
　　表現可能—— 170, 172, 178
　　忘却—— 180, 181
　　右随伴—— 182
　　米田—— 171
関数
　　——の微分 25
　　階数—— 144
　　局所的—— 5
　　モース—— 107
　　連続—— 56
完全性 210
完全列 86, 90
　　相対マイヤー–ヴィートリス——
　　　93
　　マイヤー–ヴィートリス—— 93
緩和非正曲率 55
木 142
幾何学的様相 217
幾何学の公理的プログラム 5
軌道 138
　　交換—— 102

指数 q の—— 107
帰納極限 164
基本空間 7, 11
既約
　——元 59
　——部分多様体 73
キャップ積 127
球 113
球面 19, 45, 47, 112
　スケールを変えた—— 49
境界
　位相的—— 112
境界つき多様体 12
強制関係 224
　局所的 225
　単調 225
強制する 224
共変
　——関手 171
　——微分 33
共変的 26, 171
　——に定数 36, 42
極限 156, 181
　——を保つ 182
　帰納—— 164
　順—— 164
　余—— 164, 182
局所
　——環 63
　——空間 13
　——座標 16
　——作用素 214
極小
　——な曲線 30
　——な生成元の集合 138
局所的 217
　——関数 5

——な強制関係 225
——にアフィン 72
——に小さい圏 149
——変換 13
局所有限な被覆 14
曲線
　極小な—— 30
　測地的—— 40, 44
極大イデアル 61
曲率 49
　——テンソル 22, 38
　ヴァルトの—— 50
　緩和非正—— 55
　正の—— 49
　断面—— 45
　定断面—— 45
　非正—— 54
　負の—— 49
　リッチ—— 56
曲率上界
　アレクサンドロフの—— 52
　ビューズマンの—— 51
距離空間 6, 13
　——の圏 153
均質的 2
空間
　——型 46
　——上の構造 12
　アフィン—— 72
　位相—— 8, 12, 56, 219
　基本—— 7, 11
　局所—— 13
　距離—— 6, 13
　合成—— 12
　接—— 24
　相—— 4
　層化—— 12

248 事項索引

双曲—— 20, 46, 47
測地—— 31
定曲率の—— 46
点つき—— 120
等質—— 12, 13
ベクトル—— 1
無限小—— 13
ユークリッド—— 1
余接—— 25
連接的 11
空間概念 3
ライプニッツの—— 3
リーマンの—— 4
組み合わせ的交換パターン 101
組み換え 138, 139, 144
グラフ
——の圏 153
連結—— 142
クリストッフェル記号 34, 39, 42
クリプキ
——妥当性 224
——の意味で妥当 213
——の意味論 213
——モデル 211
クリプキ–ジョヤル意味論 224
グロタンディーク
——位相 218
——トポス 222, 224
群
——の圏 152, 159
——の積 159
コホモロジー—— 126
対称—— 138
微分同相のなす—— 13
変換—— 11
ホモロジー—— 81
ホロノミー—— 37

有限生成—— 135
リー—— 5
景 219
計量テンソル 27
結合的 148
圏 148
——上の位相 218
M_2-**Sets** 200
Sets 200
位相空間の—— 159
大きい—— 149
局所的に小さい—— 149
距離空間の—— 153
グラフの—— 153
群の—— 152, 159
自己射つきの集合のなす——
  191
集合の—— 152, 165, 167
スライス—— 204
前層の—— 194, 204
双対—— 150
単位元を持つ可換環の—— 152
単体複体の—— 77
小さい—— 149
デカルト閉—— 169
ブール代数の—— 153
冪集合—— 179
モノイドの表現の—— 193
有向グラフの—— 190
元
一般化された—— 224
既約—— 59
最大公約—— 59
生成—— 135
大域—— 154
言語 223
原子論理式 212

健全性　210
項　223
　　——の解釈　223
交換
　　——軌道　102
　　——サイクル　102
　　——特性　141
交換パターン　101
　　組み合わせ的——　101
交叉積　131
合成空間　12
構造　135
　　——層　69, 71
　　——を保つ変換　6
　　空間上の——　12
　　数学的——　135
交点数
　　——の幾何的解釈　133
　　自己——　133
恒等矢　148
勾配　28
公理　208
コーシー超曲面　138
コサイクル　126
弧状連結　31
コチェイン　125
固定点　139
古典
　　——命題論理　207
　　——論理　208
古典的に妥当　210
コバウンダリー　126
　　——作用素　125
コホモロジー
　　——環　128
　　——における積　126
コホモロジー群　126

相対——　126
根基　61
コンリー指数　120

●さ行
サイクル　79
　　交換——　102
　　相対——　85
最大公約元　59
座標
　　——系　6
　　——軸　1
　　——チャート　15
　　——表示　22
　　——変換　23
　　局所——　16
　　重心——　112
　　デカルト——　1
　　リーマン多様体上の——　40
作用素
　　局所——　214
　　コバウンダリー——　125
　　相対バウンダリー——　85
　　知識——　217
　　二重否定——　215
　　バウンダリー——　114
　　様相——　217
三角形　49, 52
　　比較——　50
次元　15, 120
　　単体の——　76
自己交点数　133
自己射つきの集合のなす圏　191
自己平行　40
次数　61
指数 q の軌道　107
指数冪　167, 169

250　事項索引

自然変換　149
始対象　150
射　148
　　取値——　167
　　対角——　182
写像
　　制限——　70
　　双正則——　13
　　単体——　77
　　チェイン——　90
　　同相——　12, 15
　　等長——　32
　　微分可能——　18
　　微分同相——　13, 18
　　連続——　15
主イデアル　60
集合
　　——の圏　152, 165, 167
　　Hom——　149
　　生成元の——　138
　　添え字——　154
　　デカルト積　158
　　独立——　141
　　半順序——　211
　　閉——　56
集合に値をとる図式　169
集合の添え字づけられた族　190
重心座標　112
終対象　150
自由分解　95
充満な関手　150
取値射　167
種類　223
順極限　164
商環　60
乗法的
　　——単元　58

　　——部分集合　64
真　187
真の零因子　59
真理値　187
錐　155, 181
　　余——　164
推移的変換群　12
随伴　179
　　左——　179
　　右——　179
推論規則　208
数学的構造　135
スキーム　6, 72
　　アフィン——　71
スケールを変えた球面　49
スコープ　138
図式　154
　　集合に値をとる——　169
スペクトル
　　——位相　65
　　環の——　65
スライス圏　204
整域　59
　　一意分解——　59
　　ユークリッド——　59
制限　177
　　——写像　70
整数　59
生成
　　——元　135
　　——する　60
正則　21
正の曲率　49
制約　135
積　157
　　位相空間の——　159
　　カップ——　127

キャップ—— 127
群の—— 159
交叉—— 131
コホモロジーにおける—— 126
テンソル—— 94
ねじれ—— 96
余—— 165, 203
接空間 24
切除定理 88
接続 33
アフィン—— 33
平坦な—— 41
リーマン—— 39
レヴィ=チヴィタ—— 39, 44
接ベクトル 23, 24
前層 177
——の圏 194, 204
全ふるい 195, 218
素イデアル 62, 64
層 71, 219, 221
構造—— 69, 71
前—— 177
層化空間 12
双曲空間 20, 46, 47
相空間 4
操作 135
双正則写像 13
相対
——コホモロジー群 126
——サイクル 85
——バウンダリー 85
——バウンダリー作用素 85
——ホモロジー群 85
——マイヤー–ヴィートリス完全
列 93
双対圏 150
添え字集合 154

測地
——空間 31
——線 29, 31
測地的 40
——曲線 40, 44

●た行
体 58, 59
大域元 154
対角射 182
対象 148
——を覆うふるい 219
始—— 150
終—— 150
部分—— 186, 200
冪—— 198
対称群 138
代数幾何学 5
代数多様体 5, 12
代入 208
多項式 61
——環 61, 62
妥当 213, 224
クリプキの意味で—— 213
妥当性 224
クリプキ—— 224
多様体 6, 12, 13, 15
境界つき—— 12
代数—— 5, 12
微分可能—— 13, 17, 19, 22,
23, 132
複素—— 13, 21
部分—— 73
リーマン—— 22
単位元を持つ可換環 58
——の圏 152
単元 58

単射 162
単体
　　——写像 77
　　——の次元 76
　　——のバウンダリー 78
　　位相的—— 111
単体複体 75, 76
　　——の圏 77
単調（強制関係が） 225
断面曲率 45
小さい圏 149
　　局所的に—— 149
チェイン 77
　　——写像 90
　　——複体 90
　　閉じた—— 79
置換 75
知識作用素 217
チャート 15
　　座標—— 15
忠実な関手 150
中点 31
直観主義論理 209, 211, 213
直交 1
定義域 148
定曲率の空間 46
定数 223
　　共変的に—— 36, 42
定断面曲率 45
デカルト
　　——座標 1
　　——閉圏 169
デカルト積
　　集合の—— 158
点 10, 68
　　——つき空間 120
　　——の区別 11

——の同定 11
——のないトポロジー 7
——の分離 56
——の包含 11
固定—— 139
閉集合でない—— 66
点状 10
テンソル
　　——解析 22
　　——積 94
　　曲率—— 22, 38
　　計量—— 27
　　ねじれ—— 35
等価原理 12
等化子 160
等質空間 12, 13
同相写像 12, 15
等長 50
　　——写像 32
等方的 2
トーラス 20
特異
　　——q 単体 113
　　——q チェイン 113
　　——ホモロジー 111
　　——ホモロジー群 114
独立 138
　　——集合 141
独立性複体 141
閉じた
　　——軌道 107
　　——チェイン 79
　　——ふるい 219
凸集合の端点 144
凸包 136, 137, 139
トポス 197
　　——意味論 223

――上の位相　214
――論理　209, 223
グロタンディーク――　222, 224
トポス位相での閉包　217
トポロジー
　　点のない――　7

●な行
内部的　201
長さ　29
二重否定作用素　215
ニュートン
　　――の絶対空間　3
　　――力学　3
ネーター的　60
ねじれ
　　――がない　35
　　――係数　83
　　――積　96
　　――テンソル　35
ネット　10
ノルム　1

●は行
排他原理　11
排中律　209, 213
ハイティング代数　202, 209
ハウスドルフ性　10
バウンダリー　79
　　――作用素　85, 114
　　q チェインの――　78
　　相対――　85
　　単体の――　78
パラコンパクト　14
パラメータ表示　31
半順序集合　211
反変

――Hom 関手　178
――関手　170
反変的　26, 170
比較三角形　50
引き戻し　160
非正曲率　54
　　緩和――　55
左随伴　179
　　――関手　182
非能　139
被覆　14
　　開――　14
　　局所有限な――　14
微分
　　関数の――　25
　　共変――　33
微分可能　17
　　――写像　18
微分可能多様体　13, 17, 19, 22, 23,
　　132
　　向きづけられた――　132
微分同相
　　――写像　13, 18
　　――のなす群　13
被約　61
ビューズマンの曲率上界　51
表現
　　変換群の――　12
表現可能関手　170, 172, 178
表示
　　座標――　22
　　パラメータ――　31
　　有限――　136
ヒルベルト
　　――空間の間の随伴作用素　183
　　――の基底定理　61
フィルター　94

254 事項索引

ブール代数
　——の圏　153
フォーカス　9, 10
　——の細分　9
複素多様体　13, 21
複体
　単体——　75, 76
　チェイン——　90
　独立性——　141
物理学
　ガリレオの——　3
　素粒子——　12
負の曲率　49
部分集合
　遺伝的——　213
　乗法的——　64
部分対象　186, 200
　——の包含　187
　——分類子　187, 202
不変
　——変換　5
　——量　22
普遍
　——係数定理　95, 97
　——写像性　151
ふるい　194, 213
　全——　195, 218
　対象を覆う——　219
　閉じた——　219
フロベニウスの定理　43
文　208
平行移動　36
閉集合　56
　——でない点　66
平坦
　——な接続　41
　——なマトロイド　146

平坦性からのずれ　44
閉包
　トポス位相での——　217
　マトロイドの——　145
閉路　142
冪集合圏　179
冪対象　198
冪零　61
　——根基　61
ベクトル
　——空間　1
　接——　23, 24
　余——　25
　余接——　25
ベクトル場　24
　離散——　107
ベッチ数　83, 120, 131
変換　11
　局所的——　13
　構造を保つ——　6
　座標——　23
　自然——　149
　不変——　5
　余ベクトルの——　26
変換群　11
　——の表現　12
　推移的——　12
変形レトラクト　119
　強——　119
変数の解釈　223
変分法　30
ポアンカレ双対定理　130
包含
　点の——　11
　部分対象の——　187
忘却関手　180, 181
ホップ–リノウの定理　29

ホモトープ　117
ホモトピー
　　——同値　118
　　——理論　117
　　——類　118
ホモロジー
　　——列　86
　　特異——　111
ホモロジー群　81
　　——の長完全列　91
　　相対——　85
　　特異——　114
ホロノミー群　37

●ま行
マイヤー–ヴィートリス完全列　93
　　相対——　93
交わりのない合併　165
マトロイド　141
　　——の階数　141
　　——の閉包　145
　　階数関数　144
　　平坦な——　146
右随伴　179
　　——関手　182
道　142
密着位相　11
向き　75, 130
向きづけ可能　130
向きづけられた微分可能多様体　132
無限小空間　13
面　112
モース関数　107
モーダスポネンス　208
文字　207
モデル　213
　　クリプキ——　211

モノイドの表現の圏　193
森　142

●や行
矢　148
　　恒等——　148
ヤコビ
　　——場　44
　　——方程式　44, 46
ユークリッド
　　——空間　1
　　——整域　59
　　——内積　1
有限生成
　　——イデアル　60
　　——群　135
有限表示　136
融合　221
有向グラフの圏　190
様相
　　——作用素　217
　　——論理　217
　　幾何学的——　217
余極限　164, 182
　　——を保つ　182
余錐　164
余積　165, 203
余接空間　25
余接ベクトル　25
余定義域　148
米田
　　——埋め込み　172, 178
　　——関手　171
　　——の補題　172, 196, 224
余ベクトル　25
　　——の変換　26
余有限位相　10

256 事項索引

●ら行

ライプニッツの空間概念 3
ラウチの比較定理 46
リー
　——括弧積 25
　——群 5
リーマン
　——幾何学 32
　——接続 39
　——の空間概念 4
リーマン多様体 22
　——上の座標 40
力学系 4, 137
　離散—— 191
離散
　——位相 11
　——ベクトル場 107
　——力学系 191
リッチ曲率 56
量化子 211
臨界的 109
レヴィ=チヴィタ接続 39, 44

列
　——の分裂 90
　完全—— 86, 90
　ホモロジー—— 86
連結
　——グラフ 142
　——準同型 91
　弧状—— 31
連接的空間 11
連続関数 56
　——の環 57
連続写像 15
ローヴィア–ティエルニー位相 214
論理
　1階—— 211
　古典—— 208
　直観主義—— 209, 211, 213
　トポス—— 209, 223
　様相—— 217
論理式 223
　原子—— 212

著作者
J. ヨスト（Jürgen Jost）
Max Planck Institute for Mathematics in the Sciences, Director

訳者
清水　勇二（しみず　ゆうじ）
国際基督教大学教養学部教授

現代数学の基本概念　下

令和 2 年 1 月 25 日　発　　　行
令和 7 年 3 月 10 日　第 2 刷発行

著作者　　J.　ヨ　ス　ト

訳　者　　清　水　勇　二

発行者　　池　田　和　博

発行所　　丸善出版株式会社
〒101-0051　東京都千代田区神田神保町二丁目 17 番
編集：電話 (03) 3512-3266／FAX (03) 3512-3272
営業：電話 (03) 3512-3256／FAX (03) 3512-3270
https://www.maruzen-publishing.co.jp

© Yuji Shimizu, 2020

組版印刷・大日本法令印刷株式会社／製本・株式会社 松岳社

ISBN 978-4-621-31098-4　C 3041　　　　　Printed in Japan

本書の無断複写は著作権法上での例外を除き禁じられています.